U0183757

物理精神

——物质、信息与人工智能自组装

◆ 方礼勇　著

電子工業出版社
Publishing House of Electronics Industry
北京 · BEIJING

内容简介

本书旨在揭示驱动物质文明进步的根本力量——物理精神。

本书第一部分从物理学的诞生开始，梳理了物理学的发展历程，勾勒出当代物理学的大厦，进而展现了物理科技如何成为现代化学、生物学和医学、心理学、地球科学的基础。

第二部分讲述了物理科技在战争史、第一次和第二次工业革命、信息革命和企业创新中发挥的根本作用，说明了如何将物理科技应用于捍卫国家安全、产业进步和企业创新上。

第三部分介绍前沿科技——纳米技术、人工智能的缘起、基础和当前进展，展现了自组装是驱动物质、信息和人工智能发展的机制，揭示出量子信息科技正将人类带进第二次信息革命中。

未经许可，不得以任何方式复制或抄袭本书之部分或全部内容。
版权所有，侵权必究。

图书在版编目（CIP）数据

物理精神：物质、信息与人工智能自组装/方礼勇著. —北京：电子工业出版社，2020. 11
ISBN 978-7-121-38200-0

Ⅰ. ①物… Ⅱ. ①方… Ⅲ. ①物理学－应用－科学技术－普及读物 Ⅳ. ①N49

中国版本图书馆 CIP 数据核字（2019）第 298106 号

责任编辑：毕军志
印　　刷：北京七彩京通数码快印有限公司
装　　订：北京七彩京通数码快印有限公司
出版发行：电子工业出版社
　　　　　北京市海淀区万寿路 173 信箱　邮编 100036
开　　本：720×1 000　1/16　印张：21.25　字数：476 千字
版　　次：2020 年 11 月第 1 版
印　　次：2022 年 2 月第 5 次印刷
定　　价：88.00 元

凡所购买电子工业出版社图书有缺损问题，请向购买书店调换。若书店售缺，请与本社发行部联系，联系及邮购电话：（010）88254888，88258888。

质量投诉请发邮件至 zlts@phei. com. cn，盗版侵权举报请发邮件至 dbqq@phei. com. cn。

本书咨询联系方式：（010）88254416。

献　　给

我的数学分析老师刘光清先生

我的女儿方心仪

前　　言

长期以来，商业创新层出不穷，科技创新却屈指可数。对此，社会上的各种力量都在讨论，并几乎一致性地认为科技创新是极其困难的，投入巨大且收效甚微。但从逻辑上看，技术创新比商业创新容易。其原因在于，商业创新的决策所信赖的信息是不完备的，对用户心理是盲测的，不仅测试成本高，更需要技巧。技术创新的工作则面向客观而具体的对象，其方法明确、信息完备，且实施成本低。

从历史事实来看，第二次世界大战之前三百年的科学发展只依赖于同期数百位科学家的努力，却诞生了牛顿力学、热力学、麦克斯韦电磁学、相对论、量子力学及近代化学、医学等。同时，几乎所有伟大的科学家都年纪轻轻就做出了伟大发现，并未依赖个人的长期经验。在发明实验设备方面，伽利略的望远镜、法拉第的电磁设备、迈克尔逊·莫雷的实验设备、威尔逊的云室、加州理工学院的粒子加速器等，都是一个人或几个人设计制造的，所需经费少之又少。在现代信息技术发展史上，几乎所有伟大的底层发明，如信息论、晶体管、计算机架构、集成电路、编程语言、网络协议、数据库等都是由一个或几个年轻人完成的，几乎找不到需要几百人、几千人发明微积分、万有引力定律、集成电路、编程语言的例子。因此，科技创新并不是高不可攀的。

如何进行科技创新呢？从事实看来，其核心是寻找科技创新的源头。科技创新的源头是物理。

正如爱因斯坦所说，世界上最不可思议的事情，就是这个世界是可思议的。几百年来，物理给我们提供了确凿的证据，说明了在观测工具和实验的帮助下，如何从几种简单粒子，遵循定律，演绎出所有先进的科学知识和技术，进而经济地制造出各种物品。如果采取彻底的唯物主义，相信世界是物质的，就会无条件地接纳物理，将它作为指导科技创新的唯一原则。如果是彻底的理性主义者，就会坚定不移地从物理中寻找一切经济问题的答案。物理以摩尔定律等现象告诉我们，跟随它，所获得的物质进步是指数级的，而且是可持续的。

物理是如何成为科技创新源头的呢？从逻辑上看，只有自身是技术创新驱动的，才可能成为其他科技创新的源头。几个世纪以来，物理学无疑是持续创新的，牛顿力学、热力学、麦克斯韦电磁学、相对论、量子力学、标准模型等伟大创新塑造了人类关于自然界的认知，为人类改造自然提供了第一性原理。坚持实验是这一创新得以持续实现的基础。透视实验的过程，是由观察、实验、测量和计算组成的，正是测量技术的不断创新促成了物理学的发展。

基于实验的测量，使认知发生了两个方向的运动。一个方向是原理方面的，即向底层探索，发现构成宇宙的、更基础的基本粒子，以及它们之间的相互作用，找到了宇宙中更为普适的定律，从而洞悉构建物质世界的更底层的原理，以及探索的方法，这些知识构成了所有自然科学的基础，意味着各门自然科学学科无论在知识方面，还是在技术方面，都享有同样的基础内容。从概念、定律、公式到实验、测量、计算和操控手段等，物理学的知识和技术成为科技第一原理。

另一方向是经验方面的。从第一次工业革命到今天的产业史，是从潜意识地采用自然科学知识到聚焦于自然科学知识，并运用其方法的发展史。运用物理等自然科学的最新知识和方法，设计、合成和构造各种人工物质和物品，如材料、机器、药品、建筑、信息、家电、计算机等，从而创建了人工世界，制造上述物质和物品的产业分为农业、工业、服务业，等等。制造中采用的知识和方法离物理学越近，获得的物质操控能力就越强，并体现为更强的生产力、企业的竞争力和社会的经济力。

所以，物理学成为科技创新的原力的命题，在逻辑上是成立的，在经验上是被归纳验证的。

物理精神的核心是测量。测量不行，学术不灵，制造不行。

物理精神就是这样一种递归力量，它使用已确定的自然科学知识，通过观察、实验、测量和计算等技术手段，与物理产生的事实相互作用，在一个方向上增加知识的确定性和精微性，在另一个方向上增加人工物品的纯粹性和自动性。知识的确定性意味着基础研究的深入，而人工物品的纯粹性则意味着提升了自动化组装的效率。这两个方向上的探索并不是相互割裂的。针对应用的研究可以产生基础研究成果，这种模式被称为巴斯德象限。

在巴斯德象限模式影响下，从2000年起，科技创新的模式发生了跃迁。各个学科和行业不再是各自为阵而分散的传统探索，科研、技术、制造走向一体化，无论新能源、新材料的创造，还是新一代信息科技、生物科技的进步，都依赖于物理科技的突破。其代表是纳米科技、人工智能和量子信息科技。纳米科技基于原子和分子，自下而上地组装物质与物品，是新材料、信息科技、生物科技和新型传感器的推动力。人工智能通过测量思维，让物理实体独立地思考与行动，为知识获取、生产制造和服务提供自进化的智能。量子信息科技则深入到量子世界的底层，通过量子信息化，将量子测量、量子制造和量子计算推进到新一轮科技革命中，催生新经济。

因此，基于物理原理和技术产生的创新是效率最高的创新。离物理原理和方法越近，获得的经济效率就越高。当经济转型、企业经营遇到问题时，应该向科技创新要答案。当基于物理基本原则的思考成为普遍思维时，物理精神也将照耀人类的光荣之路。

方礼勇

2019．12

目　　录

第一部分

物理学的进化：从物理学到物理科技

第1章　综述：用物理制造出来的世界

看世界的方式有很多，每一种方式都反映了个人与文化交融的状态。

一种是从经验的角度出发，将一切观察对象都看成主观作用的结果，并对其原因提供个人解释。例如，历史书大多是从政治和军事的角度梳理历史事件，聚焦影响事件过程的关键人物，分析人物的领导风格、战略能力、道德特征，得出胜利与失败的原因的结论。这类视角是内省的、基于个人经验和认知的。对同一事件，不同人的描述不一样，对事件原因的分析和推测也不一样。但此类故事经常是精彩迷人的，这也构成了文化的故事性和浪漫性。

另一种是从理性的角度出发，即从唯物的角度看世界，则将一切观察对象包括心理过程都看成客观事物之间相互作用的结果。这种角度虽然不那么迷人，却有两种价值。一种价值是满足寻求真理的好奇心。我们总喜欢追溯事物与现象背后的原因，从孩童时代追问天上为什么有星星，到成人时代追问宇宙与生命的起源，爱情的本质，以及人生的意义，等等。科技总是能够给出这些问题的解答，或者提供解答这些问题的途径。另一种价值是提升人类的生存质量。科技落后就会挨打，科技先进就会得到尊重，社会群体能够获得更好的物质环境、更多自由支配的时间与更健康的个体体质。作为企业，掌握先进科技就能获得更强的竞争力，其雇员则获得更高的收入，从而能够更好地回报家人和社会。

从唯物的角度看科技，科技的源头在物理。

科技，源于人类的好奇心，始于少数人的智力游戏和对唯一真理的坚韧追求，随着工业革命带来的利益而被人们重视。广义相对论和量子力学则使物理成为当前一切科学的基础。在第二次世界大战中，以无线电和原子弹为代表的物理科技发挥出巨大的实用价值，使政治家们将之视为获得国家意志的首要武器，从而，引发社会性的巨大投入，导致物理革命的爆发。由此，全球经济进入由物理科技驱动的时代。在物理革命的基础上，化学、生物学、医学、心理学等科学得以重建，量子物理、量子化学、分子生物学成为一切科学的基础知识与工具，并由此诞生了材料科技、信息科技、生物科技、能源科技、人工智能等。人类进入了信息社会，即一个由人类合成的物质、能量和数据所主导的人工物社会。

物理革命的发生是人类史上的一个重大分界点。自然物越来越少地出现在人类的感觉中，占据人类感官和思维的物质越来越多地来自人工合成和自动化制造，从衣食住行到通信交流，都被人工物品与信息填充；即使是回归自然，人类也只是回归到被人工设计与圈养的自然。当然，人类制造物品与信息的能力并非凭空想象，而是来自长期对大自然的观察、实验、计算和拷问的结果，从中迭代出物理知识和技术手段，正是这些知识和技术手段使人类获得了重建自然的智慧，并构成了技术创新的持久能力。

当前，物理科技的力量被重视和聚焦，从而汇入国家和民族意志，技术创新的竞争越来越激烈，而人类的物质进步也进入到指数级增长的阶段。

1.1　文明是什么：从手工制造到自组装

按照组织经济的技术方式，人类文明史可以划分为采集社会、农业社会、工业社会和信息社会。

按照利用科技知识制造物品的进程，人类文明史也可以划分为四个阶段：手工制造阶段、机器制造阶段、系统制造阶段、自组装阶段。

在手工制造阶段，人类通过经验和感观选择材料，手工制造各种器皿、食品、工具和武器。所依据的知识源于感官观察和使用体验，人们通过归纳摸索，代代相传。由于缺乏测量工具和原理指引，加工水平的优劣依赖于操作者的个人经验及感官掌控的能力，所以生产效率低下，制造精度因人而异且整体粗糙。例如，制作石斧或青铜器技术严重依赖于产地原料的优劣及制作工匠的认知，由此创造了地域性的产品传奇，如景德镇瓷器、吴钩剑，等等。由此产生了文化中的自然崇拜，使得原产地和特殊工匠成为价值的标识。

随着测量的系统使用，人类进入机器制造阶段。在科学上，通过引入感官增强观察工具（如显微镜）和测量工具（如计时钟表）等，人们构建理想实验环境，使用测量工具，记录测量结果并计算实验的效果等，用数学逻辑建立观测对象之间的因果关系。随着人类感官的差异能够被测量，制造和加工水平就不再依赖制造者的认知或使用者的经验反馈，而是依赖材料和物品本身的测量属性，例如，钟表零件的精确度、刀剑的硬度、碳合金中碳的比例、化学反应前后的物质变化量等。近代科学开始诞生，物理学、化学在测量的驱动下成为独立学科，牛顿力学、热力学、元素周期表、化学反应式等都是精确观察、测量和计算的结果。力学方程式、能量转化定律和化学反应方程式等为机器效率的提升提供了直接的知识。在这些知识的指导下，精确化了的零部件提升了机器的性能，普及了机器的使用，机器驱动的生产率提升导致工业的诞生。

在测量的驱动下，机器的零部件得以精确化、标准化，并按照被交换的意图进行设计加工，制造物品的方式进入了系统制造阶段，也称为自动化制造。多种机器因系统测量而关联起来，形成一个高效的整体。整体不是部分，也不等于部分之和。在系统运行的过程中，操作者人为干涉的成分越来越少。从早期的沃尔瑟姆系统到福特流水线，再到现代公司全面引进嵌入化和信息化后的自动化系统，它们都体现了系统测量的逻辑集合。在系统运行的过程中，不再有操作者的主观意志和无意识的干涉影响。系统按照其自身逻辑从原材料开始，自动化地制造出最终产品。这使得系统的生产效率更加优化，规模化生产成为常态，操作者的数量不再重要，劳动力被迫大规模地向服务业迁徙。

在系统制造阶段，系统搭建和优化的知识源于物理学和化学。近代化学开启了材料合成征程，揭开了人工制造物质时代的序幕。接着，量子力学发现了原子与分子的奥秘，重建了化学。通过技术合成的方式，人类将自然界中存在的数千种物质合成为数千万种，跨入技术合成资源和人工物的时代。人类使用材料的方式逐步从加工材料演变为人工合成材料，再将合成材料组装成元器件、机器和设备。利用同样的机制，人类合成了大量的信息，这些信息是机器的产物，将人类社会推至信息化时代。信息化推动了自动化，丰富了物质品种，提高了物质、物品制造的效率。在系统制造阶段，制造生产各种物质、物品和信息的方式被称为“自上而下”模式，而物理科技对于制造的价值通过摩尔定律直观地展现了出来，聚焦了国家和企业技术创新的方向与资源。

当今，正如纳米技术和人工智能浪潮所显示的，人们正努力将物质与物品合成自动化，该阶段被称之为物质和思维的自组装阶段。通过纳米科技研究，人们利用粒子和物质之间在不同空间尺寸下的显著作用力，通过引导让它们自动结合起来，形成各种各样的基元，如量子点、纳米线、纳米管，等等。再将这些基元继续组装成元器件和机器。通过人工智能，机器变成了智能实体，这些智能实体可以自动制造、自动服务并独立发现知识，包括自动合成各种材料、机器、药物、食品，也可以自动推演各种数学公式，诊断和治疗各种疾病，操控各种机器如汽车、飞机、家电、生产设备，自动进行其他各种操作，如语音服务、文学创作、音乐绘画、虚拟社会，等等。显然，人类文明又一次走在分叉路口，新的社会组织形态即将展开。

“自组装”制造的方式被称为“自下而上”模式，这样的模式意味着物质与物品制造是近乎无摩擦地进行的，能量转化的效率将获得巨大提升，物质制造的进步曲线将可能超越摩尔定律。由于有确定的科学知识和方法论支持，进行自动化合成和组装是可行的，并在近些年结出了初步商业化的硕果。在这个过程中，物理的基础力量越来越显著，理论、测量、计算和制造紧密地结合在一起，而应用驱动着基础研究和制造同时进步，导致工程化和基础研究之间的距离越来越近，对前沿科技的研究和掌握意味着领先的生产力和主动权。

实际上，在自然界中，“自下而上”构造的过程一直在进行着，宇宙自诞生以来就在实施着各种自组装，地球上的生命将这个过程进行了几亿年，其构造效率也远远高于目前人类的制造水平。人类的目的是通过“自由意志”来自如地操控这一切，克服自然进化所需要的漫长时间和极端能量环境，满足人类自身的现实需求和好奇心。

未来是一个“心想事成”的时代。当万物的制造实现智能化之后，用人类的意识就能够实现心中所想。用意念控制机器的探索已经在麻省理工学院等机构进行了很多年，并有了显著的成果。一旦物质的合成进入自动化后，“自上而下”和“自下而上”两种模式的结合一定会产生惊人的成果。

1.2 世界是什么：物质、能量、演化与数学

在物理学看来，世界是物质和能量的，物质和能量的相互作用，构成了演化和自组装。这些相互作用由数学描述，并满足守恒定律。

在科学界的共同努力下，人类对世界的认识越来越深入。当前的认知是：自然界存在三类基本粒子家族——夸克、轻子、媒介子。一切物质都由夸克、轻子组成，媒介子传递相互作用力（能量）以实现各种组合。相互作用力共有四种——强核力、电磁力、弱核力、引力，它们同时起着作用，在不同的时空范围、质量和荷电性质上，体现各自的显著影响力。在强核力的显著作用下，夸克家族形成质子和中子及原子核

（核子）。在电磁力显著作用下，核子与轻子电子构成原子，进而组成无机分子、有机分子、分子团等。在弱核力的显著作用下，中子和质子发生衰变。当原子、分子及其化合物等聚集到一定质量时，引力的作用显著起来，形成了矿物、生命、山脉、行星、恒星和星系等。在理论上，强核力、电磁力和弱核力均被统一在量子力学中，而引力则遵循广义相对论的描述。

这样，在亚原子的尺度上，世间万物由三种亚原子（质子、中子、电子），在四种力（强核力、电磁力、弱核力、引力）的作用下遵循量子力学和广义相对论而被构造了出来，一切科学、技术和工业的进步由此有了依据和创新蓝图。

如表 1-1 所示，在空间尺度上，物质之间的跨度超过 60 个量级，而人类肉眼只能感知其中从 0.1mm 到几千米，即约7 个量级中的物体。更小尺寸下的物体，我们以为不存在，而超过几千米的物体则被简化为一些抽象的形状。

表 1-1　物质

科学领域	单位	量级/m	意义
天文学	光年	10^{27}	宇宙的直径 1560 亿光年，约 1.475×10^{27}m
	光年	10^{21}	银河系直径：约 10 万万光年至 18 万光年之间，$1\times10^{21}\sim1.8\times10^{21}$m 地球到最近的星系仙女座的距离约 220 万光年
	光年 秒差距	10^{15}	地球到除太阳外最近的恒星——比邻星之间距离为 4.22 光年 1 光年＝9.46×10^{15}m 1 秒差距＝3.26 光年
	AU	10^{12}	地球到太阳的距离：1AU，即 0.149×10^{12}m

续表

科学领域	单位	量级/m	意义
凝聚态物理学 化学 生物学 医学 心理学 地球科学	千米/km	10^{3}	地球的半径：约 6371km 生物圈从地下几十米到地面上约 1km
	米/m	1	无线电波长的范围是 1mm～30km 人类平均身高约 1.7m 最大的动物蓝鲸长约 30m
	毫米/mm	10^{-3}	成人头发的直径约 0.1mm 微波波长 $1\sim10^{3}$mm
	微米/μm	10^{-6}	活细胞平均直径约 20μm，病毒平均直径约 0.1μm，细菌平均直径约 0.5～5μm； 红外线波长：0.76～10^{3}μm，可见光波长：0.4～0.76μm，紫外线波长：0.01～0.4μm
	纳米/nm	10^{-9}	DNA 直径约 2nm；蛋白质直径约 2～5nm；氢原子直径约 0.1nm；X 射线波长为 0.001～70nm
量子力学 粒子物理学	皮米/pm	10^{-12}	γ 射线波长＜100pm
	飞米/fm	10^{-15}	质子直径约 1.6fm
	阿米/am	10^{-18}	夸克的尺度
	仄米/zm	10^{-21}	
	幺米/ym	10^{-24}	
		10^{-35}	普朗克长度＝1.6×10^{-35} 弦理论中弦的尺度

物质是振动的，振动即能量，也就是波。一方面，根据相对论，物质只是能量的不同表现形式，物质本身就是能量。这意味着，没有不振动的物质，所有具有空间的物质——质子、中子、电子及其合成物都仅仅是能量的不同凝聚态而已。任何狭小空间尺寸的物质都具有波粒二象性，从光子、电子到质子、中子；另一方面，各种物质的振动是四种作用力的结果，构成了物质自身及相互作用，使得物质世界不断地变化。从火山运动到化学反应，从生物的新陈代谢到人类的思维活动，从四季变化到日出日落、斗转星移，都按照量子力学和相对论的规律变化着。在人类生命成长的参照系下，这些变化体现为进化或演化的概念与模式。

数学是大自然的信息编码。物质、能量及其演化都遵循信息编码，以数学方程式的形式被科学家们发明、发现和应用，计算得出物质、能量及相互作用的精确关系。物理量通常是有单位的，例如，米（m）、秒（s）、焦耳（J）等，这些单位称为量纲。这些量纲是人类赋予的一种约定，反映出科学是人类定义和测量的结果，而量纲之间的换算关系则是对物理量之间的定量描述。数学是无量纲的，所以，物理公式必须是等量纲的。量纲分析既能发现物理运算的错误，也能发现新的物理现象。丘奇论题证明：人类的心灵活动和自然的演化在计算上是一致的。

在物理学史中，数学作为验证工具扮演着重要作用，乃至成为物理的一部分。物理学的新进展必须有新的数学形式。在力学革命时，牛顿发明了微积分。在电磁革命时，麦克斯韦引进了微分方程。在第三次物理革命（广义相对论）时，爱因斯坦引进了黎曼几何。在第四次物理革命（量子革命）时，线性代数被引入。当前，科学家普遍认为第二次量子革命将成为第五次物理革命，范畴学有可能在其中发挥着重要作用。

物质中蕴含的能量是惊人的。让我们看一些数字，夸克和胶子冷凝在 1m^3 真空空间内积聚的能量是 10^{15} J，希格斯粒子冷凝产生的能量是 10^{17} J。这些能量加在一起，是太阳在一千年里所产生的总能量。因此，只要善用物理科技，能量将用之不尽。

1.3　技术是什么：材料、信息、制造与合成

技术是人们运用经验和知识创造人工物的方式，能够还原为物理基本理论的技术则被称为科技。

材料的历史恰当地说明了这个描述。材料的本意是人工用途的纯物质，重大用途材料的发明往往是技术革命的起点。按照发明材料的历史，人类文明又可以划分为石器社会、青铜社会、钢铁社会、硅社会、碳社会，等等。在科学革命之前，人类利用试错法去实验各种材料，如青铜、

钢铁等，从中获得的知识成为行业秘密和国家重器。但试错法效果很差、进步缓慢、缺乏预测性。到了 19 世纪，科学家们发现了元素的奥秘，于是，人工材料如染料、钢铁、炸药、化肥等获得了巨大的进步。从 19 世纪末开始，随着基本物质——电子、质子和中子相继被发现，依据量子力学构造新材料成为最佳选择，由此导致了材料数量的爆发，人类已经构造了数千万种人工材料，数量远远超过了自然界中原本存在的四千多种物质。人工材料按用途划分为化工材料、生物材料、能源材料、半导体材料、光学材料等。由于天然材料多是含有杂质的物质复合物，而人工材料则致力于制造纯物质及组合物，使人工材料的性能远远超越了自然进化中天然材料的各种属性，可以更好地满足人类的各种需求。

信息原本是生物对能量的处理机制。生物对环境中的物理信号进行接收、检测、编码，然后运输到处理中心解码，再反馈出物理信号进行反应；同时编码该物理信号作为知识储存，以备后续使用。能够探测信息并进行反应是生物的特征。生物利用物体形态、温差、电压、磁场、声波、光谱来判断外界情况，做出捕食、逃避、合作、发声等各种反应。

操控物质与物体的物理属性进行信息编码、接收、反应和控制是现代文明的特征。任何物质都是信息发射体，体现为能量的不同形式，如物理属性、化学属性、生物属性等，这些属性构成了物质探测的基础。同时，任何物质又都是信息的反应体，即对能量刺激产生量子效应。因此，通过主动能量激发，能获得被测物质的具体信息。所以，任何物质在量子理论和引力理论下，都是具体可知的，这构成了军事信息技术、地球物理勘探、无人驾驶技术等领域的核心。在现代社会中，信息常常与数据混淆，但信息的物理属性使得少量信息即可提供演绎性知识与预测。若缺乏物理属性，则数据通常是无效或不确定的。

制造是指利用工具和能量生产物质与器件。正如量子力学所揭示的那样，制造是大自然最擅长的本领，利用三种亚原子就能够制造宇宙万物。植物利用叶绿素吸收阳光制造葡萄糖，生物的分子马达实现了无摩擦力的运转，DNA 遗传密码机制，等等，大自然在不同层面上展示了高效制造的奥秘。如同生物信息处理机制一样，制造考虑的是如何提高效率，减少能量转化环节。生物通常是直接对能量信息进行处理，例如，人类的感应器有眼睛（光感）、鼻子（特异分子振动）、耳朵（声波）、舌头（特异分子振动）、皮肤（分子振动）。感应器将刺激信息即波动能量转化为电化学信号，通过神经网络逐级接收、处理、传输、反馈，只有特定阈值的电化学信号才会被大脑接收并处理，形成特定反馈的电化学信号。

正如表 1-1 所示的空间尺寸显示的，物理信号在不同尺寸上体现的意义不同。基于纳米尺寸的制造精度远远高于基于毫米尺寸的制造精度，而纳米尺寸的物质与能量的信息则需要直接运用量子物理的理论和观测技术。这正说明基础科学对于制造的重要性——能够实现量子效应的技术研究，才能够实现纳米级别的制造；率先做出新科学发现的团队，必然也能在创新制造上领先。

物质合成同样是人类经验中的重要技术。最典型的物质合成历史是医药史。传统医药的物理尺寸是毫米尺寸或厘米尺寸，大多是将多种草药植株粉碎、混合熬煮出汤汁饮用，实现治病的目的。其弱点是针对性差、药材消耗量大、使用耗时长，且可能混有副作用的物质成分。现代医学是建立在量子物理尺寸即纳米尺寸上的精准治疗，从细菌学发展到基因组学。病理体现在纳米尺寸的精度上。纳米治疗的原理始于针对病理细胞的运作机制而设计药物分子组分，考虑如何将药物分子直接送达病理细胞的位置，进入细胞的离子通道，并利用酶催化作用，杀死病理细胞。如果材料是合成物质，药物合成还需要考虑正常生命细胞的物理化学运行机制。为此，以量子力学为基础的量子化学、凝聚态物理学、分子生物学、病理学就成为精准医疗的基础。而当这样的药物研发成功后，其治疗效果也是惊人的。首先，基于分子级别的合成需要极少的原料，计量单位不再是克，而是微克乃至更低的量级；其次，科学合成具有自动化和规模化的特点；第三，由于是精准医疗，所以处方简单；第四，服用方便且治疗效果好。

计算机技术的发展，一方面带来了计算速度的提升，另一方面带来了建模能力的提升。因此，在薛定谔方程式的基础上，利用计算机建模进行模拟运算成为物理、化学和生物实验的重要手段，也成为合成制造的重要手段。这种方式缩小了理论与应用之间的差距，验证速度大大提升。当前，根据分子的物理化学特征，进行多分子相互作用的复杂计算已经普及，因此，合成医药的发展速度是惊人的，而价格则会呈指数级下降。

人类研究的对象已经进入到纳米尺寸，基于量子力学的设计和制造称为“量子制造”，这项技术将被逐渐普及。

1.4 经济是什么：人工物的生产效率与消费

当人口数量达到一定的集聚密度时，就产生了经济。

人类处在食物链的顶端，既是物质和能量的顶级生产者，也是顶级消费者，因此，经济的问题便在于如何在物质和能量的规模生产和规模消费之间实现平衡与最优化。

生命的存在需要营养物质和能量。在生态意义上，这些营养物质是生物从环境中摄取的原子和分子，例如，氧原子、碳原子、氢原子、氮原子和磷原子，这些原子在食物链之间循环，而初始能量主要来自阳光。太阳中的核反应能量来到地球，其中约万分之三的能量被生物吸收，这些能量支撑了地球上所有生命的生存。这样，植物、藻类和光合细菌从非生物成分中获得碳、氮、氧、磷等元素，通过光合作用吸收太阳能，再将这些元素合成为单糖、淀粉、蛋白质、核酸等生物分子，实现从热能到化学键能的储存，成为初级消费者（消费太阳能）。初级消费者随之成为食草动物如蝗虫的食物，进入一级营养级。蝗虫由此成为一级消费者，但也进入二级营养级，被啄木鸟捕食。啄木鸟捕食蝗虫，成为二级消费者。接着啄木鸟成为鹰的食物，进入三级营养级。而鹰则成为三级消费者，并进入四级营养级，成为其他更高级别猎食者的食物。

根据热力学第二定律，能量是无法被完全利用的，这样，能量在每个营养级之间的转化都会伴随着能量的损失，相邻两个营养级之间能量转化的效率只有 10%，这被称为“10%定律”。因此，1kcal 热量的青草，只有 100cal 的能量储存到蝗虫体内，其中 10cal 的能量转移到啄木鸟体内，只有 1cal 的能量储存到鹰的体内。这样的能量传递耗损就构成了能量金字塔。所以，食肉动物群体储存的能量远远低于食草动物，其中一个体现就是数量上的巨大差异。同时，营养物质也发生逐级抬升的聚集趋势，使得金字塔上部的营养者具有更高质量的营养物质。

人类处于能量金字塔的顶端，长期受困于能量的制约，该限制导致人类早期不断地走出非洲，每到一处，最接近其消费级别的食肉动物便遭了殃。于是人类想出了各种办法。一种办法是给食物增加能量，由此发明了火。另外一种办法是消费降级，进入能量金字塔的底部，以植物的种子为食物，由此发明了农业，使得人类的人口规模迅速扩张。

工业社会是人类有意识、有知识地利用能源服务于自身生存条件改善的结果，煤炭、石油燃料、电力的大规模使用，是现代社会的特征。在利用能源的过程中，人们开始研究能源的使用效率，对能源从开采、运输、转化到应用的全过程研究，引发了蒸汽机、内燃机、铁路、汽车等交通工具的变革，促进了热力学、电磁学的发展，由此能量被纳入物理学中，并得到定量的测量。根据物质不灭和能量守恒的定律，科学家们开始寻找克服热力学第二定律的方法。同时，合成了氮肥、氨肥、磷肥等，为农作物提供精准的营养物质，从而极大地提高了粮食的产量。

根据能量金字塔，能量消费每降一个级别，对能量的利用效率就增加十倍。换句话说，对能量的需求完全可以通过科学地消费能量而得到事半功倍的效果。几十万年以来，人类生存需要的日均能量的增加是有限的，从最初的约 600cal 增加到现在的 2200cal 左右，再多的能量摄取只能引起肥胖等疾病，因此，这个自然增加量，与通过科学手段实现的增加量相比是微不足道的。

另外，人们还发明了各种“充电”方式，例如，各种功能性的高热量食品能迅速满足个人的能量需求。在营养物质制造方面，通过类似精准医疗的手段，人们已经发明了人工合成营养物质的方法。例如，各种各样的维生素和蛋白质，可直接满足人类的某种营养需求，而放弃低效的、消费动植物的方式。这样的效率提高更是惊人的，由于人类味觉、嗅觉、触觉和视觉的运行机制在分子级别上已经被充分解析，大量的人造肉、人造蛋白、合成蔬菜和水果等将会被源源不断地制造出来，更好地满足人类身体健康的需要，提供比自然物质更好看、更美味、更优质的食品。

从物理学的角度看，这个世界是“空”的，例如，每秒钟有几千亿个中微子穿过我们的身体。在原子中，大部分是空的空间。假如把氢原子放大成半径为 1km 的球体，原子核的半径仅有 3cm 大小。所以，无论家电、汽车、飞机，还是房屋建筑、植物、动物，本质上都是“空”的，利用原子、分子技术，能以极少的代价重新构造这些物品。同理，可以利用这种原理去“压缩”物质。例如，垃圾处理是令全球所有经济体头疼的事，人们通常采用焚烧、机械压缩等原始方式来处理、填埋垃圾。如果采用物理手段压缩，将垃圾还原为原子乃至亚原子，则全球堆积如山的垃圾可能会被压缩成为几立方米大小。

在过去的 60 年里，机械性能的提升总共约 60%，而摩尔定律的年复利则达到 50%，60 年里计算力增长近四千万倍。这就是科技的经济体现，也是技术创新的价值。

所以，物理科技的力量作用于经济制造与经济消费，由此彻底解放人类的时间和精力，使之更多地投入到自由创造与享受生命历程的活动中去。

1.5 物理精神：通过测量驱动物质、信息与人工智能自组装

在物理力量的作用下，宇宙在 138 亿年前延生，经过演化，构造了星云、太阳系、地球，以及地球上的生命。人类是其中的一个产品，并在不断地被构造中。

从唯物主义的角度看，宇宙万物都是物理力量构造的产品，而且这些构造过程是自动运行的，无论人类是否参与，这个构造过程都在进行中。但从逻辑上推理，这个构造不是单向的，被构造出的物质也必然会参与到构造中，并在构造过程中本身也被继续构造。体现在生命形态的物质上，这个相互构造过程就显得更加明显。动植物被物理力量构造出来，从局部环境参与环境的改造。从微观角度看，动植物是被环境改造着，也被动植物与环境之间的相互关系改造着，这个过程被达尔文称为适应和生存。但从宏观角度看，环境也被动植物改造着，这个过程在地球上显著地表现出来。动植物的存在改变了空气组分（如氧气、二氧化碳）的比例，改变了地层的结构（如生物燃料的存在），进而改变了太阳与地球之间的相互影响力。

在这个大的构造图景中，从物理角度看，是能量不断转变为各种物质形态的过程。而各种物质在不同的形态上又体现为不同形式的能量的相互作用，表现为不同的作用力——万有引力、电磁力、弱核力和强核力。这个过程可以看成物质在统一的物理作用下的被动地进化，也可以看成物质利用物理力量而主动地进化。在这个过程中，物理作用自身也在发生着进化。从主动进化的角度看，人类利用物理力量的进化，与原

子、元素、岩石等利用物理力量的进化是等同的，只不过这种角度很容易成为主观和唯心的角度，需要一种矫正。

物理精神就是这样一种矫正的精神。试图理解宇宙规律是人类的一种自然本能，在物理精神被独立出来之前，要靠自己的感官经验去理解大自然自动化构造的过程和原理。

近代科学的革命是观测的革命，观测的核心是观察和测量，从观察的方面来看，人类一直都在观察自然，而望远镜的发明则突破了裸眼的极限，让人类看到了自然的新面貌。逐渐地，人类将突破观察极限放在研究的第一位，制造出越来越好的望远镜、显微镜等，攀登科技新高峰。

测量是制造的关键，因为测量既是操控和模拟，又是制造和计算。测量水平不高，就很难搭建好的房屋和金字塔，也很难制造精准的工具尤其是制造机器。在巨大的人类社会里，借助测量，用钟表、尺子、称等统一了社会的节奏，度量了分配的利益。

物理学的贡献是使人类将测量当作最重要的工具。由于测量，人类才发现了自由落体规律和万有引力定律等物理学知识，由此制造了精确运行的钟表、精确射击的火炮，以及自动运行的蒸汽机；发现了元素，进而发展了化学和合成材料技术；发现了血液循环和细菌，进而发展了现代医学。精确测量让机器得以自动运行，将人类带进了自动化制造的时代。在逐步展开的测量竞赛中，测量的精度决定了物质制造的水平。

对测量的极限追求在两方面进行着。

一方面，不断挑战物质测量的精度，使人类对自然的认识从物体到原子，从原子核到奇异粒子等。通过测量，人类发现了信息的奥秘。当信息被物理化后，就成为认识世界的确定性工具。人类还发现了物质自组装的奥秘：在四种基本作用力下，基本粒子被组装起来。人类通过改变能量作用的方式，能够控制物质自组装的速度及形态，制造出各种契合需要的材料和物品。

另一方面，人类也不断地挑战关于自己的禁区，测量自身的肉体、经验和思维。这条路走得很艰难。在一些文明中，这些关系被捋顺了，但仍有一些文明禁止对人的肉体、经验和思维进行测量。测量肉体的结果促进了医学、神经科学的进步；测量经验的结果促进了哲学和心理学的进步；测量思维的结果促进了数学、逻辑学的进步，三者的整合使人类对自身有了越来越清晰的认识。

通过对自然的测量和对人类自身的测量，使人类进入了人工智能时代。人工智能通过纯粹物质与测量数据之间的归纳计算，模拟了大自然运行的物理规则，被物理化了的思维自动化地驱动物质，实现自组装。

物理精神是对观察与测量的极致追求，扎根于自然和所有人类文明中。当且仅当物理精神被独立出来作为人类的行为准则和指导思想的时候，才成为物理精神，从而触发科技进步和物质创新。物理精神坚持发展超越感官知觉的观测仪器，坚持发展测量思维一致性的逻辑与计算，将任何现象进行物理实体化，运用大自然已经展示的物质自组装原理，消耗最低能量以创造出丰富的人工世界。

在物理精神的驱动下，当遇到各种问题时，人类都会想到物理基本原则，本能地警惕那些未经测量的概念、知识和信息，只有采用新的工具才能解决新的问题，而不只是在主观上找原因。坚守物理精神，就是一以贯之地坚守物理基本原则，掌握现代物理的基本知识和方法，将各种概念与操作建立在物理测量的基础上，发明物理实体性工具去产生更高的效益，通过自然科学知识与物理化经验的递归计算得到创新。由此获得的知识是可靠且累积的，获得的效率是持续增强的，获得的运营和生产能力是自动化组装的，获得的竞争力是可持续的，获得的成就是惊人的。

第 2 章　探究第一原理的理论物理学

科学始于人类对第一原理的探究。人类是充满好奇心与敬畏心的动物，通过发明和改进观测与描述工具来理解世界；通过发现第一原理来建立秩序，以获得对不确定性环境的预测和掌控。这种不确定性环境或是自然环境，或是人文环境，都成为人类先知和智者的研究对象。孔子通过“君君臣臣父父子子”建立了社会的制度秩序，佛陀通过“缘生缘灭”建立了个人的内心秩序。随着研究知识的丰富，自然哲学被分离出来，成为科学的先祖。希腊人通过逻辑和几何学建立了理性秩序，从亚里士多德开始系统地建立自然万物之间的相互秩序。

从 16 世纪开始的近代科学革命始于人类对天体探索的进步。从客观性看，天体运行与人的意志无关，流星划过天际和某个皇帝的离世无关。天文望远镜的发明是天文学获得突破的核心，这反映了观测技术的重要性。牛顿发明的微积分则为描述天体之间的秩序提供了数学手段。从此，更先进的观测工具、更精确的数学语言，连同被伽利略发扬光大的实验方法都成为科学发展的方法论。对这一方法论的坚持，促进了科学自我催化的进步，如同生物获得了能量的代谢能力一样，科学从此踏上了自我进化之路。

牛顿的万有引力定律是人类最伟大的成就之一，他首次建立了自然万物之间的严谨秩序，其核心概念是“力”和具有质量的“物体”。通过对热力学的研究，人类发现了“能量”，并发现能量具有守恒的特性，以及能量具有转化和不灭的本质，这些发现使得科学迈进了一大步。麦克斯韦的电磁学更令人震撼地揭示出电、磁、光的一致性和基于“场”的相互作用的基本原理。爱因斯坦的狭义相对论则将“物体”统一为“物质”，并等效于“能量”。物理学从此转变为对物质和能量的研究。在这一过程中，能量与人类现实活动产生了直接的关联，因此，科学研究由好奇心驱动的探索，转化为服务于社会功利目的的应用，科学知识成为促进人类进步的第一原理。

人类在 20 世纪获得的两个奇迹，分别是相对论和量子力学。狭义相对论统一了时空，广义相对论和量子力学统一了物理世界。相对论和量子力学构成了所有科学的基础，两者都是人类认识自然及自我的新起点，超越了经验的推测，揭示出自然规律从来都不是以我们想象的那样运行着。不确定性是自然的本质，但基于观测和重建则可以获得新的确定性，这构成了物理精神。跟随这一进化的方法是操控主义，即发明更先进的操控技术，由此去获得对无限自然的新洞见。接着将这种操作技术应用于经济实践中，使人类获得物质进步。

在量子力学的基础上，通过粒子加速器等新的操控技术，人类发现了原子内部各种新的基本粒子，并建立了粒子物理学的标准模型。人类的目标不仅仅是建立统一的物理学大厦，更需要利用这些知识，在应用上操控微观粒子世界。

人类在 20 世纪获得的另一个奇迹是天文学进步。通过不断发明新的天文望远镜，人类发现了宇宙从诞生至今的进化历程。科学让人类对无垠宇宙的认识从哲学的猜想进步到实证的亲历模拟中。

在科学探索的道路上，物理精神起着核心作用。运用观测和操控工具，发明和创造新的数学语言；心怀敬畏和好奇心，服从观测的事实，不断提升观测的精度，持续挑战现有理论与技术的极限，人类就能一直创造奇迹。

物理学是关于物质和能量的科学。我们身边的世界、宇宙，以及身体和心灵都是物质，都是物理的研究对象。物质运动的能力则是能量。

基础物理的发展有两条主线：一条线是对“物质”的持续研究；另一条线是对“能量”的物理研究。

2.1 孕育期的物理学：自然哲学

人类一直探索、研究着身边的世界，以便获得更好的生存优势。在古希腊，哲学分为两个分支：一个是形而上学，另一个是自然哲学。信奉形而上学的哲学家们是逻辑学家，其中最著名的是柏拉图。他研究抽象的理念，推崇演绎体系的经典几何学。自然哲学则研究物理世界的规律，研究自然现象，以便从中找到第一原理。作为最早的科学家，他们具备科学研究的基本素质，首先是数学能力，其次是观测和归纳能力，借此建立物理定律。

最早的自然哲学家是泰勒斯，他发现了摩擦琥珀可以吸引轻小的物体，以及磁石吸引铁的现象。在数学方面，他善于测量和计算，创立了相似几何学；据说他在天文学领域还有建树，能够预测日食。在哲学方面，他提出“万物皆水”，成为世界统一论的首创者。

古希腊哲学家德谟克里特率先提出“原子论”，并认为世界是虚空的，可见的物质则是由原子构成的。

毕达哥拉斯从研究音调和音律的关系中总结出音程和音数的关系。通过摆弄石子，他发现了初级的算术级数。在几何学中，毕达哥拉斯定理是耳熟能详的。他的学派开设的课程有算术、平面几何、立体几何、天文学、声学及和声学等。毕达哥拉斯归纳出“万物皆数”理论，进而推理出，地球并非宇宙的中心。

柏拉图在他的学院中开设的课程与毕达哥拉斯开设的课程几乎一样，柏拉图学院里最著名的一句话是“不懂几何学者不得入内”。柏拉图致力于解决“概念”及其所指之间的关系，例如，几何形状和现实中物体外形的关系，名词“桌子”和现实中各种桌子之间的关系，提出了作为纯粹概念的“理念”的绝对性。直到今天，人们依然在探讨这类命题。

亚里士多德是柏拉图的学生中最著名的一个，他是古代最伟大的哲学家、物理学家之一。他坚持“观察”是理解自然的最好工具，以极大的耐心和好奇心观察、归纳身边的世界，从动物、植物的习性和变化，到宇宙万物的运动规律。他的《物理学》对物体的运动和运动的原因进行了解释，他的《动物志》、《动物之构造》等对动物进行了描述和分类。在他描述的宇宙运行体系中，地球为中心，其他星体围绕着地球旋转，如同一台机器一样。为了确保论证的准确性，他建立了三段论论证结构，至今三段论论证结构仍然是人类逻辑思维的基本方式。亚里士多德建立的庞大自然科学体系是人类科学进步史上的里程碑，直到 1900 年后才被修正。对于这种修正，一些人痛斥亚里士多德的错误，但科学就是在不断修正中进步的。

亚里士多德坚持观察实证和严谨论证的方式，第一次系统地建立了科学通向真理的道路，为西方的科技复兴奠定了基础。从近代科学方法论的角度看，亚里士多德的不足是基于感官经验的定性描述和归纳，缺乏精准的工具和科学的测量方法，没有能准确地建立起对象间的数学逻辑关系。他的这种不足在今天许多文明中仍然是普遍存在的。

另一个对科学发展有深远影响的人是欧几里得。他的《几何原本》描述的几何体系出现于公元前 3 世纪，直到 19 世纪末才得到稍稍的修正。《几何原本》是人类思维史上最伟大的杰作之一，他横空出世，建立了完整的演绎体系；通过有限的定义、公设、公理，在巧妙的推理之下，一个个命题如同从泉水中涌出，汇集成一条滔滔不绝的大河，显示出第一原理的巨大力量。《几何原本》不只是对当时几何知识的总结，也是一本涵盖了所有初等数学的基础教科书（如数论、综合几何和代数），是西方基础教育训练儿童理性思维的必读书。欧几里得本人也是自然哲学家，出版过多本科学著作，涉及光学、天文学、音乐和力学等。

古典科学的巅峰是由阿基米德建立的。他同样生活在公元前 3 世纪，比欧几里得晚 50 年左右。阿基米德的最大贡献是首次建立了数学和物理之间的关系。他在《平面图形的平衡或其重心》专著中，采用欧几里得式的方法，从公设定义开始推理，并用数学确定相互关系，根据静态原理推导出杠杆原理。同样，阿基米德的研究也是多方面的，他出版了专著《论浮体》，奠定了他作为数学和物理学之父的声誉。在《数沙术》中，他严谨地计算宇宙天体（如太阳、地球、月亮）的尺寸，从而算出需要多少粒沙子才能填满整个宇宙。《论螺线》是一本伟大的著作，因为他涉及类似微分和积分的运算。阿基米德还是一位优秀的工程师，制造过精良的抛石机、弩炮、天象仪、螺旋泵和战舰。

公元 2 世纪，天文学在托勒密这里被推向巅峰。托勒密的三卷本《数学汇编》是古代最伟大的科学著作之一，中文翻译为《天文学大成》，该书制定了三角的六十进制度量体系，建立了三角函数表，至今仍然是天文学必不可少的计算工具。在构建了可用的数学工具后，托勒密用他来计算宇宙的结构。他拥有充足的观测数据进行计算。从计算的角度看，将坐标系建立在地球上是更加方便的，这使得托勒密的体系看起来是以地球为中心的宇宙。但为了数据拟合的严谨，他设置了偏心轨道，这样，地球的轨道就不再是圆形了。由此托勒密给出了行星运动的精确描述，其精确度直到牛顿时代才被突破。托勒密将数学应用在地理学上，建立了经纬体系，他的《地理学》因此成为地理学的圣经。托勒密还研究光学，论述了反射几何学和折射几何学，编制了几种介质的折射角表。该表直到 17 世纪菲涅尔的出现才被修正。托勒密还写了一本影响深远的巨著《四书》——占星学的圣经。

随着古希腊被古罗马人征服，古典自然哲学的进步被终结。古罗马人崇尚实用主义，浩大的工程建筑是他们的喜好，政治环境开始向宗教转移，享受主义和禁欲主义并行。古罗马时代之后是欧亚大陆持续不断的动荡时期，科学在此期间基本上是沉睡的，直到 15 世纪，科学才开始苏醒，16 世纪的哥白尼、第谷、开普勒、伽利略等人才使之继续进步。

这些古代哲学家的研究为近代科学的诞生奠定了坚实的基础。过去对他们的理解通常是偏颇的，例如，谈到毕达哥拉斯就是他的神秘主义，谈到亚里士多德就是他对自由落体的“愚蠢”描述，谈到托勒密就是他的地球中心说，等等。但这些“愚蠢”是建立在严谨的观察、实验和数学基础上的，他们的研究方法和今天的科学研究方法并没有太多差异。人类有所进步，不仅是因为把观测工具的研发放在更重要的位置上，使得看到得更多，观测得更精确了；同时人类发明了更好的数学工具，并在专业化道路上坚持不懈。

其次，这些古代哲学家的成就与近代科学几乎是无缝衔接的，但被埋没了 1000 多年。这说明科学进步不是直线的，甚至是偶然的，“好东西”有可能随时被抛弃而遗失。人类也会犯愚蠢的错误，为短期利益而争抢，为意见不同而杀戮。

另外，这些古代哲学家是被逻各斯驱动的人。逻各斯一词的意思是理性与行动，信奉逻各斯力量的自然哲学家们训练自己抛弃主观情感，服从自然之神的意志，谦卑地观察自然，试图发现自然之神的规律，通过数学、逻辑和行动来认识自然中存在的第一原理。

因此，他们梳理与发现的知识推动了人类科学的进步。

2.2　第一次物理革命：牛顿力学与机器宇宙

在自然哲学阶段，科学家们研究的对象是广泛的自然现象，通过发明数学工具来描述这些现象之间的关系。但这些自然现象极其复杂，包罗万象，没有被分离出来，所以，科学的进步一直是缓慢的，直到科学在天文学上取得突破。

研究天文学的优点很多。第一，天文学研究是非世俗的，是持续而长期的需求。核心驱动来自宗教机构和政府，这让科学家们有足够的时间积累观测数据，提出理论假设并进行解释、预测和证伪，从而实现概念、模型和工具的持续改进。由于这种需求来自宗教机构和政府，因此，有足够的经费支持科学家的研究工作，有足够的资源制造和改进设备。

第二，天文学的研究对象是具体的天体。这些天体虽然是巨大的，却显示为一个个相互独立的“点”，自然地形成了一种简化和抽象。这种抽象使他们自己成为独立的研究对象，被独立观测、用数学描述，不像其他自然现象的研究那样复杂。此外，由于人类无法干预天体的位置和运动，科学家们只能成为客观的研究者。

第三，天体的运动是缓慢的，运动的速度各不相同，运动慢的天体就成为静止参考点，因此，这些运动能够被测量，而且是实时的原位测量。科学家们可以通过理论计算模拟这些运动，预测未来即将发生的现象，使理论能够得到精确的证伪。

第四，天体的运动是有周期规律的，各个天体的周期是不一样的，显示出宇宙的统一性和精确性。宇宙如同被上了发条的钟表一样，秒针、分针、时针各自运转，但相互之间又紧密联系着，各自运动的周期及其相互联系都可以用数学描述。

正是对天文学的持久研究让科学重新起步，并诞生了近代科学。

16 世纪初，哥白尼在波兰当牧师，研究托勒密的著作。托勒密的宇宙体系有两个公认的弱点：一个是地球是宇宙的正中心，另一个是每个天体都有一个本轮，在围绕地球运转的同时，自己绕本轮自转，这导致计算极其复杂。毕达哥拉斯学说相信世界是完美的，运动是完美的圆。因此，宇宙有那么多本轮不符合简单、完美的要求，天体运动也应该是匀速且精确为圆的。哥白尼尝试简化模型和计算，将宇宙中心放在太阳上。他利用托勒密的数据，经过反复运算建立了日心说体系，其精确度几乎达到了托勒密理论的精度。哥白尼将研究成果写在专著《天体运行论》中，为了谨慎起见，这本书在他去世后的 1543 年才出版。

从意识形态上讲，哥白尼的学说引起了轩然大波。但他的研究是在宗教机构赞助下进行的，所以，他并不是一个人在战斗。从科学上讲，哥白尼学说仅仅是一个假说，他具有更加简洁和协调的美感，但还不足以说明该学说的正确性。

在丹麦君主的赞助下，第谷更新了观察设备，因此能够获得更高的数据精确度，他前后进行了 20 年的观测，留下了丰富的数据宝库。开普勒继任后继续观察，并开始整理数据，企图找出其中的规律，先后提出了著名的开普勒三定律。这三大都以数学形式表达，延续了自然哲学时代天文学的研究方法。开普勒提出第一定律的核心：行星绕太阳运转的轨迹是椭圆的；第二定律的核心：行星绕太阳运转的速度不是匀速的(这两个定律都修正了哥白尼的假说)；第三定律——平方反比定律于 1618 年提出：行星绕太阳运动的周期的平方，与轨道半长轴的立方成正比。

伽利略与开普勒属于同一时代，两人也是好朋友。伽利略在科学史上有三大贡献：第一个是与教会斗争，力挺哥白尼学说；第二个是发明了天文望远镜来观测天体，让人类摆脱了经验观测的局限，从此利用感觉增强观测工具进行科学研究成为首要标准；第三个是开辟了一个全新的研究领域，将研究对象从天体转向普通的物体，创立了物体运动学，并建立了系统的科学方法论，开启了物理学的新时代。

天体的运动是容易观测的，即容易量化，所以，数学能够清晰地表达天体之间的关系。但描述普通物体的运动则是很困难的，如何定义时间、如何测量速度，如何修正各次观测的误差，这在今天也许容易，但在当时很困难。例如，由于缺乏计时器，伽利略在测量时间时，只能通过数自己的脉搏来计量时间长度。

一如用望远镜发现新宇宙一样，伽利略通过研究普通物体的运动发现了一个新世界，激发了世俗科学（即研究普通物体的科学）的诞生和迅猛发展。过去人类对普通物体运动的认知凭借常识和经验，例如，重的物体在空中下降的速度比轻的物体下降的速度快，这在常识上是没有问题的。但通过比萨斜塔实验，伽利略发现，质量差异未必引起下落速度的差异。这个结论和日心说一样，都是破坏经验并证明经验是错的。由此科学家们认为一定存在着一种世界，他比经验更加精确、可靠，更加接近真理。这在哲学上引起了怀疑主义的理性批判，如笛卡儿、贝克莱、休谟等人的工作；在科学研究上，导致实验和测量的普遍采用成为从业标准。

伽利略通过比萨斜塔和斜面实验的方法，颠覆了经验的可靠性，提供了进入新世界的方法，其核心是“观”与“测”：观察物体的移动状态；测量时间、位置的变化。通过距离与时间的关系定义速度和加速度，这些可观测的概念通过数学形式连接起来，形成了可以检验的物理规律。任何一个概念（如速度、时间、空间）都可以被测量——这是物理精神的精髓。

伽利略唤醒的世俗科学的种子在欧洲各国繁荣成长，叠加军事战争的强大需求，从事科学研究的人数急剧增加，从此开启了科学大发现的时代。英国成立了皇家学会，广泛吸收欧洲乃至美洲各地的科学爱好者，鼓励他们发表自己的新发现，并频繁地发送这些科学新发现，激励会员之间的相互交流和分享。英国皇家学会还建立了第一优先权制度，以激励科学家做出更多新发现，并不断提出一些迫切需要解决的科学难题，向社会公开悬赏。

牛顿的科学研究正是在这样的竞争环境下开始的。行星按照椭圆轨道运行的问题是英国皇家学会的悬赏问题，吸引了同时代惠更斯、虎克、哈雷等多名科学家的参与。在哈雷的督促下，牛顿试图解决这个问题。最后，参与竞赛的多位科学家都得出了相同的结论，即“平方反比定律”。

但牛顿更进一步。1687 年，牛顿撰写的《自然哲学的数学原理》出版了，该书以完全类似《几何原本》的方式进行演绎，将上帝的天文学和尘世的运动学统一起来，给予清晰的数学描述，让人类获得了根据物理定律演绎出各种知识和应用的能力。

在运动学部分，牛顿阐述了运动三大定律：(1) 惯性定律；(2) 加速度定律 (力的定律)；(3) 作用力和反作用力定律。

根据平方反比定律，牛顿推理出万有引力定律。然后，根据向心力的公式，在牛顿第二定律的基础上，牛顿推导出开普勒第三定律。由于开普勒第三定律吻合第谷的观测数据，从而证明了万有引力定律和当时最精确的观测数据是吻合的。

万有引力定律说明，无论浩瀚宇宙中的所有天体，还是地球上的一切物体，都服从同一个规律，其相互作用能够被准确计算和预测。人类几千年来对第一原理的追求，终于结出了确定性的硕果，这使得人类将理性从宗教转向对自然原理的探索中。而宇宙像一台机械时钟一样，和谐而精确地运行着，成为从 17 世纪到 19 世纪的主导理念，激励了科学革命和工业革命。

2.3　能量的发现：热力学与电磁学

从哥白尼到牛顿的物理学进展，人类研究的对象是能够直接感觉到的物体。天体运行提供了一个天然存在的观测实验室，让自然哲学家们探索了数千年，终于由牛顿画了一个阶段性的句号。而“力”这个最直观的生理经验，也在牛顿力学中得到了实验测量和验证，给出了清晰的界定。

但正如经验以为“地球是不转动的”、“重的物体在空中下降更快”等认知使我们脱离科学一样，物理学采用的“力”也总是和经验中的

“力”混淆。力这个概念一直是有争议的。例如，摩擦力就是一个庞杂的概念，很难被精确测量，引起摩擦力的原因更是千变万化。

在牛顿力学最成功的时候，去“力”的行动就开始了，取而代之的是“场”，进而是“能量”，物理学也就逐渐发展成为研究物质与能量的科学。

首先的改革来自力学本身。莱布尼茨提出，应该用“动能”来衡量物体的运动。到 18 世纪，功和功率的概念得到普及，无论力怎么变化，系统都遵循能量守恒定律。通过“动能”和“势能”的概念，拉格朗日建立了普适的动力学方程。加上“势函数”的概念，1788 年，拉普拉斯建立了普适于势场的拉普拉斯方程，构成了微分形式的分析力学。

在牛顿三大定律中，隐含着一个更基本的原理，即最小作用量原理。1658 年，费马第一次采用最小作用量原理计算光学的传播，被称为费马原理。1744 年，莫佩尔蒂正式提出最小作用量原理，其数学形式是变分法。拉格朗日将作用量定义为“运动量的空间积分或动能的时间积分的两倍”。19 世纪，哈密顿把最小作用量原理改造为哈密顿原理，从而将力学原理推广成一般形式的物质运动的度量，这在量子力学中也起着核心作用。

换句话说，能量守恒定律隐含着最小作用量定律，并且是任何物理粒子运动所遵循的共同原理。能量守恒定律能够很好地解释量子看起来莫名其妙的运动轨迹，也能够很好地解释能量是如何作用及转化的，从而应用在经济领域。所以，抛弃了“力”的概念而采用“能量”的概念，是物理学带来的一个珍贵礼物。

力学在“力”和“能量”这两条道路上日渐成熟，接着热力学的研究又更新了物理学家们的世界观。

2.3.1 热力学：能量与统计

“热”也是人类经验中的感觉，起初人类并没有认识到温度和热之间的关系。但“温度”这个术语却是以能量的方式定义和度量的，这在一开始就幸运地摆脱了人类的常识。但有一种观点认为，热是某种特殊物质引起的，称为热质说。热是分子运动的说法则被称为运动说，虽然运动说最终胜利了，但在早期却缺乏实验检验的能力。

热力学第一、第二定律的发现都与第一次工业革命相关。

首先被发现的是热力学第一定律，又称能量守恒与转化定律。起初，指导瓦特进行蒸汽机改造的大学教授布莱克发现了热容量；1797 年，伦福德在监制大炮镗孔时，发现铜炮被钻削时产生了大量的热。于是他做了大量的定量实验，证明运动可以产生热。1822 年，傅里叶的著作《热的解析理论》给出了热过程的热传导方程。从 1843 年起，焦耳进行了大量定量实验，提出了热量与机械功之间的转化关系。1850 年，克劳修斯给出了热力学第一定律的数学形式，即克劳修斯定理，这个定理表明，能量既不能创生，也不能消灭，但可以转化为其他形式。1867 年，汤姆逊将其表述为沿用到现在的形式：**宇宙中的所有能量——动能和势能，它们的总和保持不变**。

热力学第二定律的诞生背景与第一定律类似。将机械能转化为热能很容易，反过来却很难。热机是一种将热能持续转变为机械能的机械，如蒸汽机和汽车发动机。为了提高生产率，热机的效率成为重点研究的对象。1824 年，卡诺提出卡诺原理：任何理想的热机也会产生废热。这些废热用“熵”度量。1850 年，克劳修斯将熵描述为：**热量可以自发地从较热的物体传递到较冷的物体，但不可能自发地从较冷的物体传递到较热的物体**，并用数学形式表达出来，这就是热力学第二定律。

热力学的研究带来了物理学的一种新趋势。首先，热力学的研究为科学界引入了统计学这个强大的工具。热来自分子的集体运动，尽管单个分子的运动是随机的、不可测量的，但在宏观聚集下体现出统计分布的规律性和可测量性。其次，热力学的研究带来的能量转换与不灭定律给出了一种新的物质观，揭示了能量在不同物质形式之间的转换，启发了有效利用能量的思路，找到了精确计算和度量极限的方法。在以往的经济生活中，当社会遇到生产效率问题时，通常是在人力上下功夫，例如，做思想工作，或者增加人手，等等。而现在则从物理发现中找原因，向物理原理要效率，从而促进了工业革命的连续爆发，使得科技成为第一生产力。

在热力学研究的同时，电、磁现象的研究也结出了硕果。

2.3.2 电磁学：电、磁、光与场

牛顿的万有引力定律宣示了科学的力量，激励着人们对其他自然现象的研究。电是人类经验能够强烈感受到的一种自然现象，例如，摩擦琥珀可以起电。1733 年，杜菲发现电荷分两种，同性相斥，异性相吸。从 18 世纪开始，如何解释和寻找电的规律就成为社会公知的话题。在上流社会的社交活动中，演示电的魔力成为一种时尚。

美国的富兰克林出身卑微，12 岁去印刷厂当学徒，18 岁开启自己的事业，经营印刷厂并取得成功，但还没有成为社会名流。1746 年，莱顿瓶被荷兰人发明，他能够收集电荷，并产生可怕的效果："如同被闪电击中一样"。

富兰克林一直关注着这些报道。1747 年，他给英国皇家学会会员科林森写信，介绍了自己的单流质理论，提出用正电和负电的平衡解释"莱顿瓶"这一现象。科林森回了信，并与他保持着通信联系。这种通信鼓舞了富兰克林。1748 年，42 岁的富兰克林关闭了印刷业务，全身心地投入到了电的研究中。1750 年，他向科林森提出著名的"岗亭实验"，目的是把闪电引到铁棒上，以证明闪电和莱顿瓶的电力是等同的作用力。信件通过皇家协会通信发表后，1752 年 5 月，法国人做了这个实验。法国国王路易十五亲临实验现场，科学家布丰等人亲自操作了实验，并"**看到了人类有意识地从天空中引来的第一份火花**"。富兰克林于同年 6 月做了"风筝实验"，

并在 10 月写信告知科林森。风筝实验被报道后，震惊了欧洲，因为这个实验被证明是人类驯服大自然的见证。从此，富兰克林成为世界名人，进入了欧洲尤其是法国的上流社交圈中。与法国的这种关系，使得他在美国独立战争期间发挥了重要作用。法国经济学家杜尔哥评论道：**“他从苍天处取得了雷电，从暴君处取得了民权”**。

1785 年，库仑利用扭秤实验得出库仑定律。继莱顿瓶之后，1800 年，伏打电堆的发明为电学实验和化学实验提供了稳定的动力，从此，电学和化学获得了巨大突破。接着，1820 年，奥斯特发现导线通电产生磁效应；同年，安培发现电流间的相互作用力，提出安培定律；1826 年，欧姆提出欧姆定律。

当时科学已处在欧洲文化的主流位置，科学家们享有上流社会名流的地位，并在社交活动中演示最新发明，这激励着他们不断创造出新的科研成果。同时，科学家们也有责任向社会演示各种新成果，以彰显人类理性研究的成就。

法拉第是化学家戴维的实验助手，他的任务之一是向公知们演示各种电的新现象。1821 年，法拉第演示的“电磁旋转”现象，成为电动机的原理。1831 年，法拉第在演示过程中发现的电磁感应现象，为发电机提供了原理。接着他发现的电流之间的相互感应，为变压器提供了原理。为了解释这些发现，他提出了磁力线的假说，开启了“场”的理论。1843 年，他的实验证明了电荷守恒定律。场的理论是对牛顿力学的突破，即超距作用是不存在的。

1856 年，麦克斯韦根据法拉第的磁力线假说，建立了电流和磁场之间的数学关系，并证明电和磁不能单独存在。1862 年，通过引进“位移电流”概念，他解决了电磁波的传播机制，并得出推论：光是一种电磁波。1865 年，借鉴拉格朗日和拉普拉斯对动能和势能的分析，他系统地完善了麦克斯韦方程组，将电与磁通过严谨的数学形式演绎出来，形成了完善的电磁场理论。电、磁、光这三种截然不同的自然现象被统一在20个数学方程式中。

电磁光统一假说随之成为科学界关注的焦点，柏林科学院为此悬赏征集验证者。1888年，赫兹公布了证实电磁波存在的实验结果，麦克斯韦的电磁波理论由此得到验证和确认。随后，赫兹等人进一步完善了该理论，洛伦兹提出电子是电荷的携带者，解释了电磁场的起源，并解释了光的反射、折射、色散，以及被金属吸收等现象，由此完成了经典的电子论。

电磁场理论的建立是物理学的第二次飞跃。抛弃了难以测量的“力”的概念，引进了“场”的思想，电磁场理论是对人类经验的进一步背离，使物理世界变得更加理性和抽象。物理世界由此被建立在动能和势能的基础上，而无须知道力的情况。同样，能量也是一个极其抽象的概念，因为能量是一个测量的词汇，而不是一个具体的存在。一旦物理学纳入了能量的概念，就和现实世界发生了更加有效的联系。基于能量的电磁学和化学立即在商业中得到使用，电动机、发电机、电报、电话、电灯、人工颜料等的出现迅速改变了社会的物质状态。

从能量传输的角度看，对比公路和电路之间的差异，我们就会发现两者之间的效率存在着巨大的差异。电流通过电路可以很轻松地达到万里之外，跨越海洋、高山和太空，其传输成本远远低于公路。通过最早的互联网——电报，世界被信息统一起来。过去，从英国伦敦到印度孟买的信息来往需要2个月，且可靠性低，成本高。而电报只需要2min，直接成本降低数百倍。因此，物理思维便逐渐成为国家腾飞的基石，这是基于最小作用量原理进行规划、投资和生产的一种思维模式。

2.4 第二次物理革命：能量与物质的量子作用

19世纪是科学革命爆发的世纪，到19世纪末，人们已经几乎穷尽地研究了日常经验所能感知到的所有自然现象。人类生理直接感觉到的宇宙、物体、电、磁、光、热、水、空气等物质与世界的奥秘都已经被发现，科学似乎已经到了发现的尽头。

无意之中，科学家们又找到了科学发现的新办法，即“拷问”大自然。经典物理学的方法论主要是在常规能量条件下观测自然，而现代物理学则是用极端能量拷问自然，到当代则是运用能量和信息合成自然。在能量和粒子加速器的帮助下，物理学进入量子力学时代，人类对物质和能量有了全新的认识。

2.4.1　能量即物质：狭义相对论

由于牛顿力学的成功，在 18、19 世纪，人类一边发现新的物理现象，一边在力学框架下将这些现象进行统一。借助“能量”的概念，热学、电学、力学等几乎一切物理现象都可以在力学自然观的范畴内，采用统一的概念给予解释。在解释菲涅尔提出的光的波动说时，如果假定光是依靠力学以太的振动实现传播的，那么光学也能被纳入力学体系中。现在的问题是，这个“力学以太”究竟是什么？如何找到他？

1887 年，美国物理学家阿尔伯特·迈克尔逊和爱德华·莫雷在克里夫兰进行了著名的迈克尔逊－莫雷实验，其目的是通过测量地球在以太中的速度，证明力学以太的存在。但实现的结论却令人震惊：光速与地球相对于以太的运动速度无关。为此，1904 年，洛伦兹提出了著名的洛伦兹变换公式，通过地球相对以太运动的相对速度变化来解释实验结果：在以太中运动的物体，纵向线度发生收缩（平行运动方向），其收缩的比例恰好符合迈克尔逊－莫雷实验的结果。同时物体运动方向的时间也变慢。因此，物体运动方向光速保持不变。

对于光速不变假设，爱因斯坦看出了问题，即：如果假设时间和空间是相互影响的，符合洛伦兹变换下的等效性，则整个系统将变得十分简洁，且不再需要力学以太的存在。换句话说，可以认为力学以太是绝对的，因而是无须考虑的对象。由此，1905 年，爱因斯坦提出了狭义相对论。进而，根据洛伦兹变化，爱因斯坦得出伟大而简单的质能方程式：

$$E=mc^2$$

式中，E——完全释放出来的能量；m——质量；c——光速。

物质即能量——爱因斯坦的狭义相对论将近代物理学带进了现代物理学，并与量子理论、广义相对论一起，成为现代科学的基础。

2.4.2 基础物质：原子内部结构

在寻找力学以太的同时，对物质的发现依然如火如荼地进行着。1887 年，赫兹发现光电效应。1895 年，伦琴发现 X 射线。1896 年，维恩发现黑体辐射的能量分布，贝克勒尔发现放射性，塞曼发现光谱线分裂。1897 年，汤姆逊证实了电子的存在，并测量了电荷的质量。新发现层出不穷，并且无法用已有理论预测或解释。科学家们激动异常，寻找“藏宝图”的大赛全面拉开帷幕。

从物质和能量的角度讲，电子的发现意味着原子是可分的，进而将科学探索引导到对原子的解剖上。这条路线的探索者主要来自英国的卡文迪许实验室，该实验室的卢瑟福团队主导了后续的研究发现。原子结构的发现，使物理学进入微观时代。

光电效应和黑体辐射的研究则由德国团队进行。维恩在德国帝国技术物理研究所的工作由普朗克带队继续。1900 年，普朗克改进维恩辐射定律，提出了普朗克辐射定律，并推导出黑体辐射公式，提出了著名的能量量子化假设和普朗克常数，德国科学家开启了量子力学时代。

放射性的研究工作以法国人为主力。继贝克勒尔发现了放射性后，在法国工作的居里夫人于 1898 年发现了放射性元素钋和镭。但法国人的精力似乎更愿意放在改造社会而不是“解剖”自然上，尽管有当时最伟大的数理学家庞加莱，但法国科学界已经陷入技术官僚一手遮天的状态，以至于在长达数十年里法国都没有在物理学上开花结果，这也解释了法国在第二次世界大战初期溃不成军的原因。

物理学的后起之秀是美国人，以芝加哥大学的密立根为代表，美国人从实验和设备入手，通过信奉布里奇曼提倡的操作主义，逐步迈入物理学殿堂，并在第二次世界大战后占据领导地位。

继电子被发现后，1898 年，卢瑟福实验室又发现了 α 射线和 β 射线。1909 年，卢瑟福实验室在利用 α 射线研究不同元素的散射现象时，发现居然有约八千分之一的 α 粒子被反射（散射）回来，由此推断原子内部是“空”的，原子的中央有一个实核。1919 年，该实验室发现了质子，随后是长达十余年的原子核结构探索之旅。1932 年，该实验室的查德威克发现了中子，原子的微观结构被清晰揭示。

2.4.3　量子理论：从量子力学到量子电动力学

原子中的质子、中子和电子是如何运行的呢？首先要解释几个发现：原子为什么能发光？发射光谱和吸收光谱的机制是什么？电子在原子内部如何分布？1911 年，卢瑟福提出原子的“有核模型”，又称行星模型，但该模型存在不稳定的缺陷，以及无法预言连续光谱，所以无法成立。1913 年丹麦物理学家玻尔在卢瑟福实验室工作期间，受价电子跃迁产生辐射的启发，提出了量子化定态跃迁原子模型——波尔模型：原子中心是原子核，核外电子在特定轨道上运行，轨道之间具有特定的量子化能级。该理论的计算结果和氢光谱的测量数据非常吻合，但无法预测其他任何元素的光谱。因此，波尔模型因指明方向而具有极大价值，但还只是一个初级模型，需要进一步探索。

1925 年，泡利提出电子自旋的概念和泡利不相容原理，以解释反常塞曼效应。1926 年，薛定谔建立了基于波动的原子模型，电子轨道是一团波动的云。目前，现代原子的量子模型将电子轨道视为一种在特定区域出现的概率云，这个概率理论上能够计算出来。但在计算原子结构的更多精确细节时，需要高强度的计算和反复校正。换句话说，量子理论和实际预测还有很大距离，仍然需要深入研究。

在能量方面的研究，科学家们尝试建立微观粒子的运动规律。这些规律必须能够解释几个关键实验的发现：热物体的辐射，由普朗克的能量量子化假设解决；光电效应，由爱因斯坦的光量子假设解决，并由密立根 1916 年的实验证实；康普顿效应则进一步证明光子不仅具有动能，还具有动量。这些实验发现及假设建立的过程，揭示出光（电磁波）不仅是一种波，也是一种粒子。德布罗意 1923 年推理出，所有的实物粒子也具有波动性。光和实物粒子的粒子性和波动性的相互关系（波粒二象性）则在 1927 年被海森堡的不确定性原理界定。该原理告诉我们能够观测到的粒子位置的精确度极限，为后来直接“看到”原子等基本粒子提供了边界。

至此，在一群年轻小伙子们的勇敢猜想、实验验证和数学建构下，量子力学以薛定谔波动方程为标志得以建立。

1905 年，26 岁的爱因斯坦发表了 6 篇论文，开启了三个领域：（1）通过分子的随机运动解释布朗运动，推动了随机涨落理论的研究；（2）对光电效应的能量子解释，开启了量子革命；（3）提出狭义相对论，解决了牛顿力学的绝对时空问题，通过光速不变原理和运动的相对性，将时间和空间统一起来，并提出了著名的质能方程式。由于任何物质的运动传输都需要时间，这样，人类就需要继续对经典物理学进行改造。

牛顿力学的相对论的改造已被爱因斯坦完成。但在经典电磁学中，电磁场是连续的，而非量子化的，所以，这就是未来改造的方向。

1. 量子场论的建立

1926 年起，狄拉克首先将电磁场量子化，接着建立了电子的相对论性运动方程，这个方程被称为狄拉克方程。狄拉克方程能够推导出电子的自旋及电子磁矩的存在。狄拉克定义了“真空”的物理意义，将之解释为被所有负能态填满的能量最低态，如果一个状态没有被填满，则出现“空穴”，即正能粒子。狄拉克的真空理论认为存在着正、负电子的产生和湮没。1928 年，约丹将真空理论推广到任意的物质粒子：每一种粒子都对应一种场，真空则是能量最低的态，所有的物质都像光子或正负电子一样产生和湮没。这样，量子场论作为学科就建立了，并被作为粒子物理学的基础，广泛应用在统计物理、核物理和凝聚态物理等各种物理学的新分支上。

2. 量子电动力学

量子电动力学（Quantum Electrodynamics，QED）是对电磁场量子化的深入研究，是量子场论的分支，专门研究量子化的电磁场，以及其中带电粒子的行为和相互作用。狄拉克方程是第一个基础，海森堡和泡利等将其进一步细化。当电磁场及其中的带电粒子都被相对论化和量子化处理后，量子电动力学也就建立在新的物理学基础上了。

每一个物理学理论都随着实验发现的新现象被不断修正。1947 年，物理学家们发现，兰姆位移和电子磁矩的两项测量结果和计算结果不一致，这些不一致是由于高动量的光子的计算模型有问题，因此启动了重正化工作，即把那些引起误差的因素挑选出来，进行单独处理。最后，朝永振一郎、施温格和费曼三人各自用自己的方式提出了重正化方法，处理后的计算结果与实验结果惊人地匹配，从而解决了量子电动力学的发展瓶颈。费曼在此过程中发明的费曼积分、费曼图，成为量子场论的基本研究工具。

至此，20 世纪初出现的狭义相对论和量子力学在各自成功后，联起手来，顺其自然地对经典物理学进行了改造，被改造后的物理学因此站在更新的基石上。作为科学革命的果实，量子场论成为新物理学统一的基础。这场科学革命的时间持续了约 50 年，带来了很多革命性的成果。

(1) 时空相对性。时空相对性去除了物理作用的超距作用，即一切作用都需要时间传递，无论光还是电，引力还是其他力。并且，这种作用需要“场”作为媒介，而不是粒子本身的力。

(2) 粒子的相互作用。粒子的相互作用模式很有趣，每个粒子在原地晃来晃去，就像弹簧一样，在压缩和伸展变化中振荡，自身的动能和势能相互切换，振幅和相位发生着变化，但又保持能量的最低态。相邻粒子也同样地振荡着，它们之间要是挨得太近，就会相互排斥，要是太远就会相互拉近，就像手拉手的弹簧一样。振荡本身就会产生能量(场)，所以让真空充满了能量，只不过是最低态的。一旦外部力量大了，粒子就会挣脱相邻小伙伴的手，跑了出去，并留下空穴。

(3) 多样的振荡伙伴关系。例如，两个电子之间的自旋关系，电子和质子的正负电吸引关系，同一种粒子的正负场关系。每一种关系都以相同的偶极模式作用，偶极模式形成了各种微观作用的基础，例如，辐射性、导电性、磁性、化学键等。相邻粒子的变化会极大地影响自己的物理特性，这就是化合物的特点，也是半导体的特点。同时，温度对于振荡的幅度和稳定性是极其重要的，在不同的温度下，各种元素、分子、化合物都呈现出迥然不同的物理属性，从导电性到磁性，从结合力到物态，从共振频率到辐射频率，等等。因此，应用这些原理可以理解和构造无限丰富的物质世界。

从方法论上看，人类拷问自然的方式大获成功。人类生理经验的潜力在19世纪就到达极限了，为了新的发现，人类需要发明拷问自然的各种观测工具，例如，各种粒子加速器、气泡室、云室、电子显微镜、原子力显微镜，等等。这些拷问技术也成为改造自然的工具来源，催生出生活中的家电、医疗设备、照明装置、武器等。

在研发新观测工具的过程中，数学的力量令人惊叹。普朗克常数、质能公式、波尔理论、薛定谔方程、量子电动力学等，都能精确描述极其复杂的物理现象，与实验数据的精确匹配度达到 10^{-24} 左右。但并不是有了数学公式，人类就能获得一切解，数学公式只是一个开端，任何的实际应用都是数学公式的数值解。这样，现实对计算机模拟的需求越来越大，进而引发了量子计算的需求。

科学的进步是无止境的，大自然的规律不断地被重新认识，成了寻找新定律的可靠线索。1918 年，艾米·诺特提出诺特定理，该定理说明宇宙中对称与守恒是一一对应的，每发现一个守恒定律，就可以找到一个对称与之对应，反之亦然。任何物理理论均存在守恒，从而将理论物理从纯经验性提升到演绎性，即可以利用数学特性寻找新的物理定理，但基础仍然是最小作用量原理。

2.5　至微物质：物质基本结构与演化机制

随着量子电动力学和量子场论的建立，物理新一轮的进步方向也明确了。

一方面是找到更多物质，并建立理论去描述这些新物质。通过粒子加速器创造高能粒子打破原子，发现新物质，催生了粒子物理学，并促进量子场论的进一步完善。在这一过程中，实验技术与理论的相互依存和急剧进化，确立了实验技术决定论的地位。

另一方面是对现有物质之间的关系做演绎性的艰苦研究和穷举式实验。这类研究诞生了核物理、固态物理学、量子光学、凝聚态物理、材料物理、化学物理、纳米科技，再继续延伸则是生物物理、医学物理和计算物理等，最终，产生了物理革命。同时，在应用上，这一进化分支以半导体、激光、新材料为基础，对其他科学分支的强力支撑等产生的巨大经济和军事价值，揭示出物理霸权的力量。人类在如何应用科学实现经济、工业、健康和安全等关键需求方面，找到了清晰而确定的行动路线。

2.5.1　粒子物理学的诞生与发展

1914 年，查德威克发现 β 射线衰变的能谱是连续的，这与量子力学不符。1930 年，泡利认为，一定有某个尚未发现的粒子存在，该粒子和经β衰变后的电子叠加形成了连续的β光谱。费米称这种未知粒子为中微子，并提出弱相互作用假说，因为电磁力比这种力大 10^{11} 倍。到 1956 年，美国洛斯阿拉莫斯实验室的莱因斯和科恩通过大型裂变反应堆直接观测到了这种粒子，实际上，这种粒子是一种反中微子。经过实验查找，中微子共有三种。

1927 年，狄拉克预言每一种粒子都有反粒子，1932 年，正电子被发现。1936 年，安德森等在宇宙射线中发现了一种粒子，被称为 μ 子。

原子核的核子（质子和中子）能够在电磁力的作用下不相互分离，说明存在一种十分强大的吸引力即核力。核力是短程力，作用范围为一个质子半径的大小，约 1.4×10^{-13} cm，但力比电磁力大 100 多倍，所以称为强相互作用力。1935 年，汤川秀树提出介子理论，认为核子之间通过交换一种可称为“介子”的粒子发生相互作用。

1947 年，鲍威尔用核乳胶技术探测宇宙射线，发现了汤川秀树所预言的 π 介子，但它不是核力的携带者。在标准模型中，三种中微子、电子、μ 子和后来发现的 τ 子，构成了 6 种轻子。

这些粒子加上传统的质子、中子和电子约 14 种，被称为第一代粒子。

1947 年起，人们在研究宇宙射线的过程中，发现大量新粒子，如 K^+，K^-，K，等等。这些新粒子们的共同特点：当它们由于粒子之间的相互碰撞而产生时，总是一起很快地产生，但却慢慢衰变，且各自衰变的速度不同，这类特性的粒子被称为奇异粒子。随着战后建设的各种大型粒子加速器投入使用，新的奇异粒子不断被发现。到 1964 年，约有 33 种奇异粒子被发现，这些粒子被称为第二代粒子。

由于加速器可提供的能量逐步提高，以及高能探测器的迅速发展，在实验上又发现了衰变时间在 $10^{-24}\sim10^{-23}$ s 范围的快衰变粒子，这些粒子被称为“共振态粒子”，也称第三代粒子。第一代粒子、第二代粒子和第三代粒子的累计数量已经超过 60 个。

发现了这么多粒子是令人兴奋的。每一种新粒子的发现都需要从已有理论中找到答案，如果找不到，就创建新的理论。从第二次世界大战后到 20 世纪 70 年代，是粒子物理学的理论爆发期，各种理论层出不穷，但又迅速被迭代或抛弃。另外，对这些粒子进行分类是有价值的，如同门捷列夫的元素周期表那样。盖尔曼坚定地统计粒子的特性，并通过归纳法试图找到他们之间的关系。从 70 年代起，终于逐步建立了粒子的标准模型。

2.5.2　标准模型与物理理论大统一的尝试

伴随着新粒子的发现和归类，科学家们提出了种种理论和假设。

20 世纪 50 年代初，在奇异粒子的发现过程中，科学家们发现一对介子“θ”和“τ”具有质量、寿命和电荷完全相同的特性，按照传统理论，它们应该是同一粒子。但 θ 介子衰变为两个 π 介子，而 τ 介子衰变为 3 个 π 介子，这意味着存在一种新的物理量来描述粒子之间的此类区别。宇称(空间反演，简写为 P)、电荷共轭（电荷反号，简写为 C)、时间反演（简写为 T）等新物理量被提出，用于区分新粒子在这些物理量上的差异。宇称不守恒就是说 P 不守恒，CP 对称破坏就是“宇称＋电荷”的对称被破坏。θ 介子和 τ 介子的质量（属于 P 范畴)、寿命（属于 T 范畴）和电荷(属于 C 范畴）相同，却表现出不同的其他特性，这就破坏了它们相等的特性。因此，“θ—τ”疑难问题成为物理学界集中攻关的大事。

1955 年，已经由于 Yang－Mills 理论而蜚声天下的杨振宁，和李政道一起琢磨这个问题。两人在论文《弱力中宇称守恒的问题》中提出：在弱相互作用中，宇称（P）是不对称的，并给出了实验验证的方法。哥伦比亚大学的吴健雄利用低温和强磁场观测钴 60 在 β 衰变下辐射的电子，证明了李－杨理论，即在弱相互作用中宇称（P）不守恒，三人因此获得次年的诺贝尔奖。1964 年克罗宁等通过 τ 介子的研究，证明 CP 也不对称，这一不对称被称为 CP 破坏。弱相互作用的理论因此成熟，也是四大相互作用中唯一具有 CP 破坏的。

弱相互作用和电磁相互作用之间的差异很小，这些粒子之间在质量、电荷和寿命上都是相同的。所以，很多物理学家期望能用同一个理论来描述弱相互作用、电磁相互作用和强相互作用。1956 年，量子电动力学的创始人之一施温格率先尝试，1965 年，温伯格通过定义中间玻色子传递弱相互作用而找到突破口，使弱相互作用和电磁相互作用在规范对称性的框架下得到统一描述，由此建立起来的“弱电统一规范理论”解释了光子和中间玻色子的质量差异。弱电统一理论是 20 世纪下半程物理学的顶峰之一，并与实验数据精确匹配。接着，弱电统一理论预言的中性弱流在 1973 年被实验证实，预言的 W^+ 和 W^- 中间玻色子以及 Z^0 粒子则在 1983 年被找到。

在强相互作用方面，传统的原子结构由质子、中子和电子构成，其中，质子和中子组成了原子核。在研究中发现，中子和质子甚至比电子还复杂，质子加中子组成的核子具有反常磁矩，能够产生强大的磁场，显然，核子内部存在着电流。20 世纪 50 年代，一批新的强子陆续被发现，它们的性质和核子类似，因此描述新的核子结构的理论成为新一轮物理竞赛的赛道。

费米和他的研究生杨振宁在 1949 年率先提出强子结构模型，由质子、中子、电子及其反粒子构成。随着新的强子不断被发现，1964 年，盖尔曼提出“夸克”概念，并认为所有已知的强子都是由三种夸克及其反粒子构成的。这个理论解释了当时已知的事实，掀起了寻找夸克的竞赛。1974 年，丁肇中实验团队在布洛克海文国立实验室发现一种新粒子，称为 J/Ψ 粒子，被证明是第四种夸克。1977 年，莱德曼发现了 Ψ 粒子，使得夸克数量增加为 5 种。根据标准模型理论预测，应该有第六种夸克存在，于是全球物理学家在各自的对撞机上寻找这种新粒子。1994 年，国际合作团队 CDP 发现了这种粒子。

这样，夸克的数量增加到 6 种，轻子的数量也为 6 种，且它们之间存在着对应关系，而传递粒子之间相互作用的分别是有质量的玻色子（Z 和 W）、无质量的玻色子（光子、胶子和引力子），均被称为媒介子。光子传递电磁力，胶子传递的是将夸克结合成重子和介子的核力，Z 和 W 玻色子传递弱核力，而引力子只能作为假设存在，尚无实验证实。

强相互作用理论以 1954 年杨振宁和米尔斯的非阿贝尔规范理论为基础，随着夸克模型的建立而逐渐成熟，众多的物理学家都做出了贡献。1973 年，帕利策尔等人提出“渐近自由”理论，解释了夸克囚禁的实验事实，使人们对相互作用力的作用方式有了全新的理解，为强相互作用理论、标准模型的完善，以及统一自然界四种力提供了重要的理论基础。在此基础上，霍夫特等人将强相互作用理论——量子色动力学进行了完善，使之成为强相互作用的规范场理论。

这样，标准模型最终得以完善建立。

目前，在如图 2-1 所示的标准模型中，共有 17 种粒子（若含反粒子，则为 29 种），被分为三类：轻子、夸克、玻色子。这些粒子的相互作用有四类力：强核力、弱核力、电磁力和万有引力。强核力是电磁力的 100 多倍，电磁力为弱核力的 10^{11} 倍，而万有引力最弱，强核力是万有引力的 10^{39} 倍。在标准模型中，目前还没有引力的位置，需要继续探索。

经过几十年的努力，物理学家们将大自然中的基本粒子和相互作用统一了起来，形成了一个简洁的图景，如图 2-2 所示（引自《物理学史》）。

70 年代末，随着标准模型的建立，理论物理学进入一个新的阶段，只剩下统一标准模型和广义相对论的工作没有完善。轰轰烈烈的关于物质的研究告一段落，很多物理学家失业转行，其中一部分人去了华尔街，成为“宽客”。他们带进来的量化理念，彻底改变了世界证券市场和经济学。与此同时，在经典物理学的另外一个领域——天文学，也随着观测技术的进步产生了令人称奇的“大故事”。

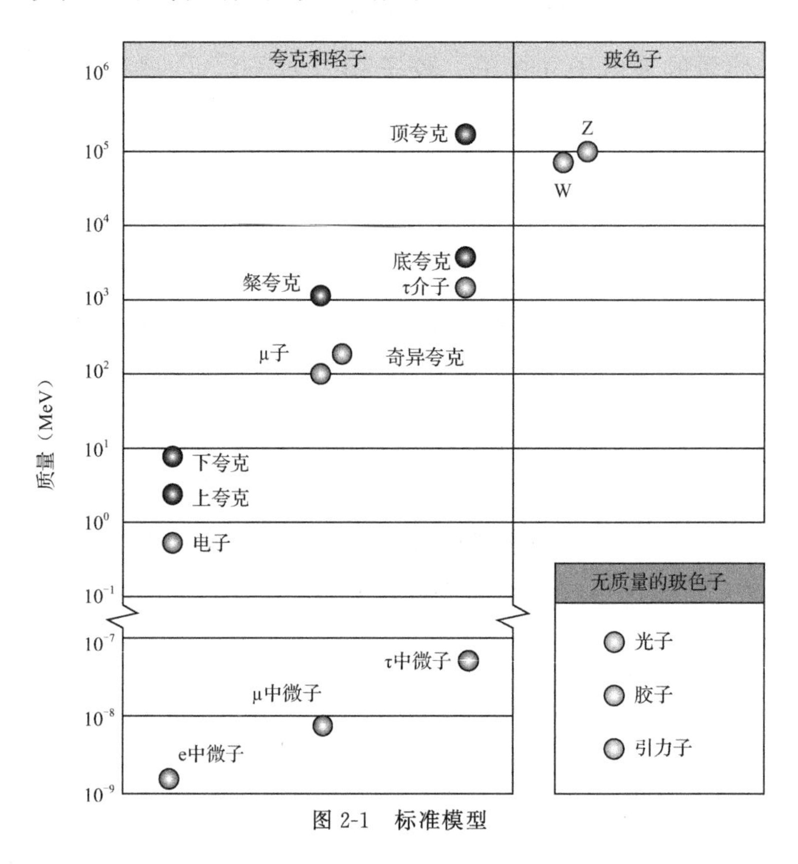

图 2-1 标准模型

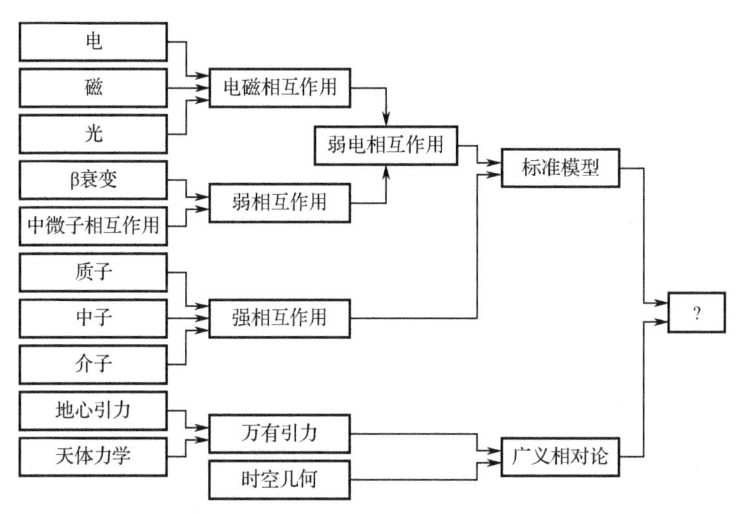

图 2-2 相互作用大统一的进程

2.6　至大物质：宇宙的诞生与演化

与其他物理学需要进行实验验证的方法不同，天文学难以进行实验，早期只能靠观察天文现象来推测天体的结构、构成、年龄、运动及起源等。但纯粹的观察法并不完全可靠，就像中国古人认为月亮上住着嫦娥仙子一样，甚至到 1840 年，天文学家阿腊果仍然相信太阳上面可以住人。1825 年，实证主义哲学的鼻祖孔德认为，由于无法实验，人们不可能知道恒星的化学组成。

但任何物质总是振动的，因而总是携带信息的，并因此形成了对各种物质的唯一表征，这构成了“物质、能量和信息”之间的统一性。人们在地球上，能够接收到宇宙射线，如阳光、星光，这些宇宙射线提供了关于宇宙的种种信息，可以表征宇宙中各种物质，如元素、天体的具体种类和年龄，从而推演这些物质的形成过程。

19 世纪，分光学和光度学的进步，使得在光谱中可以读出元素和物质结构的信息，进而通过多普勒红移解读出物质移动速度的信息。照相术的应用则让天文现象和射线信息被记录下来，并得以广泛分享和深入分析。这样，通过接收、记录来自宇宙的各种频率的光谱信号，可计算出宇宙天体的各种物理属性，从构成到结构，从质量到密度，从移动速度到宇宙起源。

于是，天文学在 19 世纪末变成了天体物理学，又称新天文学。进入 20 世纪，天文学带来一幕又一幕的惊喜。

2.6.1　宇观观测技术与新天文学的诞生

与其他科学在 20 世纪发生的革命和重建一样，新天文学革命源于两个要素：一个是物理学的现代革命，即 20 世纪初产生的狭义相对论、广义相对论、量子力学、粒子物理学；另一个是观测技术的巨大进步，微电子学、微探测器、计算机和空间技术，直接革新了观测天文学。如同每一次工业革命都被设备技术的革命引发一样，科学革命总是跟在观测技术革命后爆发。

在19世纪发明的三项新技术——分光计、光度计和照相术的基础上，太阳系、银河系被陆续发现。1910年，荷兰物理老师伍尔夫将静电计带上埃菲尔铁塔，验证处处存在的辐射现象，标志着人类开始了对宇宙射线的探索。德国的施瓦西应用照相术测量变星的亮度，总结出变星的周期性亮度变化是由温度变化引起的。丹麦的赫兹普龙在此基础上，提出“绝对星等”概念，给出比较恒星亮度的方法，以及比较恒星不同类型的赫罗图。

在此基础上，1912年，哈佛天文台的勒维特找到一种标尺，来测量恒星之间的距离，从而为测量宇宙提供了基础。造父变星是一种恒星，其亮度会发生周期性的变化，这些变化就像钟表一样规律。勒维特在研究造父变星时，发现造父变星的平均发光度和周期之间存在着显著的关系，这一“周期－发光度”关系提供了计算星体之间距离的方法。随后，美国的夏普勒用绝对星等计算“周期－发光度”关系，确定出一种星系尺度和几何学的标尺，确定了银河系的形状。

20世纪20年代，2.5m直径的大型虎克望远镜被安装在威尔逊天文台，这款反射式望远镜在以后30多年都保持着世界第一的位置，为哈勃提供了良好的观测条件。1923年，哈勃看到银河系外还有恒星，进一步拓展了宇宙的范围。目前推算出银河系有10^{11}个恒星，而宇宙则有10^{10}个以上的星系。

1948年，当时世界最大、直径为5m的海尔望远镜被安装在美国加利福尼亚州的帕洛马山上，担任哈勃助手并在哈勃去世后接任他位置的桑德奇在这里观测。桑德奇的观测记录和总结为宇宙学理论做出了极大贡献，其中最重要的一项是计算出宇宙的年龄不超过 250 亿年。

地面观测设备的下一个进展是射电望远镜，并因此诞生了射电天文学学科。射电望远镜是采用第二次世界大战期间研发的雷达技术的成果制造。1964 年，美国贝尔实验室的彭齐阿斯和威尔逊利用射电望远镜发现了微波背景辐射。1967 年，卡文迪许实验室的休伊什发现了射电脉冲星。于是，宇宙演化标准理论逐渐被建立。

由于地面观测受空气扰动的影响大，于是，探测中微子的“中微子望远镜”被放在地下深井（日本的超级神冈、加拿大的 SNO)、冰下或隧道中。

由于大气层会过滤掉很多射线波段，太空观测的数据会更全面。1957 年 10 月，苏联成功发射斯普尼克 1 号卫星，此次发射震惊了美国朝野，由此开启了规模空前的美苏太空大竞赛。以卫星、太空站为标志的太空技术得到极大发展，太空望远镜因此起步。

1962 年，第一台太空 X 射线探测器搭载在探测火箭上升空；1970 年，第一个 X 射线人造卫星升空。从 20 世纪 80 年代起，随着半导体技术的成熟，发射了大量的太空观测器，其中有 80 年代发射的 X 射线卫星 Ginga，90 年代发射的 ASCA、ROSAT、RXTE、BeppoSAX，2000 年发射的 X 射线观测站 Chandra 等。1983 年，NASA 和荷兰、英国合作的红外天文学卫星 IRAS，普查了整个天空的电磁波红外波段的红外源。1989 年发射的微波背景探测器（COBE）则以前所未有的精度测量了微波背景辐射谱。

1990 年发射的哈勃空间望远镜标志着将复杂太空观测站送入太空的开始。在哈勃空间望远镜首发时，镜片存在问题，但被航天飞机修复。哈勃太空望远镜给科学家带来了巨大惊喜，为他们带来了探索 130 亿光年前的原始星系的机会。如表 2-1 所示为当前正在使用中的一些太空望远镜。

表 2-1 NASA 大型观测站列表

望远镜	太空行动任务	日期
哈勃空间望远镜	探测电磁波谱中的可见光区域及近红外和紫外部分	1990 年
康普顿 γ 射线观测站	收集天体发射的 γ 射线数据	1991 年
钱德拉 X 射线观测站	观测光谱中的 X 射线区，研究类星体、黑洞和高温气体之类的天体	1999 年
史匹哲空间望远镜	捕获被尾随地球轨道的太阳轨道大气阻截的热红外放射	2003 年
詹姆斯 · 韦伯空间望远镜	大型红外优化望远镜，作为哈勃望远镜的后继者	2009 年

（引自《科学的旅程》）

观测技术的革命除了发现大量新事实外，更带来了几项重要的知识，拓展了对宇宙的认识，例如，宇宙演化，恒星演化，与粒子物理学的相互验证，引力波等。

2.6.2 当代宇宙演化理论

1. 宇宙演化

宇宙学是产生于 20 世纪的现代学科，主要研究宇宙的物质组成、物质结构，以及作为物质整体结构的宇宙的起源和演化。

早在发表万有引力定律时，牛顿就发现了引力不稳定的现象：在一个不均匀的宇宙中，高密度区物质将吸引低密度区物质，使密度不均匀性增加，因此静态宇宙是不稳定的。

宇宙学研究有一个基本假定，即在一定的宇观尺寸上，宇宙是均匀且各向同性的。均匀，意味着宇宙在空间的每一点的性质，例如，密度、温度、膨胀速率等都相同；各向同性意味着宇宙在任何方向上都是相同的。采用度规的方式是物理经典的处理逻辑，由度规定义层展，对在同一度规下的物质采用相同的数学模型、操控工具和数据单位。

1915 年，爱因斯坦在广义相对论中认为，一个完全均匀且各向同性的宇宙应该是静态的，为了保持这个静态，他在广义相对论中引入了著名的“宇宙学常数”，以防止宇宙收缩或膨胀。随后，弗里德曼发现，爱因斯坦的静态宇宙模型对于尺度因子的任何微小变化（扰动）都是不稳定的，如果广义相对论是成立的，宇宙就只能是膨胀的。他和其后的勒梅特分别提出了膨胀宇宙模型。

1929 年，哈勃在整理其观测数据时，通过测量近邻星系的距离，发现星系距离是退行（离开地球而运动）的，揭示了宇宙处在膨胀状态，而速度一距离的斜率关系则是一个常数。这个常数被称为哈勃常数，即宇宙膨胀速率。哈勃因此提出哈勃定律，该定律建立了红移、天体的距离和哈勃常数之间的定量关系，从而为建立宇宙尺度奠定了基础。所谓红移是指，在膨胀中的宇宙里传播的光子的波长随时间变长。由此，星系的红移等效于星系退行的速度。由于比利时的勒梅特也提出了同一定律，天文学家们曾讨论过是否将哈勃定律改为勒梅特一哈勃定律。

1935 年，罗伯逊和 Walker 等建立了描述宇宙均匀各向同性的度规，即宇宙尺度因子。由此，这几项成果结合起来，就建立了均匀各向同性膨胀模型 Friedmann-Roberson-Walker，简称 FRW 宇宙学，也被称为大爆炸宇宙学。

根据 FRW 模型，宇宙尺度因子 a（t）是一个时间因子，随着时间变化。宇宙膨胀速率 $H(t)$也与 $a(t)$有关，是 a（t）的导数，因此，宇宙膨胀速率 H（t）的值在宇宙历史的不同时期是不同的。在我们这个时代，它是哈勃常数 H_0。同时，宇宙的温度反比于宇宙尺度因子，即在宇宙早期，宇宙温度更高。随着宇宙尺度因子变大，则宇宙温度降低。

根据爱因斯坦的质能公式，宇宙的组成是宇宙中的物质和能量。宇宙的膨胀意味着物质密度和能量密度随着时间而变得稀疏。根据能量守恒定律，在宇宙早期，温度更高，物质和能量密度更高，且物质更多是以能量方式存在的。随着宇宙膨胀，宇宙温度降低，越来越多的能量转化为物质。如果温度太低了，这种转化也无法进行。同时，越是在宇宙早期，宇宙尺寸越小，温度越高，这样，膨胀的速度就越快，产生“暴涨”。

根据这些逻辑，科学家们就能计算出宇宙演化过程，如表 2-2所示，然后再寻找证据进行验证。

表 2-2　宇宙的演化过程

宇宙时期	宇宙年龄	重要事件
普朗克时期	10^{-43}s	初始时空奇点 量子引力决定演化 弦、膜在宇宙中出现
暴涨时期	10^{-36} s	密度扰动的起源 温度涨落的起源 背景引力波的起源
辐射为主时期	早于大约 10 000 年	残留暗物质产生 中微子背景产生 原初核合成
实物为主时期	晚于大约 10 000 年	电子与原子核复合 背景辐射的最后散射 物质密度不均匀性增长
暗能量为主时期	大约 10 亿年前	宇宙现在的加速

根据这一模式计算出的宇宙年龄为 135 亿年。

在验证方面，重要证据是彭齐阿斯和威尔逊于 1964 年发现的宇宙微波背景辐射，这为大爆炸宇宙学提供了最强有力的观察证据。另一个重要证据：目前宇宙中轻元素的丰度与大暴涨中产生的元素丰度的预言是一致的。按照大爆炸理论，大约在大暴涨发生后三分钟，原初的中子与质子结合形成氢、氦和锂。比锂重的元素则是在恒星演化过程中生成的。大暴涨后的一分钟内，宇宙的温度太高，原子核无法存在；而在大暴涨之后几分钟，温度和密度降得太低，核反应无法进行，于是大暴涨核合成结束，元素丰度“冻结”。

这样，观测到的宇宙膨胀、大暴涨核合成对轻元素丰度、宇宙微波背景存在的预言成立，为标准热大爆炸宇宙学提供了坚实的基础。

但是，宇宙大暴涨产生的物质（称为普通物质，主要由质子和中子组成，统称为重子）的总质量远远小于观察到的宇宙的总物质质量，只占 5%，因此，宇宙中应该还存在着观察不到的暗物质和暗能量。

当前流行的 ΛCDM（Cold Dark Matter）宇宙模型中物质与能量的比例如下。

（1）物质：5%。其中，1%以恒星方式存在，能够被观测到；1%是中微子，还有 3%是看不到的重子物质，如黑洞、电离气体等。

（2）暗物质：25%。

（3）暗能量：70%。

2. 暴涨理论与超弦理论

寻找暗物质和暗能量的过程中产生了新的理论，首先是暴涨理论，以解决标准热大爆炸中宇宙学没有解决的问题。

首先，在占比 5%的普通物质（重子物质）中，只有 1%是发光，可以被观察到的，其他 4%（又被称为重子暗物质）是什么呢？有很多的可能性，例如，黑洞、恒星残骸等。通过多年的搜寻，这些物质中的大部分是星系群中的温暖气体，剩下的在星系中以恒星和冷气体（原子核分子气体）的形式存在。

其次，非重子暗物质占了 25%，它们真的存在吗？它们是什么呢？

目前关于这类暗物质存在的证据越来越充分，而关于它们是什么则出现在新的粒子物理学中。在粒子物理学中，存在一种超对称性，称为SUSY，即任何实物和辐射基本粒子，都存在着与其对应的超对称伴子，因此成为暗物质的良好候选。另外，一种称为轴子的粒子，和被称为超大质量粒子的 WIMPZillas 可能也是候选者。这些暗物质参加引力相互作用，也可能参加弱相互作用，但不参加电磁相互作用。所以，寻找暗物质，主要依赖于粒子物理学的理论，通过低温环境在美国和欧洲的几个实验场所探索。

暗能量被认为来自宇宙学常数 Λ，其能量密度不随宇宙膨胀而变化。暗物质对宇宙膨胀速率的影响只有吸引力，而暗能量对宇宙膨胀速率的影响则既依赖于其能量密度，又依赖于其压强。根据 ΛCDM 宇宙模型，在平坦宇宙的假设下，所计算的值与遥远超新星的观测和对 WMAP（威尔金森微波各向异性探测器）卫星的测量一致。虽然标准 FRW 宇宙学假定宇宙是均匀、各相同性的，但无法解释为什么是这样，也无法解释为什么空间如此平坦。于是，暴涨理论出现。

暴涨理论建立在现代基本粒子物理学的观念上，该理论预言在宇宙极早期（爆炸后的 10^{-36}s），其能量密度以真空能为主，从而导致宇宙尺度因子 $a(t)$ 急剧增长，这种指数性的膨胀，导致在今天的宇宙尺寸上，空间是平坦的。

暴涨在宇宙中留下了可以探测的痕迹，包括可以观测到的原始温度涨落、原始密度涨落（来自暴涨子场的量子涨落），以及最近被观测到的原初引力波。这些原初密度扰动作为种子，由于引力不稳定性而长大，形成了星系、星系团和今天观测到的大尺寸结构。于是，暴涨与引力不稳定性结合起来，解释了宇宙在大尺度上的平滑性和较小尺度上的细致结构。

但暴涨理论又引起一些新的问题，例如，暴涨本身是什么引起的？

暴涨理论高度依赖量子力学，如何将量子理论与广义相对论融合？超弦理论应运产生。

在超弦理论或 M 理论中，基本粒子来自微小的弦的各种振动模式，这些弦的大小约在普朗克尺寸，即 10^{-33} cm。超弦理论预言，在广义相对论的四维时空之外，还有额外的空间维度。或者因为这些额外的空间维度太小，或者因为还没有探测其存在的手段，所以这些额外维度是隐藏的。电磁相互作用、弱相互作用和强相互作用被限制在一个更高维空间（称为“体”）中的三维“超膜”上，但是引力则可以穿过“体”传播。大爆炸也许就是两片超膜的碰撞，这样的碰撞也许会循环发生。这些想法引出了这样的可能性，即可能存在着能够留下宇宙学印痕的新效应，或在实验室里进行小尺寸实验，以发现引力的全新行为。目前，超弦理论被认为是比较成功的新理论。

20 世纪宇宙学的研究是激动人心的，不仅揭示了宇宙的起源、组成和发展的奥秘，还解释了恒星、星系是如何诞生、发展和变化的，虽然人类在其中占据的空间和时间都被压缩到微不足道，还是极大地满足了人类的好奇心。同时，宇宙学与粒子物理学的相互印证，对研究物理学基础产生了巨大促进。

在宇宙学获得巨大进步的过程中，技术革命如晶体管、激光器、计算机技术、X 射线技术、雷达技术和太空技术，等等，一直起着根本性的作用。这些技术进步引发的科学探索进步再次说明，观测技术和计算力的进步是科学研究的基础手段。

更重要的是，物理学作为基础研究，检验和挑战着文明的实用技术能力。迎接这种检验挑战的过程，代表了人类征服自然和操控自然能力的进步，因此增强了工业实力，不断满足物质进步的需求。

第3章　建立技术第一原理的介观物理学

微观世界是小于0.1nm的粒子世界，在亚原子层级上，所有的物质都仅仅由质子、中子和电子这三种基本粒子组成，光子则是基础的能量子。所有的粒子都遵循量子力学即薛定谔方程。

宏观世界是介于约1mm到几十万千米之间的物体世界，这个世界的物体是各种物质的混合体，由100多种原子构成。这些物体有固态、液态、气态和等离子态等形态，其运动规律由牛顿力学描述。

宇观世界的尺寸由天文单位AU描述，AU是地球与太阳之间的平均距离。宇观世界中的物体遵循爱因斯坦的广义相对论和量子力学。由于牛顿力学经过相对论改造后即成为量子力学，因此，构成物质世界的所有物质与能量均遵循广义相对论和量子力学。今天，科学家们仍然致力于寻找统一广义相对论和量子力学的理论。

如何从微观世界的三种亚原子：质子、中子、电子构造（生产）出宏观世界的物体呢？

由于构造（操控、合成、生产）即技术，所以，对构造宏观世界的探索成为技术的第一原理探索。从物质的角度看，一切物体（宏观世界与宇观世界的对象）都是由物质（纯的物质）构成的，一切物质都是由各种原子构成的，而一切原子仅仅是由看起来同一的质子、中子、电子组成的，质子、中子、电子的不同数量构建出各种原子，迄今总共约有112种。于是，科学家们需要分析这些原子是如何形成的；同类原子（即单质）集聚在一起是什么样子；纯原子的相互结合是什么样子；纯分子集聚在一起是什么样子；掺杂一点儿别的纯物质分子，又会发生什么。这个过程就是人工解剖与构造物质的过程。

从能量的角度看，物质在聚集的过程中遵循着能量最小原理，体现为不同的力学结构和机械性能。同时，物质的聚集体总是处于动能和势能的振荡平衡中。这种振荡会发出能量，表现为电学、磁学、光学、热力学属性。当物质受到外来能量的影响时，这个平衡就会被打破，表现出截然不同的电学、磁学、光学、热力学属性。同时，根据物质的内能及其所处能量状态（温度、压力）的不同，物质表现为固态、液态、气态等不同的物态，这种物态的变化被称为相变。

所以，从物理理论的角度看，基于同一的物理原理做研究是更加经济和本质的，这导致介观尺寸物理学的两次整合。第一次是固体物理学的整合——将固态物质的各个研究分支统一起来。第二次是凝聚态物理学的整合——将其他物态如液态、离子态等整合在一起。目前，凝聚态物理学成为物理学的最大分支。同时，现代化学、生物学也研究这些，在现实研究中，科学各个分支的边界已经消失，各学科的划分仅仅因为应用领域与历史遗留的原因而被沿用。

在物理技术层面，一方面，对纯物质的研究导致材料科学的重建，并按照分子的不同应用领域划分为物理、化学、生物、能源等各领域的材料。无论半导体、激光，还是各种烃、蛋白质、量子点、石墨烯，都在这个基础上获得了长足的发展。另一方面，研究纯物质体现的能量特征促进了电学、磁学与光学等学科的发展，并在不同的应用领域体现为各自的物理特征。而物质之间作用方式的研究既属于物理学，也属于化学和生物学。

在信息层面，物理技术则体现为人类对物质与能量信息的探测、传输与反应。所以，物理技术表达为各种人工感应器的设计、制造，以及对所采集到的感应信息的分析与应用。在具体应用领域上，按照用途的差异，物理技术体现为物理感应器、化学感应器、生物/医学感应器等。

利用物理科技重新构造物质、能量、信息，为科学研究、经济生产和社会消费提供了统一的基础性工具。

3.1 原子结构与分子构造：原子理论的拓展

3.1.1 原子的电子组态

所有原子都是由原子核（质子、中子）和电子组成的，质子数与电子数是相等的。中子数与质子数可以不相等。由于中子不带电，所以原子的质子数或电子数主要决定了原子的特性，包括物理、化学、生物性质。

最简单的氢原子是一切原子的基础原子。根据波尔模型，氢原子的单个电子在原子核外巨大的空间中旋转，包括公转和自转。如同地球的公转和自转不是完整的圆形而呈现出波动与振荡的特征一样，在微观世界中，电子旋转的波动性更加显著，所以，用概率描述更加准确。描述电子公转的物理量有三个：电子概率密度的大小 n、形状 l 和空间方向 m_l。描述电子自转的物理量只有一个：自旋磁矩 m_s，这四个物理参数描述了原子中电子的特性，被称为量子数。

能级反映了电子当前的能量状态，又简称为能态或电子态。氢原子中的电子有四个能级，即四个轨道，用 1，2，3，4 表示，按照能量从低到高排布。当电子从高能级运动到低能级/低能级运动到高能级时，会释放/吸收能量，这种现象被命名为量子跃迁。释放出的能量就是波，即光子，其能量大小为两个能级之间的能量差，对应着光波的频率。不同能级之间能量差不一样，表现为不同光波的频率（也即颜色），构成了原子（元素）光谱。

上面介绍的是只有一个电子的氢原子，多于一个电子的其他原子会怎么样？例如，氢分子或氦原子。首先，原子核中的质子数会增加一个，电子数相应地也会增加一个。其次，多出的电子依然只能处在四个能级上。例如，一个电子在能级 1 上，另外一个在能级 3 上。根据能量最小原理，处在高能级上的电子容易释放能量，运动到低能级上，因此，氦的两个电子应该分别位于能级 1 和能级 2 上。并且每个电子都是自旋的，两个自旋的电子如果自旋的方向相反，可以相互耦合，实现更低的能量状态，这个原理又称为泡利不相容原理。这样，这两个电子就可能都在能级 1 上，并且自旋方向相反。两者耦合起来一致行动，其行动的轨迹构成了“轨道”。

随着原子、电子数目的增加，科学家们发现能级中还有次能级，而轨道则是次能级的一部分，其能量级受次能级的约束。次能级有四种类型 s、p、d、f，而电子的所有轨道也对应四种类型，采用的名称和次能级名称一样。当前所建立的电子分布模型如下：第一能级有 1 个次能级 s，只有 1 个 s 轨道，能够容纳 2 个电子。第二能级有 2 个次能级，分别是 s、p。其中 s 次能级有 1 个 s 轨道，能够容纳 2 个电子，另一个 p 次能级有 3 个 p 轨道，所以能够容纳 6 个电子。第三能级有 3 个次能级，分别为 s、p、d；d 次能级有 5 个 d 轨道，能够容纳 10 个电子。第四能级有 4 个次能级，分别为 s、p、d、f，f 次能级有 7 个 f 轨道，可以容纳 14 个电子。

再高能级的原子的次能级均为 4 个，目前已知的元素的最高能级为 7，如表 3-1 所示。

表 3-1　能级及电子数的分布

能级	能级中的电子数	次能级	次能级的电子数
1	2	1s	2
2	8	2s	2
		2p	6

续表

能级	能级中的电子数	次能级	次能级的电子数
3	18	3s	2
		3p	6
		3d	10
4	32	4s	2
		4p	6
		4d	10
		4f	14
5	32		
6	32		
7			

电子在原子核外的能级上运动，离原子核近的能级能量低，按照能量最小原理，电子优先填满最低能级的能态。填充具体能态的方式构成了电子组态。每个原子因此都具有唯一的电子组态，如同原子的指纹。例如，氢的电子组态为 $1s^1$，硅的电子组态为 $1s^2 2s^2 2p^6 3s^2 3p^2$。把原子的电子组态添加进元素周期表中，按照亚层的组态进行分区，就能清晰地看出元素的电子组态，以及元素的物理性质与化学性质之间的关系。

但是，电子并不是严格地按照这个次序填充各个能级的。例如，到第三能级，元素的电子没有继续填充 3d，而是直接填充 4s，进入了第四能级。在填满 4s 后，再填充 3d。为什么会这样呢？4s 和 3d 的轨道之间有重叠，导致 4s 次能级的能量有时候比 3d 更低。

电子组态模型描述了原子的微观结构，可以定性地说明元素的物理性质和化学性质。

在原子内部，最外层的电子离原子核最远，其数量和排布决定了原子的物理和化学性质，这些电子被称为价电子。金属元素大多具有 1 个、2 个或 3 个价电子。金属通常具有明亮的金属光泽。固体容易变形，是热和电的良好导体，对价电子的约束力弱等属性。非金属元素除碳之外通常拥有 5、6、7 或 8 个价电子。非金属通常没有金属光泽，颜色多样，固体可能坚硬，也可能柔软，但往往较脆；是热和电的不良导体，对价电子的约束力强。处于两者之间的元素为准金属元素，其既有金属元素的物理性质和化学性质，也有非金属元素的物理性质和化学性质。一些准金属元素是半导体材料，如硅、锗、砷等。准金属元素的导电性能可以通过掺杂其他元素而改变，由此，诞生了半导体革命。

3.1.2　分子与化合物的构造

原子总是处于振荡状态，在外来能量的作用下相互碰撞。由于原子内部基本是空的，所以，碰撞主要发生在价电子之间。实验发现，如果原子最外层的电子达到 8 个（小原子也可以是 2 个），则该原子会变得最稳定，这被称为“八隅律”。原子间碰撞若实现了外层价电子重排，使每个原子都有八隅体结构，则原子之间就会结合，形成分子或化合物。实现这个过程有两种机制：第一种机制是在原子之间转移价电子；第二种机制是原子间共享价电子。这样，两个原子之间的作用力主要有三类：离子键、共价键和金属键，这三种键被称为主价键或化学键。

除主价键外，还有次价键机制。原子是由带正电的原子核和外层带负电的电子构成的。粒子的波动性会产生电偶极。相邻的原子在电偶极作用下产生库仑作用力，被称为次价键，又称范德华键和物理键。次价键的力或能量比主价键小很多。不同原子或分子的电偶极的力量差异很大，有一些原子或分子的极性在没有外力影响下能够被抵消；有一些则存在永久偶极矩，这种分子被称为极性分子，如水。另外，氢键是一种特殊的次价键，存在于一些由氢原子组成的分子中。氢原子和非金属元素以共价键结合时会形成极性分子。

许多分子都是由主价键连接起来的原子团组成的。而在黏稠液态和固态中，分子则都由次价键结合起来，由于这种力相对较小，所以，此类分子材料通常具有较低的熔点和沸点。由几个原子组成的分子被称为小分子，在常温、常压下以气态存在。大多数聚合物则是由巨大分子组成的分子材料，以固态形式存在。

外层电子之间的主价键和偶极矩导致的次价键，将物质相互结合起来。

上述描述的定性模型的理论基础是量子力学，在化学中则是量子化学，本质上都是通过求解薛定谔方程来获得原子、分子和化合物的精确结构及动力学过程。薛定谔方程的求解通常要进行大量的近似，才能匹配所发现的事实。事实与数学方程之间的互动，推进着人类对物质世界的理解和掌控。

从技术的角度看，人类的梦想是能够设计和制造出理想中的物质。物理理论的价值在于提供了定量的数学方程，使计算机模拟、设计成为可能。这反映了科学技术的本质：如果不掌握量子力学，化学和生物学等其他学科的知识都无法进步，关于物质世界的构造理论也是盲目的。

3.2 解剖固态物质：固态物理学

物质依靠化学键即外层电子的作用力结合在一起，在自然条件下呈现出各种物态，如固态、液态、气态等。固态物质研究是物理学中一个重要分支，称为固态物理学。

3.2.1 物质的力学性质：晶体的几何结构

固态物理学的研究始于对晶体的研究。费曼曾经生动地描述了原子是怎么结合生成晶体的：

当物质中的原子运动得不太厉害时，它们逐渐黏在一起并把自己安排在一个尽可能低的能量位级中。如果某处的原子找到了一个似乎具有更低能量的图样，那么在别处的原子大概也会做出同样的反应。基于这个原理，晶体就形成了。

晶体一旦开始形成，就只允许一种特殊类型的原子继续参与进来。之所以会这样，是由于整个系统都在寻求最低的可能能量，一块正在生长的晶体将接收一个新原子，只要他使得能量尽可能低。但这块生长中的晶体怎么会知道当一个原子如硅原子或一个氧原子处在某一特定位置时，就会导致更低的可能能量呢？这是通过尝试法做到的。在固体中，每个原子对其邻居每秒要碰撞 10^{13} 次，如果碰巧该原子撞到生长晶体的正确位置上，倘若能量较低，那该原子再跳出来的机会就比较小。

1830 年，布拉维提出了晶体结构的空间点阵学说。接着，熊夫利用群论对这种空间结晶体系进行了分类。1895 年，伦琴发现了 X 射线后，X 射线马上就被用于透视物质的内部结构。1912 年，劳厄推理到，X 射线的波长和固体晶体中原子之间的距离是相同数量级的，那么，X 射线穿过晶体时就会产生衍射。弗里德里希等人通过实验，证实了衍射的存在。布拉格父子利用 X 射线衍射研究晶体结构，证实并修正了布拉维的晶体空间点阵学说，提出了沿用至今的布拉格定律，建立了晶体衍射理论。随后，多种 X 射线结构分析术包括电子衍射、离子衍射、中子衍射等发展出来，晶体的各种结构得到详细研究。接着，显微镜技术被用来直接观察晶体结构。由此，在 20 世纪 30 年代显微镜技术奠基了固态物理学，其主要成就体现在晶体结构的结晶学上。

晶体结构是很多固体具有的微观结构。在晶体结构中，原子、分子或离子按照一定的规则构成晶胞，类似于动植物中的细胞。大部分晶胞都是平行六面体，但每种物质的晶胞都是独一无二的，构成了晶体结构的基本架构单元。晶胞根据其几何形状和原子位置的特点，周期性地排列起来，像盖房子一样搭建成固体。晶胞的形状差异和周期性重复方式的差别是物体形状差异的原因，这些差异反映在化合键能上，是材料物理性能存在差异的原因。

非复合材料有三种：金属、陶瓷和聚合物。金属通常是晶体结构。组成晶体的原子相互以金属键结合，由此组成的晶体结构规则有序，这些晶体结构通常只有三种：面心立方结构、体心立方结构，密排立方结构。一种金属中有可能不止一种结构，而是由多个小晶体或晶粒组成的，因此是多晶型的。从力学性能上看，金属的密度大、刚度好、延展性和抗断裂性强，是制造汽车、火车、导线等的好材料。

陶瓷的原子之间的化学键处在纯离子键与纯共价键之间，因此根据化学键的差异，其中一部分是晶体结构，一部分是非晶结构。所谓非晶结构是指其中的晶体结构不像晶体结构那么有序，故又称无定形态。这种状态下的物质有点像液体，所以也叫过冷液体。例如，无机玻璃是无定形态；碳有时候被归为陶瓷，它有多种晶体形态，如金刚石、石墨、富勒烯和纳米管。由于化学键的特性，陶瓷通常比较脆（缺乏延展性），易碎，但经过改造也可以具有良好的抗断裂性。

聚合物的基本构建是小分子，称为单体。小分子中的原子之间是共价键，小分子通过化学键拉起手来，形成链条，即长链分子。聚合物就是通过单体加到这个长链而形成的。在形成机制上，聚合物可以是由单体的 n 次重复构成的，这样的聚合物被称为均聚物；也可能是两种或多种不同的重复单元再重复构成的，称为共聚物。这样的链条通常很长，使得聚合物作为组装好的高分子的分子量很大。分子量约为 100g/mol 的聚合物为超短链聚合物，在室温下通常为液态。分子量约为 1000g/mol 的聚合物通常为蜡状固体，如石蜡和软树脂。分子量在 10^4 ～ 10^7 g/mol 之间的聚合物则为固态。聚合物可能是完整的非结晶体，也可能是半结晶体。聚合物的密度较低，延展性和柔韧性（即可塑性）好，容易被加工成各种形状。

上述描述的固体的晶体结构或大分子链结构解释了物质的物理特性。但这些是完美物质，纯度和均匀性都是百分之百。从现实存在和工艺制造能力的角度来看，完美材料是不存在的，它们必然存在瑕疵，被称为缺陷。缺陷并不是坏事，人工操纵的缺陷是创造新材料的武器。

缺陷分为点缺陷、线缺陷、面缺陷和体缺陷。例如，硅中的某个原子被镓占了（即点缺陷），破坏了硅的纯度，成为杂质原子，构成了半导体材料。合金也是常见的点缺陷材料。人们利用合金的点缺陷可以制造新材料，如青铜和钢。线缺陷体现在“位错”概念上，即晶格的畸变。面缺陷则是不同晶体结构之间的晶界处产生的原子错配，其中一种结构叫孪晶，即晶界两侧的原子镜像对称。体缺陷是宏观的缺陷，例如，固体中出现的气孔、裂缝，等等。

对缺陷的观测主要通过显微镜来实现，从光学显微镜到电子显微镜，结合照相设备一起使用。其中光学显微镜的放大倍数约为 2000 倍，扫描电子显微镜的放大倍数为 5 万倍，透射电子显微镜为 100 万倍，而扫描探针显微镜的放大倍数则为 1 亿倍。借助这些显微镜和照像设备，我们能够清晰地看见材料的具体结构。

3.2.2　物质的导电性：固体能带理论

在历史上，为了解释金属为何导电，1900 年特鲁德提出了自由电子气理论。自由电子气理论基于波耳兹曼统计方法建立，但只能解释少量现象。随着 20 世纪 20 年代的量子力学的发展，1928 年索末菲基于泡利不相容原理和费米－狄拉克的量子统计理论，提出了新的金属电子论，并提出费米能级、费米面等重要概念，但解释不了诸如霍尔系数随温度或磁场变化等大量已知现象。后来集大成者是德布罗意的学生布洛赫，他在量子力学的基础上统一了上述各种学说，建立了固体能带理论，该理论成为固态物理学的基础理论。

在固态晶体中，原子周期性地排列。其中的势场有三种力量：一种是原子核的势能；一种是在热的作用下原子核的振动引起的动能；一种是电子的能量。对此，可以采用叠加原理，分别将三者单独计算，以近似求解出电子的运动。首先不考虑热的影响，计算原子核的势场对电子运动的影响，称为绝热近似。对于电子的运动而言，由于原子核极小，原子内部相当于真空。原子之间的空间距离通常在 0.2～0.8nm 之间，类似于真空，电子就有了巨大的空间运动。例如，铜电子无规行走的速度高达 1000km/s。其次，考虑热的影响。在常温下，晶格振动的幅度不大，原子的振动处于一种平衡振动状态，从而叠加出晶格周期性势场，称为周期场近似。在第三种分解中，电子之间相互影响。在晶格中，每个电子被多达 10^{23} 个电子包围，可以将这些电子的影响视为一个总体的平均场，问题就简化为单个电子在电子平均场中的运动。这称为单电子近似，又称为哈特里—福克自洽场。

对于金属而言，晶体势场的起伏较小，原子核势场较小，其电子运动可近似于自由电子，故称为近自由电子近似。而对惰性气体而言，晶体势场的起伏较大，则原子核势场的影响大，其电子被紧密地束缚在该原子的势场附近，被称为紧束缚近似。

根据这三种近似，布洛赫用量子力学求解，得出了布洛赫定理，计算出了晶体中电子的运动规律。在势场作用（微扰）下，电子的能级被分裂，形成能带和能隙。

周期势场形成了一个个能量陷阱，使得电子在这些能量陷阱中区域振荡。在没有外加电场时，晶体中的电子不会长途迁移，因而不会有电流产生。在外界施加恒定电场时，实际上是增加了一个周期势场，所以，电子仍然处于新的周期振荡中，也不会产生电流。这个振荡被称为布洛赫振荡。

完美晶体是不导电的。电流之所以发生，仅仅是因为晶体存在缺陷。缺陷导致晶体的周期势场被打破，电流得以产生。晶体缺陷可能是由于局域热振动，也可能是点缺陷如掺杂，还可能是线缺陷等导致的。

能带理论与电子的能级是相对应的。根据电子组态，电子拥有多个能级，对应多个能带。较低的电子能级也是较低的能带，其中填满了电子，称为满带，最高能级的满带称为价带。在价带之上是更高的能级，即更高的能带，其中一些有电子，一些没有电子，这些能带被称为导带。而导带中没有电子的能带则被称为空带。相邻能带之间则被称为禁带，因为其中没有电子轨道的存在。

电子的这种分布决定了材料（纯物质）的电学、光学和电光学等性质。具体而言，满带电子不导电，不满带电子在无阻尼情况下也不导电，仅在有阻尼的情况下导电。

按照能带将材料分为导体、半导体和绝缘体。

（1）含有不满带的材料为导体。只有满带和空带的材料为非导体，其中，禁带能量宽度大于 5eV 的材料是绝缘体，禁带能量宽度介于 1～3eV 的为半导体。

（2）二价的晶体一般只有满带和空带，所以是非导体。但某些二价材料价带与空带发生了交叠，所以，某些二价晶体成为导体。

（3）四价的金刚石、硅、锗等都有不满带的 p 能带，按经验来看是导体。但由于它们的电子状态发生了 sp^3 杂化，所以，硅和锗是半导体，金刚石则是绝缘体。

为了便于理解，表 3-2 列出第三能级的元素，由此可以看出能带及其对应的元素性质。固体能带理论解释了各种材料的导电性机制。

表 3-2　第三能级的元素及其导电性

元素	能级与其次能级					外层次能级	导电性
	1s	2s	2p	3s	3p		
钠	2	2	6	1		有空的次能级	导体
镁	2	2	6	2			导体
铝	2	2	6	2	1		导体
硅	2	2	6	2	2	4 价	半导体
磷	2	2	6	2	3	5 价	半导体

续表

元素	能级与其次能级					外层次能级	导电性
	1s	2s	2p	3s	3p		
硫	2	2	6	2	4	6 价	近绝缘体
氯	2	2	6	2	5	7 价	近绝缘体
氩	2	2	6	2	6	满带	绝缘体

3.2.3 物质的磁性：荷电粒子的自旋与相互交换

物质为什么具有磁性呢？带电粒子的运动导致物质具有磁性。原子级别的电子自旋、电子电荷的运动（电流）及相关的轨道磁矩构成了现代磁学的基础。

磁学研究的早期应用，是在航海中用指南针指引方向。在当代，磁学研究最重要的两个应用领域分别是电力领域和信息科技领域。在前者，永磁体是发电机效率的关键，因此构成了电气化时代的基石；在后者，存储器和芯片并列为信息时代的基石，并同样遵循着摩尔定律。

磁性是复杂的，其中的原因不难理解。发现电子的存在是 19 世纪末的事情，看到并操控电子则是在 20 世纪 80 年代后的事情，而了解并操控电子的自旋则更加困难。但磁性是人类最早观察并思考的自然力，早在公元前 7 世纪，泰勒斯就描述了磁石吸铁的现象，直到今天，科学家还很难解释这个古老而简单的事实。在中国，与泰勒斯同时代的管仲也多次提到“慈石”（磁石）。在秦朝，首次出现了司南——指南针，主要被用于勘测风水。在宋朝，指南针被用于航海，并被传到了欧洲，促进了欧洲的航海大革命。

磁学的近代革命即电磁学的诞生，起源于法拉第的若干伟大发现。1831 年，法拉第发现了电磁感应现象，继而在 1845 年发现了磁性和光之间的直接联系，被称为磁光效应，也称法拉第效应，即光通过磁化材料的时候，其偏振方向会发生改变。在此期间，法拉第发明了电动机、发电机和变压器，成为工业化革命的基础。1864 年，麦克斯韦神奇地将电性与磁性用数学方程式联系了起来，而光作为一种电磁波，和磁性的关系也就被解释了。同时，人们在对磁性材料的研究中发现了磁性材料的铁磁性、顺磁性和抗磁性。皮埃尔・居里研究了磁化对温度的依赖性，发现了铁磁材料中的居里点相变。1896 年塞曼发现了塞曼效应，1897 年 J. J. 汤姆逊发现了电子。

现代磁学来自对原子结构的理解，以及量子力学对原子结构与性质的解释。1906 年，外斯提出基于分子场的铁磁性理论。1913 年，玻尔提出电子角动量量子化假设时，推论轨道磁矩是由轨道电子产生的电流引起的。为了解释反常塞曼效应，即碱金属原子在磁场中发生的发光谱线分裂，1925 年，泡利通过著名的“泡利不相容原理”断言，任何两个电子均不能占据同一个态，从而引进了 n、l、m_l之外的第四个量子数 m_s。同年，乌伦贝克等人将 m_s 称为电子自旋，其单位是角动量的自然整数单位的一半。1928 年，狄拉克在研究电磁场中的电子时，提出量子电动力学，准确地描述了电子和正电子的磁学性质，但无法计算特定的物理量，如粒子的质量和电荷。1940 年代，朝永振一郎、施温格、费曼各自独立发展了量子电动力学，解决了这个难题。量子电动力学的核心要点是，荷电粒子通过发射和吸收光子而产生相互作用，光子则是电磁力的载体。

同样是 1928 年，海森堡建立了依赖于自旋的交换相互作用模型，这样，外斯假设的分子场就可以解释为交换相互作用。这种强烈的短程交换相互作用的引入，标志着根植于量子力学和相对论的现代磁学理论的诞生。20 世纪 30 年代中期，莫特等人将能带理论应用于磁学系统，从而奠定了现代磁学的基础，解释了磁矩的非整数数值。

磁学的发展，一方面来自实验推动，如法拉第的电磁感应实验、塞曼效应、斯特恩－盖拉赫实验等；另一方面来自应用推动。

首先是永磁体用于产生电力和利用电力的研究。电力是电气化的基础，在美国消耗的能量中，一半来自电力，电力的年销售额超过 2500 亿美元。发电机和电动机都需要质量尽可能高的永磁体，而永磁体则需要研发“高磁能积的磁体”，即磁滞回线既宽（最大矫顽场）又高（最大磁化）的磁体，这样能减小器件（如电动机和扬声器）的尺寸和质量。从 20 世纪初到 21 世纪初，通过科学家的研究，工业用永磁体的磁能积增长了约 300 倍，材料从早期的钢铁到铝镍钴，从钐钴永磁体到钕铁硼永磁体。

磁学另外一个核心应用领域是磁存储和存储器。1894 年，波尔森申请了录音电话机的专利，这是第一个成功的磁记录器件。1950 年，哈佛大学王安发明磁芯，通过穿过微环的导线中的电流，可以改变磁芯的磁状态，从而导致非易失性磁芯存储器的发明与发展，成为 20 世纪 70 年代之前最重要的计算机存储器。然后是半导体存储器的使用。1956 年，第一块硬盘存储驱动器——IBM 的 RAMAC（即记录和控制的随机寻址方法）诞生，其后，存储器的存储性能的增长速度超过了摩尔定律。按照克拉底定律，硬磁盘驱动器的存储记录密度，每十年半提高 1000 倍(每 13 个月提高一倍)。如今，磁存储器每年的产值超过 500 亿美元。

在现代磁学的发展过程中，操控技术的发展是最重要的。操控技术能够发现新现象、验证各种理论的有效性，并提出实现新研究成果的途径。19 世纪，科学家使用导线电流产生的磁场来做实验和研究。从 20 世纪 40 年代到 90 年代初，中子衍射是研究磁学最重要的技术手段，能够在原子水平上确认自旋结构而不仅仅是进行理论推断、解释。1994 年的物理学诺贝尔奖授予了布罗克豪斯和沙尔：

“中子是微小的磁体，就像磁性材料中的原子一样。当中子束撞击某种材料的时候，通过与材料原子的磁相互作用，中子可以改变运动方向。这就导致了新型的中子衍射，可以用来研究微小的原子磁体的取向——而 X 射线方法对此则无能为力，中子衍射在这一领域中占据着统治地位。没有中子的帮助，现代磁学的研究将难以想象。”

之后，偏振 X 射线方法已经崛起，进而替代了中子衍射方法。因为光是电磁波，理论上是比中子衍射更好的工具。1945 年发现的电子自旋共振强化了使用偏振 X 射线方法的途径，而激光器的发明和成熟才使这一方法得以实现。

同时，样品表面和界面制备技术的突破，也是磁学研究获得进步的重要因素。利用这些工具和技术，磁学有了革命性的进步，自旋电子学得以迅速发展。操控自旋极化电子加快了诸如巨磁阻效应等一系列的发现和超快磁化动力学的进步，推动着存储器性能的持续改进。

3.3　构造固态物品：半导体元器件

半导体研究被重视的原因有几个，首先是意外发现的整流和检波价值。1874 年，布劳恩发现，硫化铅晶体的电导率与电压的方向有关，可用于整流。舒斯特发现该类晶体具有检波功能。检波功能是感应微弱电磁信号的能力，从而能够感应无线信号，这在军事和民用上都具有巨大价值。从一个电台天线发射出的电磁波信号以球面向四周传播，在几百千米外，信号被收音机的检波器接收。到 1915 年，“晶体”和“晶须”已经成为流行词。随后，晶体整流器得到普遍使用。

1905 年，贝德克尔发现了半导体晶体的掺杂效应——杂质越多，导电性越好。1931 年，德国科学家的研究成果表明，半导体的导电性能受掺杂和热振动的影响而变化幅度巨大。80K 温度下，在 10 万个硅原子中，如果掺杂 1 个硼原子，其电阻率会变小 1000 倍。因此，通过控制掺杂的原子比例，能够实现对电压的放大。此外，随着温度上升，金属导体的导电性变差，而半导体则相反。

这样，人类利用自然的逻辑就发生了变化。首先，纯的材料被制造出来。大自然的一切物质只有先被提炼、还原到原子和分子级才会被利用。为此，人类发明了各种基于物理原理的物理、化学手段提炼纯物质，例如，化学气相沉积、分子束外延法等，以及绝对洁净的真空无尘室，等等。其次，将不同的完美材料按照物理原理进行掺杂或加工，通过沉积、腐蚀、刻蚀等方法，制造出具有力学、电学、磁学、光学、热学等不同物理性质的材料。再由此加工制造出用于机械、热学、电学、磁学、光学、生物学等领域的元器件或传感器，进而再根据需求，基于物理原理，设计、组合、组装成各种各样的机器，如汽车、飞机、机床、路由器、家电、手机，等等。

3.3.1 N 型半导体与 P 型半导体

纯的半导体晶体如硅晶体被称为本征半导体，其导电性很差，电阻非常高。原因在于导带和价带之间存在着能隙，这些能隙的能量约在 1～3eV 之间，只有少量的电子在振荡的过程中能够跳过能隙，从价带跃迁到导带，成为自由电子。自由电子离开的位置因此带正电，被称为“空穴”。空穴会吸引周围的电子过来填充，以便实现中性电性，使能量达到最低态。这种电子流动导致了半导体晶体微弱的导电性。

为了增加本征半导体的导电性即电导率，科学家尝试掺杂其他原子。这些原子应该和本征半导体的原子相近，并能够制造出额外的电子和空穴。掺杂后的半导体晶体被称为非本征半导体。

N 型半导体，就是掺杂的原子的价电子多于本征半导体，显负电性（N－Nagetive）的一种半导体。对于硅晶体而言，其价电子是 4 个，所以，用具有 5 个价电子的元素（如磷、砷、锑等）组成的掺杂剂进行掺杂，就生成了 N 型半导体。砷原子的半径和硅差不多，因此，掺杂过程不会导致晶格畸变。砷原子的 4 个价电子充当原有硅的价电子的作用，和周围硅原子形成价键连接，但多出来的 1 个价电子受到的束缚能很低，只有约 1eV 的百分之一，很容易到处运动，可以运动到别的空穴中，或者运动到导带里。而受热或辐射等引起的振动，则会加剧价电子迁移的速度。

P 型半导体，就是掺杂的原子的价电子少于本征半导体，显正电性（P－Positive）的一种半导体。对于硅晶体的 4 个价电子而言，具有 3 个价电子的原子（如硼、镓、铟等）都是好的选择。当掺杂的硼原子取代了晶格中的某个硅原子的位置时，由于硼原子缺少 1 个价电子，便留出一个空穴。这个空穴就会振荡着，吸引价带中其他位置的电子进入。一旦某个电子被吸引过来填充了空穴，自身又留出了空穴，因此，掺杂活跃了电子的流动性。

N 型半导体晶体和 P 型半导体晶体都是电中性的，因为掺杂的原子本身是电中性的，没有增加或减少净电荷，只是制造了额外的自由电子或空穴。N 型半导体晶体和 P 型半导体晶体都是通过自由电子或空穴的流动性来导电的。由于每百万个硅原子中，掺杂几个杂质原子就可以将这两种半导体晶体的导电率提高几千倍，所以，这两种半导体晶体对能量（如温度、波、光）极其敏感，随能量增加而电阻急剧下降，由此可用于热敏电阻、检波器、光敏电阻，等等。

3.3.2　二极管与三极管

将 N 型和 P 型半导体晶体“结”在一起就构成了最简单的半导体元件——二极管。在制作中，不能拿做好的 N 型和 P 型半导体晶体对接，因为不可能做到原子层面的对接。“结”是在单晶层面上制作的：取一块本征硅单晶，先用 P 型掺杂剂处理，再用 N 型掺杂剂处理。P 型区和 N 型区的交界处为结。在这种晶体两端安置金属接头，引出金属导线，就制成了 P－N 结型二极管。

在反向电压下（电流方向从 N 向 P），二极管如同一个电阻非常大的电阻器，或者说是一个绝缘体。这种施加反向电压的方式连接的二极管称为反偏置二极管。如果我们施加的是正向电压（电流方向从 P 到 N），二极管相当于一个电阻极小的电阻器。这种机制使得二极管被用作集成电路的开关：正向电压使二极管处于导通状态，相当于开关的通态；反向电压使二极管处于截止状态，相当于开关的断态。二极管的导通和截止状态完成了开与关的功能。

如果施加的是交流电，则在反向没有电流，电流只能正向流动，所以，二极管可以被用作整流管。由于半导体对温度、光照敏感，可以利用这些属性将二极管当电池（如温差发动机电池或光伏电池）使用。常见的发光二极管是利用镓或铝的化合物、砷和磷制作的正向偏压二极管。

在二极管上再增加一个结，就得到了三极管，又称双极型晶体管。NPN 型三极管是将 P 型半导体晶体作为中心，上下（两边）夹上 N 型半导体晶体。PNP 型则是用 N 型半导体晶体作为中心，两边（或上下）夹上 P 型半导体晶体。从三块区域分别引出金属导线，称为三极。其中，中心区为基极，另外两极分别为发射极和集电极，故称为三极管。三个极分别连上电路，基极电压的微小变化会导致集电极电压发生大的变化，从而形成电流增益（约 100 倍左右）。对于常用的三极管，从基极到集电极的电流增益约为 50～300 倍。正是这个缘故，使得三极管成为半导体最重要的应用，三极管也成为晶体管的代名词。

三极管的另外一个重要功能是开关功能。基极电流的增加引起集电极电流的增加是有极限的，极限状态称为三极管的饱和状态。进入饱和状态之后，三极管的集电极与发射极之间的电压将很小，相当于闭合了的开关。这样，当基极电流为 0 时，三极管集电极电流为 0（称为三极管截止），相当于开关断开；当基极电流很大，以至于三极管饱和时，相当于开关闭合。三极管（晶体管）的开关速度极快，能达到 1ns 一次。当集成电路上有成千上万的晶体管一起工作时，晶体管这种高速的开关速度是集成电路规模能够不断扩大的重要因素。

3.3.3 单晶硅、分立元件、集成电路与芯片

发明晶体管的一个必备基础是纯物质硅或锗。制造高纯度硅晶体有两个步骤。

（1）提炼高纯度的多晶硅。对诸如石英岩之类的原材料进行加工，经过区域提纯后，获得电子级的多晶硅，其纯度约为 99.999 999 999%。

（2）制作单晶硅。单晶硅通常是用提拉法或浮区处理法，将多晶硅生长为单晶硅。

肖克利等人之所以能够顺利发明晶体管，与当时硅晶技术已经比较成熟有关。他们能够买到高纯度的硅晶体，从而实现掺杂效应。

用晶体管制作的元器件称为分立元件，如二极管、三极管、电阻、电容等。把分立元件按照逻辑设计，用电路连接起来，就能实现各种功能如检波、放大、计算等。但这种连接的弱点也很多，例如，体积大、功耗高、线路延迟、频率低等。1958 年 9 月，德州仪器公司的 25 岁小伙子基尔比申请了集成电路的专利。同年 7 月，仙童半导体公司的诺伊斯采用平面技术在硅晶体上也实现了集成电路。

集成电路的核心就是在一块硅晶片或锗晶片上，将目标电路系统所需要的各个元器件集成在一起。由于元器件之间的距离非常近，器件之间的信号延时也就很小，从而使用 IC 可以获得高频和高速的电路，而这是用分立电路所无法实现的。此外，器件间的杂散电容和电感的降低，也大大提升了集成电路系统的速度。

因此，集成电路做得越小，其系统的性能就越高。提高性能的核心就是缩小电子的流动距离，从而提高系统的速度和频率。电子在施加了电场的半导体中的运动速度称为迁移速度，该速度随着电场增强而加快，但会有极限，原则上不能超过光速。而空穴的迁移速度则要小于电子的速度。在硅晶体中，当场强达到极限当 3×10^4 V/cm 时，空穴和电子的极限速率接近 10^7 m/s，之后再高的电场强度也不会提高迁移速度了。对于砷化镓材料，其电子迁移速度则能够高出一个数量级。

人们能够把集成电路做到多小呢？从早期的毫米级做到微米级别，进而到纳米级别（几十个到几个原子）。按照集成电路发展史，早期集成电路中的器件数少于 100 个，称为小规模集成电路，逐渐发展为中规模集成电路（每个芯片含有 30～10^3 个器件）、大规模集成电路（每个芯片含有 10^3～10^5个器件）、超大规模集成电路（每个芯片含有 10^5～10^7个器件），然后是特大规模集成电路（每个芯片含有 10^7～10^9 个器件）和吉规模集成电路（每个芯片含有 10^9 个以上的器件）。举例来说，一个 4GB 的存储芯片上，含有超过 40 亿个晶体管。

为了做到这些，制造技术的核心是在单个芯片上制造更小的晶体管和连接电路，被称为半导体制造工艺。一些主要工艺技术的术语包括热氧化、掩模版和光刻、刻蚀、扩散、离子注入、金属化、键合和封装，等等。

芯片是封装在硅片上的。一个硅片通常同时制作几十个到几百个特定的芯片，数量取决于芯片的类型和每个芯片的尺寸。芯片也被称作管芯或集成电路，而硅片又称硅圆片，所以被称为衬底。硅片的直径越大，就能够同时制造出更多的芯片，所以，硅片的尺寸一直随着技术进步在增加，从早期不到 1 英寸，到现在超过 12 英寸（300mm）。等芯片制造完毕后，通过划片线将芯片从整个硅片上分开，封装成最终产品，经测试后就可以出厂了。

到今天，芯片无处不在，从汽车到飞机和航天器，从计算机、手机到冰箱、电饭煲、抽油烟机，等等。在不到 40 年的时间里，人类制造的晶体管数量已经超过了地球上沙粒的数量，而每个晶体管又是那么精细、精确和多功能，这可以充分感觉到物理精神——人类重建自然的伟大力量。

3.4 探究物质的不同物态：凝聚态物理

3.4.1 凝聚态物理的核心概念

一种物质的粒子大量聚集起来，就构成了一种可观察的物质形态，简称物态，在物理学上，被称为相、凝聚态。物态有很多种，常见的是气态、固态、液态、等离子态、液晶态和无定形态。在极度低温下，还会出现超流态、玻色－爱因斯坦凝聚态等。物质的物态在不同的密度、温度、压力等条件下会发生变化，简称相变。不同相（物态）下的物质，常会体现出截然不同的物理性质，人类从而可以揭示物质的新奥秘。凝聚态物理研究各种物态的产生条件、相变条件及相应的物理性质。

凝聚态物理学经历了经典物理学阶段、量子力学阶段，这两个阶段的主要内容是固态物理学。当前阶段被认为是现代多体物理阶段，或多体量子强关联物理阶段。

1. 相变

相变是凝聚态物理的主要研究领域。相变是指物质的相的变化。

经典的相变发生在有限的温度下，例如，当冰融化并变成水时。对于量子相变，温度被设置为 0K，在这个温度下，相变不是由压力或温度等参数的变化引起的，而是由海森堡不确定性原理导致的量子涨落引起的。这里，物质的不同量子相是指哈密顿量的不同基态。量子相变可以用于解释稀土磁性绝缘体、高温超导体和其他物质的相关特性。

相变有两类：一阶相变和连续相变。对于连续相变，所涉及的两个相在转变温度下不共存，也称为临界点。在临界点附近，物质经历临界行为，诸如相关长度、比热容和磁化率等若干特性以指数方式发散。这些临界现象无法用常规理论解释，必须发明新的思路和方法来找到可以描述物质连续相变的新规律。金茨堡－朗道理论是描述连续相变的最简单的理论，他在平均场近似中起作用。然而，该理论只能粗略地解释涉及长程微观相互作用的铁电体和 I 型超导体的连续相变，对于在临界点附近涉及短程相互作用的其他类型的连续相变则无能为力。到 20 世纪 60 年代，卡丹诺夫在临界现象中归结出标度律与普适性。在临界点附近，量子涨落发生在宽范围的标度范围内，而整个系统的特征是标度不变的。威尔逊 1972 年统一了这些观点，他在量子场论的背景下，以重整化群的方式进行了形式化。这些方法与强大的计算机模拟一起，能良好地解释与连续相变相关的临界现象。

2. 对称破缺

物质在某些状态下会表现出对称破缺，此时，相关的物理定律所具有的对称性被破坏了。一个常见的例子是晶态物质，其完全的平移对称性和旋转对称性都被破坏了。

量子场论中的南部－戈德斯通定理指出，在一个连续对称性被自发破缺的系统里，必然存在以任意低能量的激发，即必然存在零质量玻色粒子，此粒子被称为戈德斯通玻色子（或称南部－戈德斯通玻色子）。例如，在结晶固体中，这些戈德斯通玻色子被称为声子——晶格振动的量子化形式。其他还有磁振子、准电子、激子、极化子等，它们在任意低的能量下激发，即朗道的元激发。

对称破缺是凝聚态物理中普遍存在的现象，但如何建立一个统一的理论是巨大的挑战。

3. 关联电子态

金属状态是固体性质研究的重要组成部分。特鲁德在 1900 年用 Drude 模型给出了金属的第一个理论描述。1928 年，瑞士物理学家布洛赫为具有周期势的薛定谔方程提供了波函数解，称为布洛赫波，通过其近似解建立了单电子的能带理论。单电子的能带理论忽略了多个电子之间的相互作用（交换和关联作用），在 20 世纪 30 年代后期，哈特里和 Fock 引入了表征电子间相互关联的修正项，建立了 Hartree－Fock 方程。但至今解这个方程仍然非常困难，该方程仅适用于部分情况。

1964 年，科恩、霍恩伯格和沈吕九提出密度泛函理论，该理论对金属的体积和表面性质进行了实际描述，严谨处理了电子之间的相互作用，为能带理论和量子化学提供了更好的基础。20 世纪 70 年代以来，通过局域密度近似，密度泛函理论被广泛用于各种固体和分子的电子能带结构计算，包括 20 世纪 80 年代起对纳米结构（特别是量子阱、量子线、量子点、超晶格）的研究。

同时，在处理氧化物过程中，实验发现一些能带理论上的金属是绝缘体，被称为 Mott 绝缘体，这是由于电子之间相互作用导致的关联效应引起的。20 世纪 50 年代，安德森提出反铁磁性或亚铁磁性氧化物的双交换作用理论。到 90 年代，通过对这些氧化物的研究发现，它们不仅存在自旋有序化，还可能存在轨道有序化和电荷有序化。这些有序化相互耦合，可能是庞磁电阻现象的原因。接着，在正常非磁性杂质效应的研究中，科学家们发现了各种新的奇异现象如近藤效应。通过将安德森模型推广为周期性安德森模型，可以解释这些新的奇异现象。直到 2019 年，强关联电子效应的完善理论仍然在探索中。

4. *层展*

相变和对称性破缺带来了凝聚态独特的新概念，即层展，也称衍生。层展意味着物质在不同的物理层面（度规和能态）上呈现完全不同的性质，这些性质是用理论物理无法推理出来的。在材料之间的接界处经常发生层展现象，例如，铝酸镧－钛酸锶界面，这两个非磁性绝缘体连接在一起后，产生了导电性、超导性和铁磁性。在软凝聚物质、生命物质中，存在大量的奇异现象，难以用理论物理推理出来，需要通过实验发现，并寻求新的理论证实。

有一些观点认为，层展现象是对物理理论“还原论”的否定。也有一些观点认为，层展是一种阶段性的归纳，如同达到理论顶峰的概念与工具的台阶最终可以用还原论推理出来，只是不方便而已，如同采用相对论化的牛顿力学在宏观世界中是不必要的一样。

从方法论看，层展现象更加突出了实验的重要性。毕竟，所有已经证明可行的物理理论都只是对当前观测事实的理论模拟，必然随着观察的深化而被修正和丰富。在不均匀的空间和不同的能态下，随着参与相互作用的粒子数量的增加，其复杂性将产生全新的、已有理论无法预测的现象，但这恰恰是对已有理论进行改进的机会。这种预测一观测一对照一修正的过程，正是物理精神的核心，即理论模拟和观测技术并重，以测量为基础的精准度量。

3.4.2 低温下的物质：超导体与超流体

液态是凝聚态的一种。超导是较早被发现并得到研究和应用的一种凝聚态现象。

1. 超导电性

按照温度的定义，在0K，物质的粒子的动能将为零。但是，如何实现这样的极端低温是一个挑战。随着温度降低到极端低温时，物质实际会发生什么情况呢？

1911年，昂纳斯将水银的温度降到4.2K时，发现水银的电阻突然消失。1928年，布洛赫在建立金属导电理论后，试图解决这个问题，却走向了另外一个极端，他认为，不可能存在电阻为零的情况。1933年，迈斯纳发现，在磁场中，将金属超导体冷却到临界温度之下时，磁场会从内部被排出，这被称为迈斯纳效应。这个效应构成了磁悬浮的原理，排出的磁力能够对磁体做功。1950年，弗留里希提出，电子—晶格振动之间的相互作用导致电子之间相互吸引，这是超导电性的原因。

理论的突破来自1956年，库珀利用量子场论得到电子对，这个电子对被称为库珀对，其能量比费米面能量略低，因而形成超导能隙。次年，巴丁、库珀、施里弗三人根据基态中自旋方向和动量方向都相反的电子配对作用，提出了超导电性的微观理论，即：当成对的电子有相同的总动量时，超导体处于最低能态，使得电子集体出现超流动性。这一理论被称为BCS理论。该理论首先预言了磁通量子的存在，1961年，德福等人在实验中测量到了磁通量，与理论计算值相符。

1962年，读研究生的约瑟夫森认为，库珀对能量可以利用金属的量子隧穿机制进行测量。根据对BCS理论的推理，他预言了两个效应：直流约瑟夫森效应和交流约瑟夫森效应。这两个效应随后在实验中被发现，而他提出的两个公式则成为许多国家标准实验室最精确的电压标准的基础。利用超导环嵌入约瑟夫森隧道结，能够制作极其灵敏的探测器。现在，德布罗意波干涉仪和超导量子干涉仪已被广泛用于精密的电磁测量。

由于零电阻的特性，超导现象具有巨大的应用价值，但这种现象如果仅在极端低温下出现，则应用场景太少。因此，科学家们开始寻找提高超导电性出现的临界温度，这种高于极端低温的超导现象被称为高温超导。

在 1940 年前，人类已经实验了数千种材料，其中上千种材料都具有超导特性，但其临界温度都在 1K 左右。1941 年，阿瑟曼发现了氮化铌的临界温度可达 15K。1953 年，哈迪等人另辟蹊径，找到了 A－15 结构的超导体，成功将临界温度提高到 17. 3K。贝尔实验室的马赛阿斯沿着这条路继续探索，在 1973 年，将临界温度提高到 23. 3K。

1983 年，IBM 的缪勒和柏诺兹从金属氧化物材料入手进行实验。根据 BCS 理论，这种结构的材料存在着强的电－声耦合，因此，有可能具有更高的临界温度。在 1986 年 1 月，他们终于取得了重大突破，Ba－La－Cu－O 材料可能具有约 35K 的临界温度。文章发表后引发了国际超导热。次年，临界温度提高到 100K，缪勒和柏诺兹因此获得 1987 年的诺贝尔物理学奖。

1987 年 2 月，美国休斯敦大学的朱经武、吴茂昆研究组和中国科学院物理研究所的赵忠贤研究团队分别独立发现，在 Y－Ba－Cu－O 体系中，临界温度达 90K，首次成功突破了液氮温区（液氮的沸点为 77K)。之后，临界温度记录不断被刷新，例如，TI－Ba－Ca－Cu－O 体系中的临界温度达到 125K，Hg－Ba－Ca－Cu－O 体系中的临界温度则达到 135K。1994 年，朱经武研究组在高压条件下把 Hg－Ba－Ca－Cu－O 体系中的临界温度提高到 164K。2014 年，吉林大学的研究人员从理论上预

言 $(H_2S)_2H_2$ 化合物在高压下可实现 191K 的高温超导。

2015 年，德国物理学家在实验中成功测量了 2×10^7atm 下的 H_3S 的电阻和磁化率，发现了高达 203K 的高温超导。

用成本低的液氮替代液氢，为超导技术的实际应用打开了大门，高温超导立刻得到了广泛的应用。例如，高温超导微波滤波器应用在移动通信、卫星通信和武器装备上，提高了设备的灵敏度和选择质量。美国和欧洲建立了超导输电电缆。利用氧化铝薄层连接的铌导线制成的计算机芯片被证明比常规芯片快很多倍，而且发热量少。

2. **超流动性**

在极端低温下，物质不仅仅表现出超导电性，还具有其他很多新的现象，这些现象均被归为超流体的范畴。在极端低温下，超流动性是物质的普遍特征，而超导电性是超流动性的电学特征之一，在力学、磁学、热学方面，物质均表现出了各自与众不同的特点。因此，超流动性体现了物质的另一种基本属性，而具体物质在物理特性上的差异视实验对象的不同而不同，并以此促进相关理论的更新迭代。

超流动性是指物质在极端低温下的流阻为零，因此，沿着闭合路线，这样的流动可以永远持续下去，成为持续流。如果超流动性出现在带电粒子体如金属中，就是超导体；如果出现在不带电的粒子体如氦原子中，则不具有导电性。

对超流的研究发现，超流不仅仅是无阻流动。物质在温度降低到一定程度时，会出现相变，对应的温度叫作临界温度。这种相变将粒子独立运动的无序状态变成集体有序的状态。所有粒子就会呈现出一种整齐划一的、有序的倾向，这种特征能够被观测到，即宏观量子效应。例如，对铁磁性物质，这个观测量就是自发磁化强度，在物理上表示为低温相的序参数。

单个粒子的量子行为已经被薛定谔方程表示出来。在常温下，当描述多个粒子的体系时，假设各个粒子的行为是独立运动的，因此，集体粒子的相互作用表现为它们各自作用的叠加。但在极端低温下，这种描述就不合适了。此时，粒子集体的行为表现出步调一致的样子，如同一个练广播体操的团队，粒子之间没有区别了，被视为全同粒子。可以把这些粒子视为一个整体，套进薛定谔方程中，再做一些适当修正后，用于描述超流现象，也可以描述激光及玻色凝聚原子气体。

这样的描述仅仅是为了理解的方便。物理学研究追求的是精确操控。如果 N 个粒子体现出集体有序行为，则海森堡的不确定原理就变成 N 个粒子的形式，单个粒子波函数变为 N 个粒子的波的叠加，即波包。但是，在观察具体粒子时，任何粒子都是自旋的，具有角动量。自旋的单位是普朗克常数，自旋为整数或零的粒子被称为玻色子，而自旋为半整数的粒子则被称为费米子。费米子需要遵守不相容原理，这种特点使其在极端低温时的相互作用形式是不同的，需要结对，这就是库珀对形成的原因。

进一步观察这种有序性，可以分出两类有序，用各自的序参量表示。通过对作为费米子的 ^{3}He 原子的极端低温研究发现了这两种有序：一种是由库珀对的轨道角动量引起的；一种是波包作为波函数的相位变化引起的。前者是超流的原因，后者形成一种新的结构叫织构。显然，随着温度的变化，这两种有序的影响力及相互作用的结果也相应变化。要相互作用成为有效的吸引作用以形成库珀对，则形成的库珀对必须有非零的轨道角动量，这意味着旋转对称性的自发破缺。

显然，这些研究表明，人类对超导和超流体的认识还是粗浅的，更多的研究将带来更神奇的发现。

3.4.3　其他状态下的物质举例

物质的凝聚态还包括其他多种。《物理学史》中介绍了三种物态：高压态、非晶态、软凝聚态。

1. 高压下的物质

获得极端物理条件下物质的反应是物理学家们追求的梦想，因为总会有全新的发现。在粒子加速器发明之前，只能靠宇宙射线获得高能粒子。当粒子能够被自由加速后，微观粒子世界的奥秘立刻被揭示出来。

超高压条件下的物质反应研究的难点是如何创造超高压条件。1869年，爱尔兰化学家安德鲁斯实现了一种气体高压，发现了气体相变的临界现象。19 世纪 80 年代后期，阿马伽成功获得 3000atm，塔曼利用该技术研究出了超高压下的固体材料的相变。

1905 年，以后来提倡“操作主义”著称的哈佛学生布里奇曼成功地将高压提高到 6500atm，并发表了三篇论文，奠定了 20 世纪高压物理学大发展的基础。此后，布里奇曼一直专注于研究超高压提升理论与技术，并垄断了该领域。1910 年，高压被他提高到 20000atm，1941 年，高压提升到 10^5atm，1952 年高压达到 2×10^5atm。伴随着高压提高的过程，布里奇曼做出了许多重大科学发现。例如，发现几十种物质具有前所未知的特性：冰在超高压下有 6 种变态；黑磷和铯在某一转变压力下，电子会重新排列；岩石在超高压下会发生物理性质和晶体结构的变化，因此，通过地震波的方式可以推断出地球的结构和构成。布里奇曼的许多数据至今仍然是业界标准，他研发的超高压设备的原理也一直被高压物理学界沿用至今。

1955 年，美国通用电气公司利用布里奇曼的理论制备了 BELT 高压装置，首次合成了人工金刚石，掀起了全球超高压研究的高潮。科学家和企业利用超高压理解地球的结构和构成，合成各种新材料，获得了对相变和能带结构等理论的更深理解。

2. 非晶态或准晶态的物质

晶体的粒子排列是高度周期性的，因此是有序的，而一些物质如玻璃的晶体是无序态，此类物质被称为非晶态物质。

1958年，安德森给出了非晶态材料的电子局域化理论，通过薛定谔方程的局域化解，给出定域化电子和扩展态电子的行为描述。1959年，杜威兹等人用喷枪法制得非晶态的An－Si合金，实现了非晶态金属和合金工艺上的突破。由于金属玻璃具有优异的物理性能，如高强度、软磁性、抗腐蚀、抗辐射等，1960年库柏诺夫预言，非晶态材料也应该具有铁磁性，并给出了计算公式和计算方法。实验证实了该预言，例如，非晶软磁合金比晶态软磁合金具有更好的性能。日本在20世纪60年代以后，广泛使用该类金属制作各类磁头。

1967至1969年，莫特等人提出了非晶态半导体的能带模型，称为莫特－CFO模型。该模型认为，非晶态半导体的电子态是部分局域化的，因此，其能带可以分为两类：扩展态和局域态。1975年，斯皮尔在硅烷辉光放电中引入硼烷和磷烷，制备出P型和N型非晶硅，使非晶态掺杂技术取得重要突破。1974年，美国物理学家卡尔森制成了第一个非晶硅太阳能电池，开启了太阳能新能源时代。

1984年，美国国家标准局的谢克特曼用急剧凝固法，准备制备高强度的铝合金，却意外地发现急冷的Al－Mn合金具有金属性质的相，但又没有标准晶体结构的5次旋转对称性。其他物理学家也宣布了同样的发现，并因此提出“准晶体”的概念。准晶体的发现引发了一阵研究高潮，不到4年，继三维准晶态后，二维准晶态、一维准晶态均被陆续发现。由于准晶态物质具有新的物理特性，例如，更硬的力学特性、更高的电阻率和极低的热传导系数，因此被广泛地运用在电子工业领域。

3. 软物质

软物质/软凝聚态物质，是处于固体和理想流体之间的物质。这些物质一般由大分子或基团（固、液、气）组成，例如，液晶、聚合物、胶体、膜、泡沫、颗粒物质、生命体，等等。

生活用品大多数是人工合成物，因此很多是软物质，例如，橡胶、洗涤液、化妆品、药品、塑料等。液晶和聚合物在生活中很常见，生命体中的 DNA、蛋白质、细胞膜等都是聚合物。

一般而言，软物质具有很特别的某些属性，如自组织行为和标度对称性等，这些属性反映出与“硬物质”不同的分子间相互作用和随机涨落。当前，软物质的研究如火如荼，成为生命科学的研究前沿。

3.5 构造光子：光子的能量、信息与操控

光是一类很特殊的物质。虽然我们天天与光打交道，但直到 20 世纪，量子力学才阐明光是一类运动着的特殊能量，并以固定的速度运动。同时，光具有不同的频率，这些频率给出了确定的信息：发光体的准确位置、形状、运动速度和物质构成。

利用光的这些特性，能够做很多事情。从基础研究的角度看，我们需要理解各种光形成的机制。从技术的角度看，我们需要检测光、操纵光、制造光、利用光，利用光的能量性质、信息性质和材料性质。而在检测光、操纵光和制造光的过程中，既深化了我们对光的本质的认识，又创造了各种应用工具和材料。

1960 年，激光科学诞生了，从能量、信息、材料和工具等方面对当代文明发挥了巨大的作用。光既是信息时代的信息载体和编码器，又是物质时代尖端制造的工具和材料；既是品种无限丰富的特殊材料，更是能量机制的终极方案。因此，光的理论研究、技术研究和经济应用越来越受到科学家们的重视，将帮助人类进入第二次信息革命。

3.5.1 激光与激光器

光是由被激发的原子发射出来的。

原子通过热激发和电子碰撞可以产生光，也可以通过与能量正好合适的光子发生碰撞而受到激发，这称为受激发射。1916 年，爱因斯坦发

表的《关于辐射的量子理论》一文，提出假如用一个光子碰撞一个已经处在激发态的原子，且这个光子的能量等于该原子受激态和基态间的能量之差，那么，该原子将通过受激发射过程回到基态，并发射一个能量等于两能态之差的光子，而引起该激发的光子则不受影响。这样，就有两个光子离开原子，它们具有相同的频率，且完全同步，即相干。这两个光子中的任何一个又可以继续碰撞其他处于激发态的原子，产生处于同步的新的光子。如此继续，则会引起雪崩般的连锁反应，产生大量的光子。这些光子都具有相同的频率，且完全同步。

但要实现这个过程，则需要满足三个条件：①必须有处于激发态的其他原子；②原子在被光子撞击之前，必须在激发态保留足够长的时间；③必须包含一些能够撞击其他受激原子的光子。

1946 年，布洛赫和玻塞尔在研究磁共振的过程中，发现了磁场换向时核自旋组态来不及改变而产生的辐射。1949 年，卡斯特勒发展了光泵方法，即利用光辐射可以改变原子能级的集居数（即高能级的原子数）。1953 年，贝尔实验室的汤斯构想了将介质放进谐振腔中，利用谐振腔的振荡和反馈模式实现放大作用，由此发明了微波激射器，实现了微波的放大。

1957 年起，迁到哥伦比亚大学工作的汤斯带着贝尔实验室的肖洛开始研究“红外和可见光激射器”，1958 年，两人就形成的方案和理论分析申请专利。他们的论文《红外区和光学激射器》在年底发表，成为激光史上最重要的文献之一。哥伦比亚大学在读博士生古尔德则创造了“laser”这个单词，激光器大赛于是展开。

1960 年 5 月，休斯公司研究实验室的梅曼首先研制成功第一台激光器，他的红宝石激光器获得了人类有史以来的第一束激光。中国在 1961 年也成功研制了自己的激光器。

激光器的成功研制，激发了全球各个领域的投入。汤斯的学生贾万在1960年12月研制成功氦氖激光器。接着人们普查了几百种激光工作的介质。放电物理学、等离子体物理学、固体物理学、气体动力学、化学动力学等领域纷纷和激光科学结合，创造了固体激光器、气体激光器、化学激光器、染料激光器、半导体激光器、自由电子激光器、准分子激光器，等等。

利用激光的能量属性，1961年，激光首次在外科手术中被用于杀灭视网膜肿瘤。利用激光的信息属性，1962年发明的半导体二极管激光器成为信息技术的核心元件，用在CD、DVD、条形码、激光打印机、光纤通信等方面。1969年，激光被射向阿波罗11号放在月球表面的反射器，用于测量地月距离。

全息照相技术是英国物理学家伽博在20世纪40年代的发明，其核心是波前重建，用于提高电子显微镜的分辨率。激光发明后，由于激光的相干性好，能量大，便被用于全息照相领域。1963年，利思和乌伯特尼克斯研制激光全息获得成功，于是全息照相技术得到普及，被广泛运用在生产和科研领域，例如，研究和检测灵敏仪器的抖动等。1971年，激光全息技术进入艺术世界，制造出神奇的舞台光影效果。

3.5.2 光导纤维与光纤通信

由于半导体激光器研发成功，光纤的应用前景得以展开。

自1876年电话在全球各地投入使用以来，用户急剧增加。但金属电缆传输的信号量有限，且噪声大，限制了用户的发展。二战后，中继塔投入使用，同时人类利用通信卫星，将无线电短波波束信号在塔间或卫星一地面间传输，这种技术使得长途电话费用十分昂贵，跨洲电话更是奢侈。

因此，如何在一个波束流上传输尽可能多的单一线路信息便成为迫切需求。对此，首先将模拟信号改为二进制的数字信号，香农等人的工作解决了这个问题。其次，用频率比无线电频率高得多的可见光来替代无线电波。但用可见光、激光束在空气中传播的方案并不可行，只能通过线缆传播。

移居英国的华人高锟当时在英国标准电话实验室工作，他主张通过光导纤维传播。在深入研究多通道信息理论和进行了大量实验后，1966 年，他和助手霍克汉姆发表文章：光纤设计和制造是可行的。于是，全球很多公司加入了竞争，但高锟团队最终取得胜利。进入 20 世纪 70 年代，康宁公司进一步提升了光纤的传播效率，于是光纤在全球大面积投入使用。

光纤技术的成功带来数据信息量的指数级增加，这直接导致了信息革命的爆发，从此，电话变成廉价消费，移动通信和互联网迅速崛起。高锟则被尊称为“光纤通信之父”，并获得了 2009 年诺贝尔物理学奖。

3.5.3　光子操控

能量操控是科学发现、技术发明和工程制造的利器。在一定意义上，激光器的发明类似于 19 世纪初伏打电池的发明。激光器提供了可控而强大的能量，可用于做很多事情。

除了不断将激光用在各个领域之外，在逻辑上，还自然地引发三类后续的事情。

① 操控光子，如同操控电子一样。

② 制造能量更强大的激光，如同增加电压一样。

③ 开启光子的量子力学新发现，如同粒子加速器对粒子的碰撞做出的发现。

光子的受激激发提供了一种了解原子能级信息的手段。只要测量一个原子所发射或吸收的光子的频率，就能测定能量差，因此得到原子的能级图，由此诞生了激光光谱学。1961 年，肖洛转入斯坦福大学，建立激光光谱学研究中心，该中心一直站在该领域的最前列。由于每种元素的原子都有自己的光谱，于是光谱就成为原子的指纹。通过光谱检测与识别，可以检测各种材料的成分信息。激光光谱学的研究发现了原子能级的更多细节，例如，钠黄谱线的 D1 线有 7 个分量。同时，肖洛团队还发现了双光子跃迁现象。对光谱学更加精细的发现，从本质上提高了探测精度。例如，通过对里德伯常数的测量，将探测精度提高了 10 个量级。

通过操控光子，不仅可以认识原子内部的信息，还可以使光子成为一种工具，用来操控原子的各种自由度。其原理是立足于能量守恒定律，把光子的动量和角动量传送给原子。据此，已经发展成若干方法来极化原子、陷俘原子，把原子冷却到极低的温度，从而为原子钟、原子干涉学、玻色－爱因斯坦凝聚等领域的研究提供了条件。朱棣文等人因研究原子的激光冷却与捕获而获得 1997 年度诺贝尔物理学奖，科纳尔等人因实现玻色—爱因斯坦凝聚态而获得 2001 年度诺贝尔物理学奖。在今天，用光子操控原子已经成为物理学、化学、生物学、医学实验室中的常用手段。

2018 年度诺贝尔物理学奖颁发给了激光物理学，获奖成员中的亚瑟·阿什金发明了操控光子的光学镊子。

在激光器发明之后，贝尔实验室的阿什金意识到，激光可以作为一种完美的工具来移动微小粒子。他用激光照射微米级的透明小球，这些小球便动了起来，被拉到光束最为密集的中间位置。这说明，一束激光无论有多么锐利，其强度也会从中间向两侧减小。因此，激光施加于粒子上的辐射压是有差别的，会迫使粒子朝着光束中心的位置移动并稳定下来。为了保持粒子位于光束的方向上，阿什金增加了一个聚焦激光的强透镜，使这些粒子被拉向光强度最高的位置，由此形成一个光学陷阱，这种装置被称为光学镊子。光学镊子能通过激光束“手指”抓取微小粒子、原子和分子。

经过不断改进，到 1986 年，将光学镊子与其他方法相结合，成功静止并捕获了原子。目前，光学镊子成了研究生物过程（诸如单个蛋白质、分子马达、DNA 和细胞内部活动等）的标准设备。在光学全息摄影技术中，数千个光学镊子同时发挥作用，其用途包括将健康细胞与感染细胞分离，光学镊子在对抗疟疾等疾病的过程中有广阔的应用潜力。

2018 年度诺贝尔物理学奖的另外两个获奖者是杰哈·莫罗和多娜·斯崔克兰，他们研制出了有史以来激发能量最高的激光技术，为科学研究、军事、工业与医药领域应用提供了强大的能量工具。

激光器发明以后，科学家们一直尝试制造出更高强度的脉冲。在激光器问世后的 5 年间，台式激光器的功率已达到 10^9 W，后面 20 年则进展缓慢。当时提高激光器功率的唯一办法就是研制出更大的激光器，但如果使激光器超出极限光强度的范围以外，激光器元件将产生有害的非线性效应，影响光束质量，甚至损坏元件。

杰哈·莫罗和多娜·斯崔克兰的研究组推出了“啁啾调频脉冲放大”技术，解决了这一光学破坏问题，台式激光器的输出功率因此而猛增了 10^3～10^5倍。按照莫罗的解释：

对一个信号或波进行“啁啾调频”（Chirping）就是把信号或波在时间上拉长。在通过啁啾调频放大脉冲时，第一步用振荡器产生一个短脉冲并把他拉长，通常拉长 10^3～10^5 倍。这一过程使脉冲的强度下降了同样的倍数。然后就可以用标准的激光放大方法来放大这个脉冲。最后一步则用一台结实的装置（如真空中的一对衍射光栅）将脉冲重新压缩回其原先的长度，这样就使脉冲的功率大大提高，超出放大器功率极限的 10^3～10^5 倍。

啁啾调频脉冲放大技术如今在医学、工业、军事及前沿科学研究等领域大放异彩。

在医学领域，超短超强激光产生了新的成像技术，并用于近视眼手术，以及癌症的早期诊断与治疗。在工业领域，特殊材料的高精度加工，例如，晶圆刻蚀、手机屏幕切割等都需要用到超快超强激光。在智能机器人和自动驾驶领域，迫切需要这种高强度的激光精确感知周边环境。在军事领域，激光技术一直是研究的前沿，例如，精确制导武器和定向能武器。在科研领域，强激光被应用于激光尾场加速（LWFA），能够把粒子加速到接近光速，还可以产生千米量级的等离子通道。

伴随着激光技术诞生的还有非线性光学、量子光学、量子信息光学和原子光学等新科学，这充分证明了操控技术的革命不仅会引起工业应用和民生应用等巨大的变革，同样也是基础研究的发动机。

3.5.4 非线性光学

在经典光学中，透明的光学材料如玻璃的折射率等于真空中的光速和材料中的光速的比值。这个折射率和光强是无关的，我们称这个材料是线性的。但在激光产生的高光强下，所有的材料都变成非线性的了，即折射率和光强有关。

布洛姆伯根是非线性光学的奠基人。他提出了能够描述液体、半导体和金属等材料的非线性光学的一般理论框架，包括三部分：

（1）物质对光波场的非线性响应及其描述办法；
（2）光波之间及光波与物质激发之间相互作用的理论；
（3）光通过界面时的非线性反射和折射的理论。

非线性光学的应用，使非线性光学光谱学脱颖而出。非线性光学应用于原子，则诞生了非线性原子光学。

非线性光学的研究极大地提高了观察和测量的精度，从时间上看，即从纳秒级（10^{-9} s）进入到皮秒级（10^{-12} s）和飞秒级（10^{-15} s）。例如，在飞秒级别上，可以清晰地观察到光合作用的发生、发展过程，看到 DNA 的分裂过程等。1999 年，德国科学家汉斯发明了频率梳技术，使得时间的测量精度有可能达到阿秒级（10^{-18}s）。

3.5.5　量子光学与量子信息光学

激光的发明使得光学被量子力学改造。在相干光能够被操控之前，各个原子或分子发射的光之间缺乏相关性，相位上毫无关联，这样的光场被称为混沌光场。1956 年，汉堡、布朗和特维斯实现了光学关联实验，发现了光场的起伏，这一实验被称为 HBT 实验。该实验证实了光场存在着高阶相关效应，对光的传统的相干性描述是不完备的，必须补充二阶乃至更高阶的相关函数。

通过激光器产生的相干光促进了光学量子效应的研究，1963 年，格劳伯发现光学相干态（即 Glouber 相干态），并在此基础上进一步建立起光场相干性的全量子理论。基于此，光被分为三类。

混沌光，由自发辐射过程产生的光子构成。各光子之间缺乏相干性，是噪声最大的光场。

相干光（即激光）的光子之间存在着一致的相干性，具有的总噪声是极低的，被称为真空噪声。

非经典光，是由非线性过程产生的，如压缩光、光子数态光等。

压缩光，源于光场的压缩态。根据量子场论，在真空中的量子场中，量子仍然处于振动状态，这种振动被称为量子零点涨落。真空中的量子场间仍然存在相互作用，虚粒子不断产生、转化和湮灭，这种状态被称为量子真空涨落。其中，电磁场仍然有微小的起伏，被称为真空起伏。普通光则由经典光波叠加真空起伏组成，两者相干的结果构成了噪声场。1985 年，贝尔实验室的斯鲁施尔通过非线性过程的驻场波方式获得了压缩光，从而降低了真空噪声。次年，金布尔等人将输出场的噪声概率降低到真空噪声的 37%。这样获得的压缩光大大提高了光的信噪比，可极大提高微弱信号的检测能力，例如，用于检测引力波、光通信信号等。

激光器本身是一种原子和分子在腔中的振荡行为。1963 年，E. T. 加尼斯和 F. W. 孔明斯两人提出了表征单模光场与单个理想二能级原子单光子相互作用的Jaynes—Cummings 模型（标准J－C 模型)，来说明原子在腔中的量子行为，标志着量子光学的正式诞生。标准 J－C 模型导致相关研究的持续深入，并诞生了腔量子电动力学（C－QED)，主要研究原子和分子在小型谐振腔中的相互作用。

在 20 世纪 90 年代发展起来的冷原子技术和光电测试技术，使得高品质微腔和原子冷却与俘获技术相互结合，单原子和单光子的强相互作用在 J－C 模型中得到验证，这样，就诞生了原子、光场、腔组成的量子装置，用于研究量子计算、量子态的制备和量子通信等新领域。

从 20 世纪 70 年代起到 90 年代末，将量子力学和信息光学结合起来的量子信息光学逐步进入成熟阶段。随着激光能量的增强、光子操控技术的进步，以及量子信息科学的研究深入，量子信息时代呼之欲出。

3.6 操控微观：显微镜技术

观测工具的进步是科学进步的首要推动力。物理科学的进步过程也是将物理原理用于改进其观测技术的过程，其中，微观操控技术发挥着越来越重要的作用。

3.6.1 光学显微镜

在 16、17 世纪，第谷、开普勒、伽利略、虎克、牛顿等科学家们都在寻找放大倍数更高的望远镜和显微镜。

首先使用显微镜取得科学成就的科学家是罗伯特·虎克，他是世界上首位职业实验物理学家，担任英国皇家学会实验室主任。他将当时光学显微镜的双头镜模式改为三透镜光路模式，实现了前所未有的放大效果。他将镜头下的各种微生物栩栩如生地素描出来，发表在专著《显微图谱》中，向世人第一次呈现了精彩的微观世界。他通过对软木结构的观察，得到了细胞的概念。

显微镜的价值有目共睹，但制造技术成为瓶颈，当时最伟大的显微镜工匠是荷兰的列文虎克，他是个做布料生意的小商人，却能制造出当时顶级的显微镜。他制造并销售了数百台高精度的显微镜，放大倍数高达近 300 倍，为 17 世纪的科学和商业进步做出了巨大贡献。

下一个突破来自德国人。19 世纪中叶，蔡司开办了显微镜制造厂销售显微镜。当时在疾病、细菌、酿酒的生物研究方面，以及化工、矿物、材料的工业研究方面，都对显微镜有很大需求。为了制造更好的显微镜，蔡司与 26 岁的物理学家和数学家阿贝合作。阿贝“**根据对材料的透彻研究，透镜本身的每一个细节诸如曲率、厚度、口径等无不经过理论计算设计，因此彻底排除了摸索性的设计方法**”。1873 年，阿贝提出了著名的阿贝公式，指出了光学显微镜的物理极限。通过努力，蔡司的显微镜分辨率达到了光学显微镜的极限 0.2μm（而人眼的分辨率仅为 90μm）。

直到 21 世纪初，光学显微镜才突破上述极限。白兹格等三位科学家获得了 2014 年度诺贝尔化学奖，原因是他们发明了新的超高分辨率荧光光学显微镜，分辨率达 10nm，能够看清生命的大分子，且不损伤活体。这样的显微镜是生物学家们的研究利器，通过显微镜，生物学家们可以实时观察蛋白质运动、受精卵的发育及细胞分裂的完整过程等。同期哈佛大学的物理学家兼化学家庄小威也做出了同样的发明，并实现了同样的分辨率，但由于论文发表日期晚了 3 个月而错失得奖机会。

3.6.2　电子显微镜

由于可见光的波长太大造成了光学显微镜的物理极限，科学家们便寻找替代品以增强“看”的分辨率。电子作为一种波，其波长远小于可见光，因此被用来尝试制作电子显微镜，简称电镜。在超高电压下，电镜的理论分辨率能达到 0.2nm 或 0.02Å（1nm 等于 10Å）。由于原子之间的间距通常为 1nm 左右，电镜可以对单原子进行观测。

19 世纪末，物理学家们已经熟知如何生产和操控电子。科学家们用阴极射线管稳定地产生电子。原理上，通过施加电场、磁场，使电子被聚焦和控制，由此可以制造出电子显微镜。

电子显微镜的发明工作始于德国物理学家鲁斯卡，他因此获得 1986 年度诺贝尔物理学奖。1927 年，卢斯卡参与研发高性能阴极射线示波器，1931 年，他研发成功第一台电子显微镜，可以放大 16 倍。由此，引发了荷兰、英国、美国、加拿大等国参与的电镜研发竞赛。1938 年，病毒在电子显微镜下现形。1940 年，西门子公司的阿登纳出版了首部电子显微镜专著，详细介绍了透射、扫描透射和扫描电镜的理论和制造细节，电子显微镜技术得以普及。1958 年，从德国归来的物理学家黄兰友受命研制中国的电镜，他的团队在仅仅 72 天内就研制出分辨率达 10nm 的电镜。1965 年，他们推出的商业化电子显微镜已达 0.7nm 分辨率。

由于坚持不懈的努力，日本公司逐渐成为全球电子显微镜市场的霸主。1940 年，他们研制出第一台电镜，后来占据全球一半的市场，其中日立公司的电镜质量最优，2015 年，他们研制的电镜的分辨率达到 0.044nm（0.44Å）。

电子显微镜超强的分辨率在科研上发挥着巨大作用，以致全球超过 50％的科学研究工作都使用了电子显微镜。在材料应用领域，电镜每一次分辨率的提高，都会带来重大科学突破，例如，发现位错、准晶、纳米碳管等。电子显微镜的进步也持续推动着生物学研究的发展。2018 年 8 月，《科学》杂志同时发布了颜宁和施一公的两个课题组的分子生物学研究成果，他们采用了冷却电镜结构，其分辨率达到 3.6Å，从而对蛋白质和常染色体显性多囊肾病的机制有了重要新发现。电镜分辨率对科学发现的重要性一如颜宁所说："想要多发表论文吗？用电镜啊！"

电子显微镜体积大，用电量高，价格昂贵，当前最先进的电镜价格高达上千万美元。因此，科学家们便尝试新类型的显微镜。

3.6.3 原子力显微镜

量子力学研究的新发现，提供了制作新型显微镜的途径。1959 年，美国通用电气公司的加埃沃观察并测量到电子隧穿效应，并于 1960 年测量到单电子隧道效应。物理学家们便开始研制利用量子隧穿原理制造的扫描隧道显微镜。

到 1982 年，IBM 的宾尼希等人终于研制成功扫描隧道显微镜，其分辨率达 0.4nm。新显微镜立刻带来新发现，科学家们用扫描隧道显微镜观测材料表面，立即发现了已猜测了 50 多年的硅的表面结构。1986 年，扫描隧道显微镜的变种——原子力显微镜研制成功，分辨率达 0.1nm。由于原子间的离子键作用力只有 10^{-7}N，分子力约 10^{-12}～10^{-9}N，而原子力显微镜能测量到 10^{-18}N 的作用力，可直接测量原子核间和分子间的相互作用。

与电子显微镜体积大、价格昂贵、耗电量大的不足相比，扫描隧道显微镜有很多优点。扫描隧道显微镜价格便宜，通常只有几千美元；制造简单，一些中学生在技术人员的指导下都能研制出可用的扫描隧道显微镜。同时，扫描隧道显微镜体积小，只有 $10cm^3$；而且耗电少。扫描隧道显微镜是基于电子的量子隧穿效应原理制造的，故具有普适性，能观察和测量弱电作用支配下的一切现象。

基于这些原因，扫描隧道显微镜迅速普及，并衍生了变种家族，用于各种细分场合。例如，根据观测原子力、摩擦力、化学力、磁力、静电力等不同特性，而分别用在化学、生物、材料、纳米等各个领域。

其中，扫描隧道显微镜的变种扫描探针显微镜专用于操纵原子和分子，制造新材料，例如，用分子刀剪开分子链，操作磷原子制作纳米晶体管，等等。IBM 在 1990 年首开纪录，用 35 个氙原子排出 IBM 的字样。

3.6.4 微观操控技术的重要性

1959 年，物理学家费曼在“底下还有大量的空间”的演讲中说道：

在其他领域，如生物学，我们也有认识的朋友。我们物理学家会常常对他们说：“你知道自己的研究进展不快的原因吗?”“你们应该像我们一样，多使用数学。”他们原本可以这样回答，但是他们很礼貌，我来替他们说：“如果想让我们加快进度，那么你们首先应该把电子显微镜性能提高 100 倍。”

当今生物学最核心、最基本的问题是什么？是下列这些问题：DNA 的碱基序列是什么样的？基因突变时会出现什么状况？DNA 的碱基序列和蛋白质中氨基酸的序列有什么联系？RNA 的结构是什么样的，是单链长分子还是双链结构，跟 DNA 的碱基序列又是什么样的联系？微粒体是怎么构成的？蛋白质是怎样合成的？RNA 跑到哪里去？它如何固着？蛋白质固着在哪里？氨基酸又会进到哪里？在光合作用中，叶绿素在哪里，它是怎么排列的，类胡萝卜素在其中起作用吗？光能转换成化学能机制是什么？

生物学的这些基本问题大多很容易回答——你只要去看那些东西就行了。你会看到分子链上碱基的序列，你还会看到微粒体的结构。不尽如人意的是，透过现在的显微镜，我们看到的图像仍然不那么清晰。把电子显微镜性能提高 10 倍，很多生物学的问题很可能就迎刃而解了。

显微镜的发展史，继续证明观测工具是科学、技术和工业发展的前提。谁制造观测设备的水平领先，谁的科研能力和制造能力就领先。

科学家们为了看得更清楚，必须自己制造和改进这些工具。一旦在“视力”上取得了突破，就能获得巨大回报，能够操控更多的结构和现象。所以，哈佛、普林斯顿、麻省理工学院、斯坦福、伯克利等大学都以自行研发和制造最领先的电子显微镜、天文望远镜或粒子加速器而著称。

物理学家费曼在访问普林斯顿大学时夸奖道：

我真正想看的，我期盼着的，是普林斯顿回旋加速器。那真是了不起……它使我想起了我家里的实验室。在麻省理工学院，没什么会让我想起家里的实验室。

我突然意识到为什么普林斯顿能不断获得成就。他们是在和仪器一起工作。他们建造了这台仪器，他们知道每个零件的位置、每个零件如何工作。没有工程师来插手，除非，或许他也是正在这里工作着的一员……这太棒了！因为他们是和他一起工作。使用加速器并不只有坐在另一间房间里按按电钮这一种方式！

制造更先进的“人工眼镜”代表了人类操控能力的巨大进步，所以，诺贝尔奖总是垂青这类科学家，无论物理学奖、化学奖或生物学奖，其中发明先进操控工具的获奖者比例最高。在科学界看来，视力与操控技术上的进步比个人做出的理论发现具有更重要的意义。在工业界，荷兰 ASML 公司制造的高级光刻机对半导体产业是巨大的促进，佳能公司的高级蒸镀机则是制备先进显示屏的唯一选择。显然，微观操控能力代表了制造业的最高水准。

先进的观测和操控工具消除了科学、技术、应用之间的距离。医学、生物学、材料、化工、建筑、汽车、石油、能源等，各行各业都需要更好的眼镜去看到更细致和清晰的图像，进行更加精准的操控。

所以，无论学术界还是工业界，参与显微操控竞赛是一流学术和高端制造的阶梯。

第4章 科学重建：奠基在物理科技上的新科学

量子理论对原子微观结构和粒子相互作用方式的揭示，构成了所有科学的新基础，科学的所有分支都依此重建。同时，通过先进物理操控技术改进观测能力，成为做出科学新发现的可靠方法和捷径。依赖物理第一原理进行人工建模、改造和合成是解决应用需求的关键途径。

化学作为物理学的早期盟友，率先进入量子世界。原子和分子间电子能级的相互作用，揭示了物质间化学反应的本质，进而为合成各种材料、药物，研究生命科学等提供了蓝图。

生物学在物理学和显微镜的帮助下，确认了DNA的双螺旋结构，发现了生物学的基础研究单位，分子生物学成为生物学的主流，基因剪裁和重组成为未来的主导技术，合成生物学日益成熟。医学在核物理学与化学的帮助下，发生了翻天覆地地改变，并通过生物科技获得了全新的面貌。

地球科学之前处在类似灾变论、均变论这种经验学说的争吵中。物理学方法的引进改变了地质学：放射性同位素检测法确定了地球和地层的精确年龄；对晶体结构的研究，让矿石显露出其本来面目；高温物理学和地球物理探测则揭示了地球内部的物质、结构和运动方式。

心理学之前一直混杂着巫术与玄学，各个流派依靠领导者的个人魅力而存在。心理学的科学化来自实验室的建立，但仍然是基于内省方法而实现的。从20世纪20年代起，心理学的方法论发生了大转向，通过对人类行为和神经系统进行严谨的实验研究，实验结果将心理学推入科学的行列。

有了新理论基础和新工具后，科学和技术的创新与发现便有了确定性的路径，从此进入指数级的进步中。

4.1　化学：从焙烧、电离到合成

物理学研究物质及物质之间的相互作用，化学研究物质之间的转化，所以，化学的科学基础必然是物理学。

在研究物质转化的过程中，化学家发现了组成物质的基本单元——元素，并发现物质之间在转化时也遵循能量守恒定律，这给物理学以极大地肯定。物理学证明了自然界所有物质服从统一的规律，并用量子力学的方式相互作用，为化学提供了物质如何由原子、分子构成，实现物质间转化的原理。

在起源上，化学和物理学的研究方法有很大区别。

物理学家始于观测，相信并全力以赴地寻找和提出在自然中存在着的、支配一切的、统一的、可以用数学描述的客观事实。化学家也相信这个统一的力量，但他们始于拷问，通过焙烧和测量，试图分解物质或合成物质，实现人类的实用目标。

在今天的结果上，物理学除了提供了基本粒子知识外，还将其数学建模和计算机模拟等科研方法介绍给化学，尤其是在技术上提供了代表人类最高智慧的观察、测量和操控工具，使化学受惠巨大，合成出源源不绝的人工物质，滋养着科技和文明的共同进步。双方在物理化学的结合点上，相互促进。在今天，不掌握物理学的知识和工具，化学无法创新。不掌握化学知识和工程能力，物理学则失去进步的重要资源。

4.1.1 炼丹术和炼金术

在原始化学阶段，希腊人认为世界由四元素——火、空气、水、土构成，中国人认为世界由五元素——金、木、水、火、土构成。四元素或五元素之间相互转化，希腊人认为转化的力量是吸引和排斥，中国人认为是阴阳两极。但是，四元素或五元素都由一个高阶源来生成和转化。希腊人认为是太一，中国人认为是道。

研究元素之间转化的学问在西方是炼金术，在中国是炼丹术。他们都虔诚地信仰物质之间的转化规律，精心实验，寻找合适的配方，与爱迪生寻找灯丝的材料类似。

炼金术士和炼丹道士都是原始科学家，他们致力于解决两个问题：如何炼石成金，如何长生不老。这两个问题都非常了不起，既是人类现实需求的痛点，也是科学研究的终极使命。他们具有真正的科学精神，专注于观察、实验、测量和分析，并应用于社会，悬壶济世，并从探索中获得改进的灵感。他们认真观察自然中的各种现象，寻找适合炼金和炼丹的各种材料，从植物百草到动物百骨，从五色土到五色石。他们发明了各种工具，例如，坩埚、研杵、加热炉、蒸馏器、曲颈瓶、天平等，采用了各种工艺，例如，压碎、磨细、焙烧、熔化、溶解、过滤、蒸馏、结晶、升华等，他们数百年来埋头深山坚持不懈，研制出草药、针灸、火药、青铜、钢铁、金银、铅锡、玻璃、陶瓷、水银、染料、硫黄等各种新物质，推动了社会文明进步，揭开了近代科学的序幕。

终于，以道为理念、以实验和测量为方针的炼金术在 17 世纪迎来了人类对物质世界认识的突破，宣告近代物理学、化学、医学的诞生，实验精神的崇高地位得以确立。

4.1.2 近代化学的诞生

近代化学的诞生，始于 17 世纪的“牛津一代”，这是一个神秘的炼金术团体，其中有牛顿、波义耳、虎克、梅猷等著名科学家。波义耳和牛顿都担任过“英国皇家学会”主席。他们坚持“实验为唯一试金石”的原则，致力于改进实验仪器以进行严谨的实验观测，努力对所发现的事实做出规律性的描述。

1661 年，波义耳出版的著作，标志着近代化学的诞生。该书书名特别长——《怀疑派化学家：或化学——物理的怀疑和争论，涉及炼金术士普遍推崇并为之辩护的而又为化学家通常认为实在的种种要素》。波义耳列举了大量实验，证明盐、硫黄、水银等不能从黄金中提取出来。他首次定义了元素、化合物和分析，考查与空气相关的燃烧和金属焙烧。波义耳以波义耳定律留名，该定律与燃烧和称量有直接关系。

虎克是他的助手，以“虎克定律”留名，该定律也和炼金术中的称量直接相关。虎克是实验大师，担任英国皇家学会实验室主任。他因为炼金术的需求而改进了显微镜，并于 1665 年出版《显微图谱》一书，书中含有大量精美的素描，如苍蝇的眼睛、蜜蜂刺等。通过观察植物，虎克提出“细胞”概念。就化学而言，他在书中系统地提出了燃烧学说。

牛顿研究炼金术的时间长于他研究物理的时间，除了重要的炼金术专著《实践》外，还先后发表了《论空气和以太》、《论酸的性质》、《热的度量》等化学论文。

科学家们继续用火对金属、空气、水等进行实验，他们发现了土（主要是金属矿物质）中有很多独立的成分，如盐、碱、硫黄、黄金等；水（液体）中也有水银、酸等各种物质存在；气（空气）中有二氧化碳、氮、氧气等；“元素”的数量远远超过认知中的四种。通过在实验中称重固体、液体和气体，科学家们发现这些成分在实验前后保持质量不变。

1789 年前后，法国化学家拉瓦锡汇总了过去的研究成果，出版了《化学基本论述》。他在书中特别强调使用天平，确定了定量分析的地位。他再现了前面已做过的大量重要实验，并给出严谨分析，提出了物质不灭定律或质量守恒定律假说：

由于人工的或天然的操作不能无中生有地创造任何东西，所以每一次操作中，操作前后存在的物质总质量相等，且其要素的质与量保持不变，只是发生更换和变形，这可以看成公理。做化学实验的全部技艺是基于这样一个原理：我们必须假定被检定的物体的要素与其分解产物的要素精确相等。

拉瓦锡对元素进行了定义：元素是分析所能达到的终点。一百多年来，牛顿、波义耳、拉瓦锡等对火、空气、水和土进行了反复实验，观测、计算这些元素的成分和质量方面的变化，发现它们无法简单地转化：

因为我们至今还没发现把它们分开的方法，我们才把它们看成简单的物质，我们永远不应该假定它们是复合的，除非实验与观察证明它们的确是这样。

于是，定量分析在实验中得到了广泛使用。18 世纪末，普鲁斯特确认了定比定律：

我们必须承认：化合物生成时，有一只不可见的手掌握着天平。化合物就是造物主指定了固定比例的物质。简言之，造物主除非有天平在手称重并度量，否则就不能创造化合物这东西。

接着，倍比定律和化合量定律等也被发现。

1803 年，道尔顿对已经发现的几十种“基本粒子”的相对质量进行研究，做出了“相对质量表”，并推理出“原子学说”。

（1）化学元素由非常微小的、不可再分的物质粒子——原子组成，原子在所有化学变化中均保持自己的独特性质。

（2）同一元素的所有原子的各方面性质，特别是质量，都完全相同。不同元素的原子质量不同。原子的质量是每一个元素的特征性质。

（3）有简单数值比的元素的原子相结合时，就发生化学反应。

道尔顿的原子论，由于有严格的定量实验基础，被迅速接受，成为近代物理学和化学的基石，物理学和化学进入一个相互促进的时代。

1800 年，伏打发明电池，成为人类能源史的重要分界线。在伏打电池之前，火的能量是人类文明发展的核心动力。炼金术士们通过操控火，实现了认识自然的巨大突破，由道尔顿的原子论达到顶峰。电池提供了随时随地、源源不绝的能量，而且定量可控，立即替代焙烧，成为分析物质的必备工具，科学研究从此进入爆发阶段。在今天，电池仍然是最重要的人造能源之一，为无数传感器提供动力，让机器运转起来，为人类工作。

1799 年，英国皇家研究院在伦敦成立，该院的宗旨是：

传播知识……关于新的和有用的机器的发明和改进；并且通过定期的哲学演讲及实验，传授科学的新发现在改进工艺及制造业方面的应用。

英国化学家汉弗里·戴维应邀在英国皇家研究院任职，他认识到电的价值，创建了电化学。1806 年，他在论文《论电的化学媒介作用》中说：

“如果化学结合有如我曾大胆设想的那种特性，不管物体的元素的天然电力有多强，但总不能没有了限度，可是我们人造的仪器力量似乎能够无限地增大”，所以我们可以希望“新的分解方法使我们能够发现物体的真正的元素”。

戴维致力于增大电池的容量，首先分解出钠和氯，接着又发现了钾、镁、锶、钡、钙等多种元素。在 1800 年之前，科学家分离得到的元素不到 30 种，而到 1850 年，人类发现元素的种类已超过 50 种，大部分元素是通过电解方法获取的。

新发现的这么多元素，验证了道尔顿原子论的有效性。牛顿万有引力定律的普适性成为科学家的梦想楷模，化学家们接着寻找元素之间的规律。

1869 年，俄国化学家门捷列夫发表了化学元素周期表，将当时已经发现的 60 多个元素统一在一张表上，该表按照原子的相对质量排序，随着原子相对质量的增加，元素的物理、化学性质发生周期性的变化，这就是著名的“周期律”。化学元素周期表还预测了未发现的元素，1875 年镓的发现和 1879 年钪的发现，使化学家们立即认可了周期表的有效性。随后，周期表的内容被不断丰富，在物理学发现的推动下，令人震惊地揭示出元素的性质、元素之间的化合特性，以及元素的物理特性，等等，成为现代化学的基石。

在人类探索元素的同时，合成化学也在有条不紊地进行。无机化学家们进行了多达几万次的实验，合成出硫酸、烧碱，乃至氨这些在军事和民用中极具价值的产品。同时，有机化合物的合成也取得了重大进展。1828 年，德国维勒首次合成了尿素，打破了无机化学和有机化学之间的屏障。接着，有机酸、油脂类、糖类不断地被人工合成出来，生命成长所需要的物质逐渐被摸清。催化剂被广泛运用，巨大的化工产业蓬勃发展。与此同时，通过将酒石酸拆分成旋光异构体，以及分子不对称性的发现，李比希、凯库勒、范特霍夫等人创立了苯的六环结构和碳价键四面体结构等学说，逐步建立起有机结构理论假说。

除了电以外，热力学等成熟的物理学理论也被引入化学。亲和力、化学平衡、反应速率等概念得以界定，化学动力学可定量判断化学反应中物质转化的方向和条件。物理学家吉布斯建立了完整的化学热力学，并提出多相平衡的规律——相律。在电化学的发展中，溶液理论、电离理论逐渐成熟。

4.1.3 现代化学的重建

19 世纪，建立在原子理论基础上的近代化学已经逐渐稳固，到了 20 世纪初，近代化学伴随着物理学革命进行了彻底的变革。

首先，在元素性质方面，形成了现代元素周期表。

1858 年，普吕克尔发现了阴极射线，1897 年，汤姆逊证明阴极射线是由电子组成的，这意味着原子有内部结构。由于物质是中性的，原子内部就必然有带正电的粒子，接着质子被发现。汤姆逊在 1912 年又发现了同位素。如果质子和电子的质量是不变的，那么必然存在另外一种不带电的粒子，使得同一元素具有不同的质量。1932 年，查德威克证实了中子的存在。

1913 年，莫里斯根据元素发射的 X 射线确定核电荷数，这个核电荷数等于原子序数，取代了门捷列夫的相对质量，决定了元素在周期表中的位置，一个元素的各种同位素都具有相同的原子序数。随着量子理论的不断发展，到 1935 年，现代原子模型被确立，成为现代物理学和化学的共同基础。

元素周期表反映了每种元素的电子分布，原子序数等于质子数或核外电子数。根据能级的模型，可以确认电子的分布、排列和价电子数，由此就可以知道该原子主要的物理性质、化学性质和辐射特征。后来，元素周期表被不断填充。首先顺利填充了铀元素之前的位置，接着发现超铀元素（93～103 号元素）。1964 年起，科学家们用重粒子轰击寻找超锕元素。2016 年，国际纯粹与应用化学联合会宣布已经发现 118 号元素。在此过程中，推进了解释超重元素稳定性的“超重核稳定岛假说”。

其次，在探索原子如何形成分子，以及构成分子的原子在空间中是如何排布和相互作用的方面，科学家们在 20 世纪先后提出了原子价电理论、价键理论、分子轨道理论和配位场理论，最终形成了现代化学键理论。

（1）原子价电理论。1916 年，德国柯塞尔提出离子键模型。同年，美国加州大学的路易斯区分了离子键和共价键，原子外层电子的性质决定了原子的化学属性。当两种元素结合的时候，要么形成离子，要么形成分子，没有其他选择。所有的化合物要么是离子化合物，要么是共价化合物。但该理论缺乏量子力学基础，仅仅是一种静态模型。

(2) 价键理论。1927 年，德国的海特勒和伦敦根据薛定谔方程，建立了氢分子的分子成键理论。接着定性地推广到其他双原子和多原子分子，形成价键（VB）理论。1931 年，美国鲍林完善了该理论，提出杂化轨道理论，引进 d-s-p 杂化轨道，圆满解释了甲烷分子，以及络合物的构型、磁性和配位键的等同性等问题。该理论的缺陷在于，无法解释诸如氧分子和硼分子的反磁性、络合物的颜色等问题。

(3) 基于量子力学理论，诞生了分子轨道理论。1929 年，加拿大物理学家赫茨伯格等人利用分子轨道理论解释化合价和化学键问题，提出基于原子轨道线性组合的分子轨道方法，但其计算结果与实验不太吻合。人们后续持续改进该计算模型，1951 年，日本福井谦一在分子轨道理论基础上，提出前线轨道理论，认为分子的许多化学性质是由其最高占据轨道和最低空轨道决定的。1965 年，美国伍德沃德等基于维生素 B_{12} 的合成机制，在前线轨道理论基础上提出分子轨道对称守恒定律，该理论不仅能顺利解释之前提出的各种经验规律，也能预测很多化学反应。

(4) 价键理论和分子轨道理论仍然不能完全定量地解释配位化合物的磁性、颜色等特性，故配位场理论登场。1930 年前后，美国物理学家贝特等提出静电场理论，认为在过渡金属卤化物是离子和分子的聚集体中，静电场占据优势，可以忽略共价成键作用。1951 年，德国化学家哈特曼发展了该理论，称为晶体场理论。1952 年，英国化学家将晶体场理论和分子轨道理论结合，创建了配位场理论。该理论认为，d 轨道能级分裂是由配位体的带电作用和生成共价键分子轨道的叠加结果导致的。

在化学反应动力学方面，单分子反应理论在量子力学的基础上发展为 RRKM 理论，该理论通过统计力学成功地描述了一些单分子反应。随即，自由基的学说解释了链反应机理；基于交叉分子束技术，微观反应动力学被深刻认识。而多相催化理论则促进了广泛应用的催化剂技术。

在观测和分析手段上，电子显微镜、X 射线和波谱分析等成为主要手段，常用的观测工具和分析方法包括：X 射线衍射分析、交叉分子束技术、电子显微镜、原子发射和吸收光谱分析、分子吸收光谱分析、荧光光谱分析、核磁共振谱分析、质谱分析、色谱分析等。

在理论方面，化学热力学的进展也引人瞩目。

1. 热力学第三定律

1906 年，德国化学家能斯特提出“能斯特热定理”，成为热力学第三定律的原型。该原理在生产上十分实用，利用量热数据，就可计算出任意物质在各种状态（物态、温度、压力）下的熵值。1911 年，普朗克将之表述为“在热力学温度零度（即 $T=0K$）时，一切完美晶体的熵值等于零”。所谓“完美晶体”是指没有任何缺陷的规则晶体。据此，这样定义出的纯物质的熵值称为量热熵或第三定律熵。

2. 不可逆热力学与耗散结构理论

经典化学热力学理论的基本前提是可逆和平衡。1931 年，挪威化学家昂萨格将热力学理论推广到不可逆过程，提出“昂萨格输运系数倒易关系”等理论。1944 年，普里高津发表《采用吉布斯和德·唐道方法的化学热力学》一书，解释熵产生的原理，从不可逆过程的角度论述化学热力学。1945 年，他证明，在非平衡态的线性区，和外界约束相适应的非平衡定态（不随时间变化的非平衡态）的熵产生具有极小值，称为最小熵产生原理。

20 世纪中叶，科学家们开始研究某些反应体系能自发地形成时空有序状态的现象，并将该现象称为“自组织现象”。1969 年，普里高津发表《结构、耗散和生命》一文，提出了著名的耗散结构理论，即当系统处于远离平衡的情况下，无序的均匀是不稳定的，有可能自发产生某种新的、可能是时空有序的状态。这种自组织可以被理解为“通过涨落达到的有序”，因此，并不和热力学第二定律冲突。

在上述工作的努力之下，化学在元素、分子的性质、结构方面都有了新的进展。在合成化学方面，更是取得了巨大进步。合成药学带来了青霉素、链霉素等抗生素药物，挽救了无数人的生命。聚合物合成则提供了合成橡胶、合成纤维、合成塑料等产业，深刻地改变了人类文明。

目前，人类已经发明了3000多万种化合物。人类由于掌握了原子结合之道，掌握了构成自然界和人类自身的各种元素，就能够继续炼金术士的梦想，运用计算机的计算力和人工智能，在越来越精密的观测仪器的辅助下，借助激光、电能乃至核能的巨大能量，创造越来越丰富的材料、药品、食品等。

物理学和化学在我们的生活中将变得越来越重要。

4.2 医学与生物学：从性命、机器到基因编辑

医学是最古老的学科，以治疗人类的生理疾病为核心，伴随着人类存在。生物学是研究生命现象和生命活动规律的科学，其作为学科建立是19世纪的事情。在早期，医学和生物学是各自独立的研究领域，从20世纪中叶开始，随着DNA的发现，医学在理论方面被统一到生物学中，并被建立在量子力学的基础之上。

4.2.1 古代医学：性命的禁区

医学从诞生之日起，就是一门经验和实验的学问。医生观察和测量病人患病的种种症状，根据理论知识、经验和药方清单，开出药方，对症下药。然后，根据病人的用药恢复情况，再修正药方提供给病人，接着再耐心地等待结果，如此反复，直至康复。这与现代科学的研究方法基本一致。

西医第一人是“医学之父”希波克拉底，他生活在公元前5世纪，一生著述数百种，涉及医学的方方面面，从外科到内科，从生理到病理，从妇科到养生，甚至从职业道德到日常操作规范，等等。希波克拉底以

著名的《希波克拉底宣言》建立了医学的“职业文化”，明确了医学从业者应该服从的天条，既有宗教般的虔诚神圣，又具体、清晰地界定了医术的目的：**“竭尽所能与判断为病人利益着想而救助之，不许做任何损伤病人健康的事情”，“首要之务是不可伤害，其次才是治疗”**。

希波克拉底从四元素——火、气、土、水开始，对应人体热、冷、干、湿的感觉。四元素来自身体的四种体液：血液、黏液、黄胆汁和黑胆汁，这四种体液在人体内的混合比例是不同的，使人体具有不同的气质类型：多血质、黏液质、胆汁质和抑郁质。

这些哲学推理是不合适的，但幸运的是，希波克拉底在工作中坚持采用客观观察的方法。他强调临床观察，并要求：**“必须从最重要的、最容易认识的事物开始。必须研究所能看见、所能感觉、所能听到的一切，以及所能辨认和所能利用的一切”**。他的著作中记录的 47 例临床病史，是直到公元 13 世纪为止唯一的临床病史，即使在他选择的病例中，60％的病人死亡了，治疗显得很失败，但他相信：“了解不成功的实验及其失败的原因是有价值的”。

当时在医学领域，医生们不能解剖动物和死人尸体。所以，希波克拉底医书中对内科的很多描述只是表面的和猜测的，人类要了解人体内部到底是什么样的，只有等待着解除这种禁令。

公元前 4 世纪的古埃及时代，法老托勒密短暂地解除了禁令。由于要处理木乃伊，医生被容许解剖尸体，这些尸体通常来自古罗马竞技场。亚历山大的两位医生赫洛菲勒和埃拉西斯特拉图斯由此创建了解剖学和生理学，两人还详细地描述了大脑，区分了感觉神经和运动神经。但这种状况只延续了半个世纪便又被禁止了，一直到 500 年后的盖伦。

盖伦 129 年出生于古罗马帝国鼎盛时代的安东尼王朝，他主张临床观察、生理实验和解剖实践。158 年，他在古罗马竞技场医治角斗士，因此分辨出动脉和静脉。169 年，盖伦被皇帝招到古罗马宫廷，担任太子的医生。由于仍然禁止解剖尸体，他便解剖动物，完成了很多解剖学和生理学发现，写了包括《论解剖过程》、《论身体各部器官功能》在内的数百本医书，这些医书成为后世医学圣经。由于宗教管制的缘故，他的著作在随后1000多年里成为教条，后来者无法进行解剖观察，只能满足于他的文字解释。

4.2.2 近代医学：人是机器

到14世纪初，医学新的进步才重启。当时，医生和艺术家们冒着生命危险探索身体的奥秘，达·芬奇、米开朗基罗都曾在夜里偷过尸体，绘制人体解剖图。尸体解剖的禁令在16世纪文艺复兴时代才被解除，意大利人引领着这个潮流。

比利时人维萨留斯（又译维萨里）1537年起在意大利帕多瓦医学院当教授时，打破了教授们的传统。这些教授们站在讲台上夸夸其谈，把解剖的事情交给助手或理发师来做："这是可恶的做法，他们喋喋不休地教授着他们根本没有研究过的东西"。维萨留斯亲自操刀，一边解剖一边向听众们解释。一场完整的解剖大多需要花2～3天时间，他们得忍受着尸体发出的恶臭。如果尸体缺乏，萨维留斯就会去墓地偷。

在亲手解剖了上千具尸体后，1543年，维萨留斯划时代的七卷本《人体结构》出版，宣告了近代生物学的开端。《人体结构》细致而精确地描述了人体结构的各个器官、血管、肌肉系统、骨骼结构等，配有200幅精美素描。这些插图是著名艺术家提香的学生——大艺术家凯尔卡尔所画，因精确、细腻、美观而深受人们喜爱。印刷术当时已经普及，且印刷技术高超，使此书在很长时间里都成为人们认识人体内部详细结构的圣经，直到今天仍有其实用价值。

以"亲自实验为依据"已逐步成为当时从业者们的理念。帕拉塞尔萨斯是当时著名的改革家，他说："**很少的医生对疾病及其原因有正确的知识，但是我的文章不像别的医生那样，抄袭希波克拉底和盖伦，我是**

以经验为基础，用不屈不挠的劳动写成的，经验是万事的最高主宰。如果你们有谁希望深入了解医学的秘密，并且愿意在短时期内获得全部医学技术，那就到巴塞尔来找我吧，你将会得到比我用语言许诺的更多的东西”。

这种精神释放了发现的翅膀，结合物理学的方法论，使医学知识从人体描述深入到器官运行机制，导致 17 世纪哈维发现血液循环，这一事件是医学革命的起点。当时，英国的剑桥医学院学习帕多瓦医学院，也对执行死刑的犯人尸体进行解剖。哈维出生在英国，在剑桥医学院毕业后，又去帕多瓦医学院继续深造，获得医学博士后返回英国行医，后来担任过英国皇家学会会长。1628 年，他发表了《心血运动论》，书中通过大量解剖实验、细致的测量和计算，证明在心脏收缩时，血由右心经肺动脉至肺，由左心进入到周身血循环。在心脏舒张时，血由大静脉输入心房，然后流入心室，由此确定了血液循环现象。

发现血液在身体内的循环，是现代医学一个伟大的转折点。血液循环的证明过程直接导致“人是机器”的伟大观念，这个观念在今天依然是生物研究的核心理念，这是哈维拥有崇高历史地位的核心原因。

哈维采用了基于机械论的精确测量与计算，他把心脏看成一种自动化运行的机械，通过测量血液的流出量和流入量，验证了血液循环的存在，将生命研究归入物理研究之列。他在反复实验的基础上，提出了血液循环的理论解释。哈维认为：“人体的自然运行，不过是化学—力学运动的复合体，受纯数学定律支配”。

接着，显微镜被用于医学和生物学。1661 年，意大利生物学家马尔皮基使用显微镜发现了毛细血管的存在，证明了哈维理论。

1665 年，英国物理学家罗伯特·虎克用 30 倍的显微镜观察软木切片，发现了植物细胞。在显微镜应用的基础上，显微解剖学、矿物学、结晶学、微生物学、发育生物学等新学科陆续诞生。

1830 年后，显微镜的分辨率已提高到 1μm，细胞及其内含物被观察得更为清晰。到 1839 年，人们普遍接受了“所有的植物和动物都是由细胞构成的”这一观点。细胞是生物体形态结构和生命活动的基本单位，不同的细胞通过组合形成更为复杂的结构，共同完成一系列复杂的生命活动。生物学正式诞生。

1859 年，达尔文发表了《物种起源》。通过搜集到的各种证据，他归纳出进化论：所有的生物都是进化的产物，物种服从自然选择原理，最适者生存。人类不是上帝创造的，而是进化而来的产物。由于实例丰富，论证有说服力，进化论立即得到大量生物学家的认可。

但一些很可怕的事情持续困扰着欧洲。1831—1832 年，伦敦暴发霍乱，导致十室九空。1845—1846 年，爱尔兰发生的马铃薯霜霉病，摧毁了当地马铃薯种植业，导致 100 万人死于饥饿。此外，欧洲流行的产褥热在一些地方使产妇的死亡率高达 25%。

4.2.3 现代医学：测量与精准医药

1847 年，巴斯德从法国高等师范学院毕业，先后担任物理老师和化学教授。1857 年，法国酿酒业遇到葡萄酒变酸的问题，找他咨询。他研究后发现，葡萄酒和啤酒在长途运输过程中之所以变酸是由细菌引起的，只要适当加热就可以杀死细菌。这一方法被称为巴氏消毒法，随后被广泛应用于食品储存。接着，法国的丝绸业因为蚕虫病导致的丝绸减产求救于他，他通过显微镜观察，发现是一种寄生虫感染了蚕蛹和蚕卵，通过消灭这种寄生虫，拯救了法国的丝绸业。他还发明了狂犬病疫苗，拯救了无数人的性命，并由此建立了对各种疫苗的系统认识。

巴斯德创建的细菌学彻底改变了医学，成为医学中最重要、最有用的学科，细菌学也改变了人类的公共卫生系统和个人卫生健康习惯。在当时的战争中，伤病减员一度占据死亡率的 70%以上，现在已经大幅降低。细菌学在帮助人类了解和控制传染病方面起了巨大作用，霍乱、天花、鼠疫等传染病得到了有效地了解和控制。此外，巴斯德针对应用问题的解决做出了基础理论发展的模式，被当代的斯托克斯称为“巴斯德象限”模式，该模式是当今主导技术创新与学术创新的标准范式。

在巴斯德之后，德国医师科赫确立了微生物病原学。他在 1878 年发表的《严重感染病的病因学》是医学研究方法的里程碑，其中，精密的实验被确认为医学研究的必要条件。为了证明某种微生物会导致某种疾病，必须满足四个原则。

（1）每一个病例体内都必须找到这种微生物。

（2）这种微生物必须能在实验室做纯系培养。

（3）将实验室培养出的纯系微生物注入实验动物体内，必须导致同样的疾病。

（4）在接种后生病的实验动物体内必须找到同样的微生物，而且能在实验室中做纯系培养。

这些条件被称为“科赫法则”。直到当代，研究人员为了确定某种微生物是某种疾病的真正肇因（充要条件），仍然以“科赫法则”为判准。这样，巴斯德与科赫的工作，建立了免疫学学科。

到 19 世纪末，装备精密仪器的实验室已经成为各医科大学和医院里的标准配置。医生成为集治疗与研究为一身的科学家。临床医师必须是优秀的病理学家，也是出色的细菌学家。基于实验的诊断学替代了传统的观察、询问法，诊断建立在病理观察、测量、分析和实验的基础上，从意大利兴起的实验医学在全球的医科大学和医院里深深扎根。

到了 19 世纪末，生物学和医学似乎已经趋近完美：生命的基础“细胞”已经被发现，致病的主要病因“细菌”也露出了精细的面貌，数以百计的致命细菌被发现并能够被控制，传染病得到了极大的遏制，产妇和新生儿的死亡率大大降低，战场上伤病员的康复率极大地提升，各种各样的疾病似乎都找到了疗效很好的药物治疗，公共卫生设施在城市乃至乡村得以普及。

人类一旦找到了基于实验和测量而非以理论为指导的探索之路，进步就总是出乎意料。物理学和化学的新发现将医学和生物学带进了现代阶段。

物理学的进步对医学和生物学的价值之一就是提供了更小尺度的实验设备、测量和操控工具，使医生和生物学家们能够看得更清楚，并能更准确地操控实验过程，进行精确的测量。X 射线、同位素跟踪、化学染料染色、连续微体摄影、超细微切片机、质谱仪、心电图机、超速离心机、阴极射线示波器、内窥显微镜、电子显微镜、正电子发射断层扫描仪、功能性磁共振成像，等等，让生物学家和医师们能够随心所欲地观察细菌、细胞核、蛋白质、基因、神经活动、大脑结构和电信号的传递等。无论外科、内科，还是神经科，都能在这些设备的帮助下进行研究和实验。检测结果是实时、准确的，能够和患者互动沟通。定期体检成为人们的生活习惯。常规的测量设备还普及到家庭中，如温度计、血压仪、血糖仪、体脂仪，等等。

合成药物是生物学另外一项令人震惊的进步。可卡因、阿司匹林、606、氨苯磺胺、青霉素、链霉素、胰岛素、可的松、氯丙嗪等数以万计的合成药物，针对各种病因提供精准治疗。人类在 20 世纪之前发明和使用的大多药物基本都是安慰剂。进入 20 世纪，基于现代物理化学合成的药物才逐步做到了对症下药，而现代生物学的进步则将医学提升到精准医疗的高度。

生物学和医学建立在临床实验基础上的迭代进化模式，使医学的进步惊人，每 10 年就是一个迭代周期，一个医生如果三个月不看文献或不参加交流会的话，可能就跟不上最新发展了。

4.2.4 现代生物学：基于分子的观测与编辑

量子力学的发展进一步改变了生物学和医学。

首先是对“细胞”进行了透彻的研究，全面揭示细胞的组成、结构和活动机制。生命活动是带电的极性分子在带电的极性溶液中相互结合的过程。在这一过程中，化学键形成或断裂，使分子发生重组并产生新的分子，这个过程被称作化学反应，发生在细胞内的化学反应则是生物代谢，在代谢过程中，伴随着能量的吸收、储存和释放。通过对代谢过程的追踪与分析，找到每个参与活动的分子，并用化学方程式表示出来，揭示了生命的进食、呼吸、新陈代谢与生命周期的完整运行机制和过程。

对“基因”的研究让科学家们发现了生命遗传的密码——DNA，进而让人类进入基因编辑和基因组合的时代。

1865 年，孟德尔在对几十万颗豌豆多代遗传的结果进行统计后，推断遗传是微粒式的，即每个亲本通过遗传单位遗传给子代，现在我们称这些遗传单位为“基因”。基因能以不同的形式存在，称为“等位基因”。在一对等位基因中，一个以显性方式抑制另外一个等位基因而表现出来，而隐形基因则只是被抑制住了，并没有丢失。这些基因被“染色体”所携带而遗传。

1910 年，摩尔根用果蝇进行实验，证明了染色体学说。进而，他发现约三分之一的等位基因发生了重组，即同源染色体之间进行了交换。他推测，基因在染色体上呈线性分布，如同用线串起来的珠子。同一染色体上相距越远的两个基因发生重组的可能性越大。1931 年，麦克林托克用物理学原理证明了基因重组的存在。

第一个问题：基因是由什么组成的？

1869 年，米歇尔在细胞核中发现了核素，其主要成分为“脱氧核糖核酸（DNA）”，同时他还发现了核素中另外一种成分——蛋白质。到 19 世纪末，DNA 及其相关化合物核糖核酸（RNA）的一般结构都被发现，它们都是由小分子化合物核苷酸组成的链状结构。1944 年，艾弗里证明 DNA 就是携带遗传物质的多聚物，因此，1944 年被定为分子生物学诞生之年。

同时，生物化学家证实，所有生物体内都发生着不计其数的化学反应，一种被称为“酶”的蛋白质起着加速或催化反应的作用。许多化学反应是按照顺序进行的，即一个产物成为下一个反应的起始物，这种反应过程称为“途径”。比德尔在研究粉色面包霉菌时，使用诱变剂引入突变，以观察这些突变在生化途径中的效果。他由此得出推论，一个基因负责产生一种酶。严谨地讲，这个假说仅对原核生物和低等真核生物成立，对高等原核生物则不成立。

由于相信生命是物质的，物理学家薛定谔在 1944 年出版了《生命是什么》一书，企图从物理学角度分析生命本质，由此激发了很多物理学家改行研究生物学，很多物理实验室也纷纷进行生物学研究，这一转行，导致了生物学大发现的时代。20 世纪的诺贝尔生物学奖，将近一半的奖项落在生物化学和分子生物学领域的科学家身上，其中不少是物理学家。

1950 年起，在英国卡文迪许物理实验室，两位物理学家富兰克林和威尔金森通过 X 射线衍射研究 DNA 结构，不断地拍照并进行分析。此时，远在美国、时年 22 岁的生物学家沃森认识到，要解决 DNA 之谜，就必须和物理学家合作，于是，他想方设法于 1951 年申请到了在卡文迪许物理实验室工作的机会。在这里，他结识了正在做 X 射线结晶学研究的物理学家克里克，并和他结成了研究联盟。两人接着和威尔金森成为好友，威尔金森因此不断地和他们分享着他和富兰克林的最新研究成果。

1953 年的一天，威尔金森向沃森和克里克展示了富兰克林拍出的 51 号 DNA 照片——DNA 分子 X 射线衍射 B 型照片。沃森事后说：“我一看到照片，立刻口呆目瞪，心跳开始加速”。由于当时全世界都在争抢着揭开 DNA 之谜，沃森和克里克两人昼夜兼程，在经过 5 周紧张的计算和模型制作后，于 1953 年 4 月发表了 DNA 双螺旋模型和论文。这篇论文虽然只有一页纸，却是历史上最著名的发现之一，DNA 双螺旋模型在发表后立刻被全球科学家们接受。

DNA 双螺旋是两条相互缠绕的 DNA 链，每条链的碱基都以非常专一的方式和另外一条链上的碱基配对。DNA 链上只有四种碱基，缩写为 A、G、C、T，配对只能是 A 与 T、G 与 C。这样，一条链上发现了 A，就必然在另外一条链上有一个 T，两条链是互补的。如果知道了一条链上的碱基顺序，就能知道另外一条链的碱基顺序。正是这种互补性确保 DNA 能被忠实地复制。两条链分开的时候，酶利用旧链作为模板，再根据碱基配对原则，形成新的互补链，这种复制被称为“半保留复制”。1958 年，米西尔逊和斯塔尔在细菌中证明了这种半保留复制方式。

第二个问题：基因如何指导 RNA 和蛋白质的产生呢？

基因表达是细胞合成基因产物（这个产物是一条 RNA 或多肽）的过程，实现这个过程分别需要两个步骤：转录和翻译。在转录步骤中，RNA 聚合酶生产出 DNA 双链中的一条链的副本 RNA。接着在翻译步骤中，这个 RNA（实际上是 mRNA，信使 RNA）携带遗传指令到达细胞内一种称为核糖体的蛋白质加工厂中，核糖体加工厂阅读 mRNA 携带的遗传指令，根据遗传指令生产出蛋白质。

1961 年，尼伦伯格等人发现，在信使 RNA 分子中，每相邻的三个碱基（核苷酸）编成一组，组成了一个密码子，代表一个氨基酸。理论上，4 个碱基按照三联体的组合，共有 4^3 即 64 种碱基的组合，应有 64 种三联体密码子，其中有三个是终止信号。核糖体每次扫码三联体时，就将相应的氨基酸送到正在延长的多肽链上并连接起来，直到遇到终止密码子时，就释放出完整的多肽链。

第三个问题：基因是如何累积突变的？

基因被改变的方式非常多，例如，将一个碱基变成另外一个碱基，镰状细胞贫血病就是这个原因导致的。如果发生多个碱基或大片段的

DNA 缺少或插入，基因会发生更严重的改变。

基因这种突变性质恰好使人类能够克隆基因，进行人工编辑、组合，用于治疗疾病、改造生物，等等。

1990 年，“人类基因组计划”启动，开始对人类的基因组进行绘图和测序，美国、英国、法国、德国、日本和中国科学家共同参与了这一伟大的行动。2001 年，人类基因组工作草图发表，被认为是人类基因组计划成功的里程碑。到 2005 年，人类基因组计划的测序工作真正完成。“人类基因组计划”在研究人类基因过程中建立起来的策略、思想与技术，导致生命科学新学科——基因组学的诞生，如今，基因组学已成为生物学中最活跃的研究领域，并在疾病诊断和治疗、食品生产、合成材料等多个领域得到广泛的尝试和应用。

当梳理了人类的基因组后，科学家们便集中运用基因编辑手段从分子级别改变生命的性状，实现生物改造或医疗疾病的目标。基因编辑可以理解为，利用“基因剪刀”将 DNA 链条断开，然后增加或去除某种基因。

目前，普遍使用的“基因剪刀”是被称为 CRISPR-Cas9 的外源 DNA，它源于细菌。病毒为了自身繁衍，便利用细菌的细胞工具为自己的基因复制服务，细菌在与病毒抗争的过程中，在体内进化出 CRISPR 系统，能够将病毒基因从自己的染色体上切除。利用这一特性，科学家们研发出了“基因剪刀”。通过基因载体，把 CRISPR-Cas9 送到细胞中。基因载体有 5 大类，分别是质粒载体、噬菌体载体、病毒载体、非病毒载体和微环 DNA。其中病毒载体是目前最流行的递送方式，将复合物连接到病毒后，病毒侵入靶细胞的细胞核，这样，CRISPR-Cas9 就能发挥其功能。

这种方法的劣势也很明显，即可控性比较差。由于存在脱靶效应，CRISPR-Cas9 可能会切断目标之外的其他区域，从而导致损伤。一些病毒也会产生一些插入性病变，引发癌症等疾病。

所以，当前基因编辑的另外一个热点途径是采用物理操控方式，即用非病毒递送材料，包括金纳米颗粒、黑磷、金属有机骨架、氧化石墨烯等各种纳米材料，通过这些材料的物理化学属性，将 CRISPR-Cas9 送到目标位置。例如，南京大学的科研人员研发出一种名叫“上转换纳米粒子”的非病毒载体，这种纳米粒子可以被细胞大量内吞，通过一种光敏化合物将 CRISPR-Cas9 锁定在上转换纳米粒子上，通过近红外光控制“修剪”基因，实现体内时间和空间上的基因编辑可控，从而实现治疗癌症等疾病的目的。此类基因编辑方式成为精准医疗的一种趋势。

基因组合也是一个发展方向。在 DNA 长链中，代表四种化学碱基的四个字母——A、T、C、G——排列组合出 64 种密码子，为 20 种必需氨基酸编码。由于一种氨基酸对应于不止一个密码子，这样就存在着冗余。英国剑桥 MRC 分子生物学实验室奇恩教授重新编码了一个大肠杆菌菌株的全部基因组，只用 59 个密码子就合成出所有的必需氨基酸，将代表终止信号的密码子从 3 个压缩为 2 个。而“节省”下来的密码子，则可以为将来在活细胞内生成非天然的“定制蛋白质”提供合成空间。

显然，生命在被物理化、机器化的过程中得到了重生。

4.3　心理学：从个人内省、行为反射到认知科学

心理学是什么？心理学是科学吗？

19 世纪 70 年代，自德国的冯特建立独立的心理学学科以来，心理学学科在大学里迅速普及，但心理学理论则在迅速变化，他的研究对象、研究方法和知识都在急剧变化。一个体系出现了，引来一批追随者，接着被另外一个体系推翻，换一批新的领袖。差不多每三十年就有一次革命，前一代的知识框架不再适用，新的学说风靡世界。到今天，这种急

速的变化依然在发生着。

这使得大众文化中流行的各种心理学知识千姿百态、百花齐放。从星座血型到占卜命理，从各种心灵鸡汤到职业教育，从弗洛伊德到当代各种心理测验，人类的心理学知识积淀了几千年关于“心理”的所有假说，每一种假说都有自己的市场和用户，都有一些道理和说服力，但也都有反对派。无论多么权威的心理学教授或专家也只是偶然权威，也许他的学派已经被推翻了，也许他的学派虽然正在得势，但并不意味着这个学派十年后还存在。反过来，很多心理学畅销书的作者甚至没有学过当代心理学，也没有做过心理学学术研究。但这些人比大学教授更受欢迎，其中有一些甚至成为流行文化的偶像。

总体来说，心理学的研究对象是人，这使心理学有一个漫长的历史。从人类诞生以来，人就在观察自己，研究自己。从罗列的角度出发，研究人会涉及以下问题。

(1) 从普遍的人的角度思考，人是什么？人从哪儿来？人有灵魂吗？灵魂会永恒吗？人类的知识是从哪儿来的？人和自然之间的关系是什么？人和其他生命之间的关系是什么？人和其他人之间的关系是什么？人类应该怎样活着？等等。

(2) 从作为“我”的个体的人的角度思考，我是什么？为什么是我？我和别人的关系是什么？人生的意义是什么？我活着的目标是什么？我和我的身体之间的关系是什么？等等。

(3) 到具体层面上，问题就更多了：我为什么不快乐？学习成绩怎么提高？如何竞选上班干部？工作上为什么不顺心？收入为什么这么少？谈恋爱为什么那么难？孩子为什么不听话？员工的效率为什么不高？产品设计和广告投放应该怎样做，才能打动人心？等等。

这些问题都是极其复杂的，没有一个简单的答案。人类通过各种形式思考和研究了几千年，结果以宗教、哲学或其他方式呈现，形成了丰富的知识宝库与历史文献。但由伽利略和牛顿发起的物理学革命则启示人们，思辨的方式只会引起更多的思辨，采用科学研究方法则会获得确定性的知识。

从科学的角度看，心理只是一种物理化学现象。采用自然科学的方法，把心理当作物质活动并作为物理实验的对象进行研究，是科学心理学的成长路径。

4.3.1　近代心理学的诞生

1832 年，冯特出生于德国的一个小镇，他来到海德堡大学学医，获得博士学位后，有 7 年时间跟着物理学家和生理学家赫姆霍兹工作，担任实验助理一职。1867 年，冯特在海德堡大学讲授生理心理学，这是世界上第一次正式讲授心理学课程。他的专著《生理心理学原理》上、下册分别于 1873 年和 1874 年出版，使心理学成为一门具有自己的问题和实验方法的独立实验科学。

1875 年，冯特来到莱比锡大学担任哲学教授，全心全意地投入到心理学的研究和教学中。他首先建立了规范严谨、规模巨大的心理学实验室，率领学生们进行严格的心理学实验。接着创办《哲学研究》杂志，几年后改名为《心理学杂志》用于刊登实验室里丰富的研究成果。一时间，全球对心理学感兴趣的学者、学生纷纷来到莱比锡大学学习。冯特工作了 45 年，将莱比锡大学办成了全球心理学的研究圣地和人才培养中心。因此，冯特也被称为“心理学之父”。直到 20 世纪 20 年代，全球几乎所有有贡献的心理学家都在这里接受过教育和培训，这些人则成为心理学各个领域的先驱者。

冯特认识到，要让心理学成为科学，只能通过科学实验的方法，尽管这听起来非常疯狂，但他坚定不移地做了。他将心理学的研究对象确定为意识，根据物理学、化学和生理学的启示，人们应该能够通过实验找到组成意识的“元素”，如果找到了这些元素，就能像建立门捷列夫元素周期表一样建立组成“意识”的元素表，为心理学建立可靠而科学的基础。

在界定了研究对象和研究方法之后，冯特勾画了他的基本目标：①把意识过程分析成各种基本元素；②探索这些元素是怎样综合或组织起来的；③确定这些元素结合的定律。

为了发现和分析这些元素，冯特建立了实验内省法。原因是，意识是外部观测不到的，只有内省可以观测到。他认为，如果对内省者进行严格的培训，通过大量的重复实验来消除差异，通过各种计时手段测量内省的元素，就能发现组成意识的基本元素，而感觉和感情则是源于外部刺激的组合。

冯特培养了来自全世界的众多弟子，其中最忠实于他的是铁钦纳。铁钦纳是英国人，在莱比锡大学获得博士学位之后，1892 年来到美国康纳尔大学讲授心理学，并建立了和冯特一模一样的心理学实验室。铁钦纳同样认为意识是由元素组成的，也坚持实验内省法。他更坚决地实施了冯特勾画的基本目标，即把意识分解为各种元素，然后找出意识的构造。正因为如此，铁钦纳将他的心理学理论体系称为“构造主义”。他撰写的《心理学大纲》、《实验心理学：实验室实践手册》影响了整整一代美国心理学家，得到了广泛的应用，康纳尔大学也成为当时美国心理学研究与教育的圣地。

但是，冯特和铁钦纳模仿化学以建造心理学的尝试一直没有取得明显成果，他们采用的实验内省法在当时的科学条件下是不可靠的。同时，达尔文于 1859 年发表了进化论，第一次将“人从哪里来”的古老问题建立在科学的基础上：人是通过自然选择的进化而来的，是“最适者生存”的结果。进化论迅速得到了全世界精英们的追捧，不仅仅是因为他的科学性，更重要的是他与当时的时代精神发生了共振。

赫胥黎是进化论最狂热的布道者，通过宣传、推广进化论，他成为当时世界上最著名的人士之一。达尔文称他为“我们的哲学家”。1882 年，赫胥黎来到美国，受到民族英雄般的欢迎。对以钢铁大王安德烈·卡耐基为代表的美国商业、科学、政治、宗教界等各界领袖来说，赫胥黎就是他们的救世主。他宣讲“社会达尔文主义”：宇宙所有方面的发展，包括社会、人性和文化都在进化着，遵从“最适者生存”的原理，只有最优秀者才能生存下来。因此，从经济上，经济运行要实行完全的自由主义，政府不应该干涉。这一思想和美国的个人主义精神完全契合，“最适者生存”、“生存斗争”很快成为美国民族意识的一部分。铁路业巨头詹姆斯·希尔反复强调：“**铁路公司的命运是由最适者生存定律决定的**”。约翰·洛克菲勒同样认可：“**一个大企业的发展仅仅表现为最适者生存的道理**”。

心理学必须适应这种时代精神的要求，因此，另一种心理学兴起了。威廉·詹姆斯出生在美国第二富豪的家庭，他一直患有神经衰弱，这使他自己尝试过各种疗法。他在哈佛学习了医学之后，1875－1876 年他在哈佛开设了美国的第一门心理学课程，研究“生理学和心理学的关系”，并成立了实验室，讲授实验心理学。1890 年，他苦心研究 12 年的《心理学原理》出版，这本著作获得巨大成功，成为心理学史上最重要的著作之一。

《心理学原理》不认同冯特和铁钦纳的研究对象。詹姆斯认为，心理学的目标不是发现构成意识的元素，而是研究现实中的人怎样适应环境，在生存斗争中，意识和行为都对有机体发挥着作用。“心理学是心理生活的科学，包括其现象和条件”，心理学家应该在直接经验中发现心理学的研究对象，重视身体在心理生活中的重要性，尤其是大脑的重要性。意识是连续不断地流动着的整体，无法分割，因此，被称为“意识流”。人们的生活受习惯和意识的影响，习惯是无意识的。实用主义是指意识则会主动地解决问题。

詹姆斯是实用主义的提倡者。实用主义是指概念和理论的有效程度取决于实际效果。实用主义是典型的美国哲学，导致美国的心理学一直寻求实用主义在生活各方面的应用，而不是在理论上做太多文章。美国心理学家发明了各种各样的心理测试，用在军事、企业、学校、政府、体育、广告等领域。

詹姆斯的心理学因为与美国的时代精神契合，得到了后续大量心理学家的支持。这些人的观点类似，被称为机能主义。机能主义坚持了冯特的实验科学的精神，但改变了心理学的研究方向，即关注意识和行为对人的作用，而不是寻找构成心理的基本要素。

但是，意识仍然是难以被科学地研究的。意识更像一个整体，无法从内部研究，除非把它抽象成一个行为的对象。因此，1913 年，一场新的心理学革命诞生了。

4.3.2 行为心理学三阶段

1903 年，约翰·华生在芝加哥大学获得心理学博士学位，1908 年，他来到霍普金斯大学任心理学教授，次年担任心理学主任。早在 1903 年，他就在思考一种更加客观的心理学。实际上，冯特与铁钦纳的心理学研究构成意识的元素，这不符合心理学的实用性；而内省法更是一种主观方法，难于发现构成意识的元素。同样，机能主义对意识的研究方式也是不合适的，意识作为一个整体的流，缺乏观测的可操作性，在客观性上是不彻底的。

1913 年，华生发表了著名的行为主义宣言，将意识踢出了心理学的研究对象：意识既然作为一个整体，就可以从行为的角度去界定。意识对可控制和测量的“刺激”给出可以观测和测量的“反应”，因此，意识就在“刺激－反应”的关系中得到了界定，所以，意识是一个冗余的概念。

通过“刺激－反应”模型界定人的心理，的确让心理学更科学。这是一个优美的抽象，并且能够在各个行业中得到应用，各种应用心理学随之而生：广告心理学、工业心理学、教育心理学、职业心理学、心理测验、智力测验，等等，都在行为主义心理学的体系下得到了统一的发展。尤其是在一战和二战中，心理学对美国的士兵招募、训练和伤后心理恢复等都起到了巨大作用。

同时，心理学也在美国大众的生活中活跃起来，心理学被认为是通往健康、幸福和繁荣的途径，心理健康成为一个日常词语，如同当下“积极心理学”十分活跃一样。各行各业都需要心理学家，老百姓也需要心理学家，心理学在美国受到了热烈的欢迎。对此，华生的贡献是第一位的。

1920 年，华生因为婚外情被霍普金斯大学开除，也因此被心理学界驱逐。他不得不创业，成立广告公司为企业服务。1957 年，美国心理学协会承认了他的贡献：他的工作是“**现代心理学的内容和形式中最关键的因素……是长久不变的、富有成果的研究路线的出发点**”。

到 1930 年，行为主义心理学已经在美国确立了领导地位，随后，新的突破将其带进发展的第二阶段。在这个阶段，“刺激—反射”模型被修改为“刺激—反应器—反应”模型。该阶段从 1930 年持续到 1960 年，代表人物是斯金纳。

斯金纳出生于 1904 年，童年的文化环境已经被詹姆斯、杜威倡导并流行的实用主义浸染。所以，同其他孩子们一样，他喜欢动手操作，也就是拆卸后再搭建，例如，四轮马车、竹筏、飞机模型、蒸汽大炮，等等。后来他决心研究人性科学，1928 年他进入哈佛大学学习心理学。

从 1901 年到 1936 年，巴甫洛夫对狗的“刺激—反应”的研究长达三十五年，他成立了实验工厂，150 多位研究者在他的指导下进行严格的实验。实验持续时间之长、投入的研究人员之多、环境之严格，都是前无古人的。他撰写的《条件反射》一书，至今仍然是经典。在他经典的条件反射实验中，首先给一只狗呈现条件刺激，如打开灯光等。接着，给狗提供无条件刺激，如食物。然后，多次重复这个过程后，这只狗在打开灯光时就会分泌唾液，这样，灯光与食物的反射联结就形成了。在反复强化之下，这只狗对条件刺激（灯光）形成了条件反射。从“意识”的角度，狗通过强化获得了学习。

对斯金纳来说，在巴甫洛夫的实验中，刺激是操作的变量，通过刺激，动物获得学习的能力，这个过程中，动物是被动的。如果去除这个刺激变量，让动物主动学习，会发生什么呢？斯金纳将白鼠放在“斯金纳箱”中自由活动，箱中有一个按钮，老鼠如果无意中触动按钮，就会有食物出现。实验发现老鼠逐渐发现了这个规律，会主动按按钮来获得食物。这个强化过程被称为“操作性条件反射”。

对比一下，巴甫洛夫实验的应用有点像填鸭式学习的题海战术，斯金纳实验的应用有点像社会环境中的探索学习，揭示了一种“逐次逼近”的行为塑造模式。例如，孩子学习语言的过程要持续好多年。在学习过程中，孩子不断地表达，家长、同伴或者老师们则给予反应，孩子根据每次反应做出相应的调整，逐步实现语言操控能力的进步。

如果把斯金纳模式做一点推广，就得到了社会行为主义心理学。他被认为是行为主义心理学的第三阶段，也称社会学习理论，又称新行为主义阶段，其代表人物是班杜拉。

在“刺激－反应器－反应”模型中，通过操作主义，心理学家们确认了这个模型的有效性。从推广的角度看，反应器可以等效为人或动物的“学习能力”，也叫“认知能力”。在操作性条件反射下，人或动物显示出对环境有利刺激的主动趋近的行为。将该原理应用到社会中时，环境的有利刺激可以被对应到社会环境中的文化激励要素。从操作的角度看，人们需要识别出这些文化激励要素，检验这些激励要素是否满足操作性条件反射的模型，如果不满足，要对该模型进行修正。如果修正后仍然不能满足，则意味着，我们需要新的模型。

班杜拉的社会认知理论就是这样的扩展。在他看来，社会环境中的强化不是直接的，人类可以在没有直接强化的条件下学会任何类型的行为，例如，人类可以通过观察他人怎么做来学习，进而通过观察他人的行为获得了什么样的结果来学习。对这类学习，班杜拉称之为“替代强化”，而观察者的学习是主动性的学习，这就是“认知过程”。

当引进“认知过程”后，个体的主动性也就被引进来了。在同样的社会环境中，个体之间表现的差别很容易被解释为主观能动性的差别。为此，班杜拉引进了“自我效能”概念，即个体的自尊、自我价值感。他认为，如果在解决问题的过程中，对自己的能力、效率和信心的认识更强，就会做得更好。他做了很多实验，证明了自我效能的存在和有效性。进而，集体也存在自我效能，影响其在各项任务上的行为表现。集体效能水平是极其重要的。他在对球队、公司部门、军队单位、城市中的住户群体、政治活动小组等对象的研究中发现，“人们所感觉到的集体效能水平越高，群体的上进心越强，动机水平相应更高。在面临障碍和挫折时，群体的忍耐力水平越高，则群体的士气越高，对压力的韧性越大，行为成就也越大”。

从经验的角度很容易理解，这套理论很受团体和机构欢迎。从操作性的角度看，班杜拉一派的观点是斯金纳观点的自然扩展，但他有可能迈的步子太大，跨出了边界，因为“认知过程”和“自我效能”都很容易主观化。个体固然是可以通过观察学习的，模范、偶像的作用固然是存在的，但可能会在方法论上倒退：无法客观地测量模范、偶像究竟在多大程度上影响了个体的学习行为。

4.3.3　认知科学的诞生

心理学分支的认知科学自始至终走的是自然科学路线，拒绝主观性经验的介入。因此，最终在物理学和生物学的帮助下，认知科学结出了丰硕成果。

1. 认知科学的起源

认知科学源于对大脑的解剖。17 世纪，英国皇家颁发了许可证，允许一些医生解剖尸体。威利斯大夫是牛津著名的内科医生，他给富有的客户提供终身医疗服务，并在他们死后进行尸体解剖。这样，他建立起了大脑的变化与他的病人们生前行为之间的某些关系，并发现特定脑损伤和特定行为缺陷之间有联系。根据这些联系，他提出大脑如何传导信息的理论，这后来被称为神经传导。

19 世纪，合成化学的进步让认知神经科学获得了神经染色技术。1873 年，意大利细胞学家高尔基在脑切片中加入铬酸盐－硝酸银进行染色，发现了脑中存在神经元细胞核胶质细胞。而他发明的染色方法被称为“高尔基染色法”，开启了大脑研究的新阶段。

1943 年，美国神经生理学家沃伦·麦卡洛克等发表论文《神经活动中内在思想的逻辑演算》，讨论了理想化、简化的人工神经元网络，以及它们如何形成简单的逻辑功能，这些工作深深影响了计算机中的“神经网络”和人工智能的诞生和发展。

科学在二战中的巨大价值，改变了战后科学的走势：原子弹在二战中的威力将物理理论和方法论推到了尊崇的地位；计算机在火炮运算和密码学中的价值让人类意识到思维自动化的时代已经到来；电话、雷达、密码等通信技术将信息处理模式带进了其他行业。战争中大规模集中攻关的模式打破了学科分隔，培养了跨学科、跨领域沟通的机制，学术界、工程界到具体应用的通道也被彻底打通，形成了战后延续至今的“学研产用”新模式，物理精神、计算思维和信息处理思维在各个领域得到普及。在生物学领域是 DNA 结构的发现和遗传密码的破译，诞生了分子生物学。在地质学领域是对海洋的声呐测量，发现了地球的板块构造，诞生了现代地球科学。心理学引入了信息论和计算逻辑，将大脑视为处理信息的计算机，从而诞生了认知科学。

第二次世界大战之后，各门科学开始用物理学方法进行重建。计算机和大脑之间的类比关系越来越受重视。

1948 年，美国科学家维纳发表了名著《控制论》，基于二战中计算机对自行火炮轨迹计算和修正的经验，他认为无论人、机器和通信系统都遵循“输入－反应－反馈”的系统模式。对于人类而言，如走路，个体不断从身边的路况信息中获得反馈，调整行走路线。对于机器制造的流水线而言，通过对产品成品率的检测，获得质量信息反馈，以便于改进流水线。维纳专门写了一章“计算机器和神经系统”，深入讨论了人和机器的相同之处。其中把人的大脑部分比作逻辑机器，人类近上千亿个神经元就像晶体管开关一样，处理各种复杂信息。香农则提出了“信息论”的全套思想，运用严格的数学化和逻辑化重塑信息数据。1951 年，马文・明斯基等开发了 SNARC（随机神经网络模拟加固计算器），用 3000 个真空管模拟 40 个神经元的运行。

从 1946 年到 1953 年，在乔赛亚・梅西基金会的资助下，麦卡洛克主持了一个沙龙，召集数学、计算机、通信工程、生物学家、神经学家、心理学、精神分析等众多科学分支的领袖，他们定期讨论，共同探索科学未来之路。他创建了诺亚方舟原则，即每个领域邀请两名顶尖专家参与。会议的核心成员包括著名的人类学家玛格丽特・米德、数学和计算机学家冯・诺依曼、通信专家维纳和香农、后来发明了全息摄影的丹尼斯・伽柏、神经科学家杰拉德，以及其他心理学家、人类学家、哲学家等。

这个沙龙在人脑与计算机之间的关系上，进行了深刻地讨论。冯・诺依曼一方面思考博弈论，另一方面推出了全新的计算机体系架构，沿用至今。香农在会议上展示了他的机器人，机器人的行为“太像人了”。心理学在转向认知科学的同时，也催生了人工智能的萌芽。心理学家们开始“让大脑像计算机一样思考”。“刺激－反应器－反应”模型可以表达为“接收信息－反应模型－反馈信息”模式。1956 年 7 月和 8 月，麦卡锡在达特茅斯召开了首届人工智能大会，麦卡锡、明斯基、香农等人参加，标志着人工智能的诞生。

1956 年 9 月，在麻省理工学院举办的第二届信息理论研讨会上，计算机专家内维尔和西蒙提出了“第一代信息加工语言”，可以模拟逻辑定理的证明。冯·诺依曼写出了关于神经组织的西利曼讲义。同年，乔姆斯基发表了《描述语言的三个模型》一文，该文说明，语言的复杂形式是内嵌于大脑的，并改变了语言研究的路线，而当时流行的学习理论“联想主义”无法解释语言是如何习得的。20 世纪 70 年代，语言学、心理学、神经科学、人工智能和哲学结合起来，形成了认知科学。

2. *认知科学的两个分支：神经认知科学与行为认知科学*

严格意义上，认知科学有两个分支。第一个分支是寻找心理活动的“硬件”或“物质”基础，从神经系统入手，探求信息是如何获得、加工、储存和传递的，属于“神经认知科学”。这个分支的心理学家们认为，心理活动的物质基础是神经元，大脑是以神经元为基础的神经系统。人类大脑中有 860 亿个神经元，神经元作为基本的信息处理单位，负责接收各类信息，根据某些简单的规律发生物理和化学的相互作用，汇总后，输出各种复杂的反应，并自我调整活动水平。

进入 20 世纪 80 年代，新的探测工具为神经认知科学研究带来了突破。研究大脑的传统工具是用经颅磁刺激这样的工具探测大脑损伤，从 80 年代起，人类开始用脑电图记录大脑特定部位电活动的变化，接着计算机轴向断层扫描被用于大脑成像，但其存在较强的 X 射线辐射。于是，人们启用磁共振成像对脑部结构进行精确成像，但磁共振成像不适合体内安装有金属的人群。正电子发射断层扫描让科学家们能够测量当人们进行诸如阅读或记忆提取任务时大脑的活动情况，但需要放射物辅助扫描。后来发展的功能性磁共振成像技术消除了前几项的不足，它不会带来伤害且不含辐射，因此，得到了更广泛的应用。

与此同时，随着计算机算力的指数级进步，数学、物理建模和计算机模拟发挥着越来越重要的作用。通过数学、物理方法和计算机技术的帮助，大脑具有的网络处理、分层分级处理，以及逐级反馈处理机制等得到了更准确的理解。

借助这些成像设备和计算机技术，科学家们对不同的认知功能如视觉、注意、知觉、意向、语言和记忆在大脑中激活的反应区域逐步有了精确了解。在此基础上，科学家们研究人的感知是如何获得的，语言是如何形成的，大脑的思维是如何工作的，大脑如何解决问题，以及如何进行推理与决策，等等。关于知觉、知识、视觉和语言的表征体系，被认为是解开谜团的关键。从神经心理学出发，科学家们普遍相信，推理和决策机制与大脑的前额叶皮质有关。例如，大象的大脑虽然有 2600 亿个神经元，但其大脑皮层仅有 56 亿个神经元；而在人类的 860 亿个神经元中，有 160 亿个神经元在大脑皮层，并形成了更加复杂的分层连接关系，从而使人类比大象更有智慧。

通过解剖、观测神经系统的结构、活动，并与实验状态比较验证，心理学家们首先建立了简单的认知机制，例如，感觉和知觉、物体识别、运动控制。接着，建立了对诸如语言、学习与记忆、情绪与情感、注意和关注这类高级认知的理解。心理学家们将这些知识综合和系统化，研究大脑是如何解决问题、推理和决策，研究精神病发作的机制，研究人类如何进行社会交往，在社会活动中如何进化，等等。

认知科学研究的另外一个分支——行为认知科学是从问题“知识是如何表征的”入手，研究“软件”和“规则”。所谓知识，可以是简单的识别，将椅子识别为椅子，将人识别为人，将特定的人识别为自己的亲人，将某一人识别为自己的父亲或母亲，也可以是复杂的表征，如意义、思维、学习和决策，等等。神经科学从“物理”的角度入手，重视观测设备和计算，而行为认知学派的心理学比较喜欢经验性实验。心理学家们通常会通过设置社会场景对比，设计实验内容，通过宏观观察、问话、操作和问题解决而搜集数据，与对照组进行统计比较，然后得出结论。

在研究方法上，行为认知学派依然采用了传统的自然观察法、受控实验法、访谈法和内省法等，基于心理学常识为研究对象的行为认知主义是其中一个代表。他们也采用了严格的实验方法，对人类的心理和行为的现象进行研究，并诞生了丰富的心理学应用。同时，行为认知学派是传播心理学知识最热心的科学家，是将心理学应用于商业、教育、法医等各个领域最积极的推动力量。由于将心理过程作为研究对象，容易被大众理解，因此，他们的观点很容易得到共鸣。但我们也要意识到，即使是在最严格的实验环境基础上，这类研究的测量精度和样本有效性也是在不断改进的，得出的很多实验结论是在局部实验环境下成立的，并会在后续的研究中被不断地修正。

神经认知学派和行为认知学派无论在观点和研究对象上存在什么样的差异，但本质上都有一个共同点，即心理学是一门实证科学，基本的方法论是基于实验研究的。

3. 第三势力心理学

在神经认知学派和行为认知学派之外，仍然存在着其他心理学学派，可以被统称为第三势力心理学，例如，精神分析、格式塔心理学、现象心理学、存在主义心理学、人本主义心理学，等等。这些心理学都以各自的方式对人类心理的研究做出了贡献，很容易激起文化上的共鸣，成为一时的流行文化符号。但由于这些学派大多没有以实证方法为基础，甚至很少采用精确的观测设备，所以，往往在领袖去世后陷入分裂状态，其影响力呈现不连续性。

第三势力心理学这类纯经验的心理学派很少有持续的科学影响，但对文化影响巨大，总是出现在流行文化的潮头。而纯实证的心理学派则很少能激发文化影响力，但却在诸如认知理解、疾病治疗和人工智能等方面发挥越来越大的作用。

这反映了人类心灵的矛盾性：理性让人们获得科技进步和操控自然的能力，但艰涩枯燥；经验让人着迷于故事与游戏，因此产生兴趣，但却失去了知识的精确性。

4.4　地球科学：从观察归纳到探测反演

在 20 世纪 10 年代之前，心理学主要是经验主义和归纳主义的产物，被具有影响力的个人经验所左右，形成各种理论和假设，对现象进行直观解释，以学派形式传学授徒。而当这些学派的创建者去世以后，这些学派也就逐渐凋零，新的学派反叛而起。

地球科学的发展历史与心理学发展过程类似。在 20 世纪 20 年代之前，地球科学是一门经验科学，充满了各种学派，对各种经验中的现象进行归纳解释。谁的主导者影响力大，这个学派就更持久。到二战结束后，物理精神逐步深入到地球科学，带来了大量令人震惊的新发现，诞生了地球物理学、地球化学和地球探测仪器学等科学。有趣的是，这些新科学被翻译成边缘科学，仿佛是正统理论和其他新科技的交叉而产生的新奇科学，但实际结果是正统科学的传统理论被边缘化，新的科学成为前沿。

4.4.1　近代地质学

与所有其他自然科学一样，地球科学也是从自然哲学中分化出来的。在地球科学被称为地质学之前，对其做出贡献的名人与物理学家、化学家、生物学家一样，是被称为哲学家的一类人，例如，泰勒斯、柏拉图、亚里士多德等。与地心说与日心说之争同一个理由，人们需要证明地球是谁创造的？有多久的历史？地球是变化的吗？构成地球的成分是什么？这些成分来自哪儿？另外，更加现实和迫切的事实是，哪儿有石油、煤炭和金属矿产？

1654 年，爱尔兰主教厄舍尔第一次计算出了地球的年龄：地球诞生于公元前 4004 年 10 月 23 日，大约上午 9 点钟。根据《圣经》的“创世纪”篇中的描述，他推列出从地球形成至今演化的时间表。

1749 年，布丰给出了地球年龄新的计算结果。他对铁球进行加热和冷却实验，通过测量其冷却的速度，提出地球的年龄约在 7.5 万年到 10 万年之间。他推论，地球从形成到现在经历了 7 个阶段：地球是由彗星和太阳碰撞而产生的火球，经历约 3000 年的冷却后，演化成球形。以后地球上逐步有大气和海洋，然后出现火山、高山、湖泊；接着出现植物，再接着出现动物，最后出现人类。

从近代的观点看，布丰的计算是实验加思辨的伟大成就，是地质学的突破。

随着工业革命的启动，人们漂洋过海到各地寻求黄金和珍稀资源，了解到地球的多种地貌（如火山）、多样的动物和植物。另一方面，人们在挖掘矿石、煤炭等过程中，发现地球内部有各种结构如地层、熔岩等，而矿石的有无与这些结构有关，特定的矿石只出现在特定的地质结构中。人们开始研究各种矿物，包括矿物的结构、蕴藏的位置、蕴藏量的多少，以及形成的原因，等等。同时，科学家们也在推测地球的地层、海洋和地表形成的原因，随处发现的古生物化石强化了这些猜测的动机，并不断激发科学家们的探究。

1775 年，从德国弗莱堡矿产学院毕业的魏尔纳提出“水成论”，这种观点认为，地球的地貌是原始大洪水冲积后的沉积物。

1788 年，苏格兰的氯化铵制造商赫顿提出“均变论”或称“火成论”：火山周期性的喷发是地球表面形成的原因，且这个过程是一直持续的，即：今天起作用的各种力量同样适用于过去的地质年代，这意味着塑造地球的力量和演化进程已持续了很长时间。由于均变论今天仍然有效，故赫顿被认为是近代地质学的创始人。

接着，动物学家居维叶提出“灾变论”，认为一切地貌是一场又一场的大洪水造成的。如果从地层中发现的丰富多样的生物化石的角度出发，这种理论也是可以理解的。

1830 年，英国的莱伊尔出版了《地质学原理》，他继承并丰富了赫顿的理论，因此他认为是现代地质学的创始人。他最著名的推论：地球曾有一个无限久远的年代。25 岁的达尔文登上“贝格尔号”舰时，就带了一本《地质学原理》。

到 19 世纪末，实干家们在两方面取得了进展：一个是地质年代表，另一个是矿物学。

在地质年代表方面，实干家们首先将地球历史分为显生宙和前寒武纪（隐生宙）两个阶段。显生宙是有化石的，而之前的历史则难以考证，所以一些新的词汇没有得到确认。显生宙分为古生代、中生代和新生代。古生代包括寒武纪、奥陶纪、志留纪、泥盆纪、石炭纪、二叠纪；中生代包括三叠纪、侏罗纪和白垩纪；新生代包括第三纪（古近纪、新近纪）、第四纪。

这种划分方式的依据是相对年代。从 20 世纪 20 年代起，科学家们开始使用放射性方法陆续测定出沉积岩的绝对年代，而火成岩的年代则只能靠推理获得。最新数据显示，地球的年龄为 46 亿年，数据还会随着更多发现而变化。

在矿物学方面，迄今人们陆续发现了 4000 多种矿物，现在每年还会增加几种，这个数字比人工制造的三千万种物质少很多，说明大自然不如人类乐于制造物品。地球上的矿物中，98%的成分是由 8 种元素构成的，依次是氧、硅、铝、铁、钙、钠、钾和镁。在分类上，矿物主要分为硅酸盐和非硅酸盐两大类。其中硅酸盐约有 800 多种，含量超过地壳总质量的 90%。

如何鉴定一种矿物呢？关于矿物的鉴定，传统地质学家采用了块材鉴定法，主要通过放大镜，查看矿物的物理性质。光学性质方面是光泽度、透明度、颜色和条痕；形态方面是晶体形态和结晶习性；硬度方面是韧性、硬度、解理和断口；密度和比重是另外一种有效的鉴定方式。

此外，还可采用诸如气味、味觉、磁铁吸引等方式鉴定某些特定的矿物。

传统的地质学家在野外工作的时候，背着地质包，带着锤子、罗盘、放大镜，在指南针确认的方向上，观测地表的岩石露头，把觉得有价值的岩石敲下来，作为矿物标本。他们随身带有一个坐标纸笔记本，记下标本的坐标位置。地质学家把相同年代的标本的坐标位置连线，就得到地质剖面图。

岩石主要是由矿物质组成的，之所以说“主要”，是因为地质学家们没有把诸如火成岩中的黑曜石、浮石列入矿物质。岩石分为火成岩、沉积岩和变质岩三类。火成岩是岩浆或熔岩冷却和结晶而形成的，通常来源于火山。岩石经过风化变成了沉积物，这些沉积物被压实和胶结形成沉积岩。火成岩和沉积岩在地质历史中遇到物理化学环境的变化（如高温、围压、差异应力、化学活动性流体）而发生变化，由此形成的岩石为变质岩。

4.4.2 现代地球科学

进入 21 世纪，由于物理方法的普遍采用，地球科学被彻底改造了。传统地质学通过观测岩石露头的方法推理地层和地球的结构，这显然是不可靠的。如何知道埋在地下几百米、几千米乃至地球的整体结构、物质组成、具体物质的位置呢?

从物理学的角度看，任何物质都具有物理属性，如形状、密度、导电性、磁性、弹性、位错等，同时具有气体、液体或固体等物态。因此，这些物质就是地球信息的天然承载体和反应体，并一直发送着某些信息，只要检测到物质的这些信息，就能够知道它们是什么，具体在哪儿，如何形成的。

在检测地球物质这些信息的时候可以采用被动的方法，也可以采用主动的方法。例如，铜铁矿石的密度通常比周边岩石的密度大，可以通过万有引力定律检测到铜铁矿石引起的重力加速度的区别，这是被动方法。主动方法是类似雷达的方法。例如，在地面产生振动，振动波就会向四面八方传播，其中向地下传播的波会与各个地层发生作用，一些波透射过去，一些波反射回来。这样，就能陆续接收到来自各个地层物质的反射波。由于波的速度、频率等都与这些物质的物理属性有定量的关系，就能够计算出这些物质都是什么，具体在什么位置，从而知道哪些是石油、煤炭，哪些是岩浆，等等。地球上每天发生的天然地震则是不断发生的大规模振动，是地球天然的信号发射器。

运用物理方法发现了地球的内部结构。1910 年，前南斯拉夫地震学家莫霍洛维奇发现，地震波在传到地下 50km 处有折射现象发生，这表明这里存在一个分界面，被称为“莫霍面”。1914 年，德国地震学家古登堡发现，在地下 2900km 深处，存在着另一个不同物质的分界面，被称为“古登堡面”。“莫霍面”和“古登堡面”这两个分界面便把地球分为地壳、地幔和地核三个圈层。这两个面的深度在地球的不同地理位置是不一样的。由于每年大约有 100～200 次强烈地震（强度大于六级），产生的地震波能够穿透地球，因此，通过接收地震波，人类可以越来越详细地了解地球的内部结构。

20 世纪 60 年代，地球科学出现了一个对人类认知有重大影响的发现，被称为板块构造革命。板块构造理论重构了现代地球科学，建立这一重构的主要工具仍然来自物理学。

在 20 世纪 60 年代之前，地质学家们普遍认为大陆和大洋的地理位置都是固定的，固定于很久很久以前。1915 年，德国气象学家和地球物理学家魏格纳在出版的《大陆与大洋的起源》一书中，提出了“大陆漂移假说”，声称大陆是漂移的，而不是固定的。他首先从世界地图上看到大西洋两岸的海岸线具有惊人的吻合性而获得启发，由此开始搜集资料，企图证明这两块大陆原来是连在一起的，后来被某种力量撕裂而“漂移”开来。随着资料尤其是古生物资料搜集得越来越丰富，他推测，现在所有分开的大陆在过去都是一个整块，称为泛大陆。大约在2亿年以前，泛大陆开始裂解为若干碎片，各自“漂移”，形成现在的样子。

魏格纳搜集了大量证据，从跨海化石、跨大陆岩石特征，以及古气候等方面，来证明他的理论。但他没有达尔文拥有的社会资源，他搜集的这些证据也没有足够的说服力，加上他本人不是科班出身的地质学家，所以他的学说引起了充满敌意的批判。美国权威的地质学家张伯伦说“魏格纳的假说天马行空，他具有我们这个世界的自由，但却不受尴尬和丑陋事实的束缚。”

的确，在很长的时间里，地质学里天花乱坠的假说很多，派别林立。之前那些成名的地质学家大多具有良好的社会资源，容易被认可。

军队一直是高科技的最大应用方和赞助者。为了探测和打击敌方潜艇，以及为己方潜艇绘制海床地图，海军投入了大量资金和人力研发声呐技术，即利用声波探测海底，发现其中的奥秘，尤其是潜艇及海床地理。二战以后，起源于海军的声呐技术被用于探测海底地形。经过多年的努力，1960年，海洋学家们绘制了大面积的海底地图。在地图拼接起来后，他们发现海底存在一条巨大的洋中脊系统，也就是横穿各个大洋的海底山脉。同时，地球物理学家们在西太平洋发现，那里洋底岩石的最大年龄不超过1.8亿年，远比地球46亿年的历史年轻，说明这些岩石是新生的。这样，叠加通过地震波的接收和分析所形成的对地球内部结构的深入了解，导致板块构造理论在1968年诞生。

根据板块构造论，地壳和地幔最上面的部分，构成了一个硬的岩石圈，岩石圈的下面则是地幔的软流圈，软流圈会因为地球运动等原因而流动，并发生温度、压力等变化。因此，“飘”在软流圈上的刚性岩石圈就会移动，这种移动引起岩石圈的变形乃至破碎，陆续产生了20多个板块，这些板块相对独立地移动着。其中7个板块最大，形成了七大洲。

各板块移动时，如果按相对方向移动，则会产生俯冲和挤压，导致山脉的崛起，如喜马拉雅山脉的诞生；如果按相反方向移动，则会拉开板块之间的连接处，导致大洋衔接处很薄，其结果是形成海沟如马里亚纳海沟，或者地幔的岩浆冒上来进行填充，出现被称为“海底扩张”的现象，并产生了“洋中脊”。经过测算，全球洋中脊总长度超过 7000km。如果板块按相反方向移动时，交界处是陆地，则会产生裂谷或盆地，并因为地幔岩浆的上行而产生高山。例如，著名的东非大裂谷，非洲的两大高山——乞力马扎罗山和肯尼亚山。如果继续拉开，则会形成红海这样的地形。

如何进一步验证板块构造理论呢？首先是大洋钻探。从 1968 年到 1983 年，科学家们建造了“格洛玛挑战者号”，有计划地进行深海钻探。2003 年起，“乔迪斯果敢号”作为新项目“综合大洋钻探计划”的一部分继续工作。同时，地幔柱和热点的发现，以及来自古地磁学的证据等，都验证了板块构造理论的成立。

板块构造理论比较好地解释了地球地貌的成因及其现状，能够对地震带做出合理解释和一定的预测，这是充分利用物理学新发展所带来的成果。

运用当代物理学方法总是有益的。例如，用材料科学的方法来分析矿物是更加理想的，进而，根据材料科学的工艺和工程方法，我们能够做得更多：这些矿物究竟是如何形成的？这些岩石是如何形成的？科学家们可以用 TM&S（理论、建模与模拟）方法进行研究。例如，过去仅仅猜测火山岩是如何形成的，现在运用物理和化学知识，通过理论建立模型进行计算，看看能否得到预期的火山岩。我们可以建立模拟环境，生成火山岩。

在寻找矿物方面，物理方法已经非常普及了。任何矿物都是物质，因此，可以利用物质具有的物理特性如密度、导电性和铁磁性，以及对波的反射与折射性质，来探测物质在地下的具体位置乃至构成。地球物理勘探已经成为寻找石油、天然气、煤炭、金属矿产和其他各种矿产及水源等重要而有效的工具。通过地面放置的海量传感器，地球物理学家们采集到来自地下各层物质的物理信号，通过计算机进行各种数据处理，如信号滤波、基于模型的正演、基于信号的迭代反演，等等，获得这些物质的准确信息。

地球物理勘探具有的这种大规模的数据处理，以及它在寻找石油、天然气等方面的巨大实用价值，是推动高性能计算和并行计算发展、海量存储和海量数据处理能力、复杂的高精度传感器发展、以及人工智能和复杂数学发展的重要驱动力。毕竟，精确知道方圆几千千米、从地面到地下10km范围内的所有物质的准确分布对人类是具有挑战性的。

除了研究地球内部的情况，地球科学还研究宏观空间中另外两个物质——水和空气，两者在宏观上的表现是海洋湖泊和大气。水和空气在介观尺度上，已经被物理学研究得比较清楚了，但在自然界的宏观尺度上，情况则复杂化了。水和空气都是复杂系统，受到太多边界条件的作用，一种被称为混沌或湍流的机制尚未被物理学家们搞明白，所以，现在还难以很准确地做出气象预报。

到今天，地球科学已经取得很大进步，但仍然有很多挑战。关于地球内部的具体结构、石油天然气和金属等矿产的勘探和采掘效率，关于地震和山体滑坡的机制和预报，关于气象的中长期预报，以及关于海洋中的涌现现象的预报，都是迫切需要解决的难题。迄今为止，人类对地球内部的了解程度远不及对太阳内部的了解程度。为此，人类需要更好地利用当代物理学和化学知识，研发更高精度的探测仪器，充分利用计算机的力量和数学模拟手段，进行持之以恒地科学攻关和技术攻关。

第二部分

物理科技的应用：
物质文明的第一生产力

第 5 章　资源之争：战争的制胜力

战争总是伴随着人类历史。学者们对战争发生的原因在不断地辩论着，未来还将不断地讨论着。无论如何，战争是生死存亡的斗争，组成了人类历史最重要的篇章，在未来也难以消失。在大量的战争史著作中，科技和经济力量作为战争制胜的根本因素没有受到应有的重视。从物理科技的角度看，战争是物理竞争力最高级的体现，人类通过操控人力、物力、技术等征服对方的过程，本质上是物理操控能力的竞争，操纵能力胜出者获胜的概率将明显提升。

在原始部落阶段，善于投掷石块、标枪和使用弓箭的部落在战争中获得优势。接着，善于操纵战马的民族由于提高了移动“能量”和处理“信息”的速度而获得成功。到了近代，火炮释放的巨大能量，远远超过了标枪、弓箭和战马，使战争的形势发生了剧变；接着，火车、汽车大规模地输送士兵和军备物资，坦克、飞机、机关枪将杀伤力凌驾于肉体之上；在现代，原子弹的爆炸使运用物理科技决胜成为核心军事战略。

当今，新的军事竞争不再以生理感觉的方式出现，而是以看不见的物理力量征服，这个过程如同科技进入宇宙和原子内部的操控一样，战争的形式远远超越了人类的经验感知，进入到量子能量和信息操控阶段。穷兵黩武的时代已经过去，科学和技术逐渐在新时代战争中成为绝对力量。

5.1　操控生物能量：士兵、战车与战马

5.1.1　驯化中的马和步兵方阵

在工业革命之前的人类历史中，战争主要是操控生物能量——士兵、战车和战马。

在农业社会里，牛是超级英雄。野生的牛具有体重大、力量大的特征，一旦被人类驯化后，立即成为干活的主力，拉犁耕田，拉车载重等。牛的食物也很简单，无论是鲜美的草，还是干枯的草，都能满足他的胃口。所以，牛在农耕民族中深受欢迎。

相比牛而言，被驯化前的野马体型小，身材和野驴差不多，负载力量和拖曳力量都很弱，既不适合载重，也不适合农耕，被驯化后产生的价值很小。所以在很多地方，马仅仅作为食物而被养育或猎杀。在美洲，马在冰河期结束时被印第安人杀绝。在欧洲，茂密的森林让马失去了生存空间。

在大草原上，马的命运截然相反。游牧民族必须随着季节变化迁徙，寻找新鲜的草地和水源。他们辎重轻，迁徙的距离长，对速度有更迫切的要求。相比慢吞吞的牛，马更加有用。在公元前 2000 年左右，马还是很弱小的动物，无法长期承载人的体重，在战场上主要用于拉战车。但到公元前 1000 年左右，西亚人已经把马驯化得适合骑乘，具有负重大、速度快、耐力好的特点。马和骑手之间也形成了一种交流，使得骑马成为一种需要长期练习的技术。当马在无意之中扮演了类似当代汽车的角色时，游牧民族的影响力进入一个新纪元。

骑马和驯马的游牧民族所生活的大草原处在一个狭长的地理带上。一边从北太平洋起，延伸到大西洋北角的泰加针叶林；另外一边东起中

国长城，西抵伊朗布满盐碱沼泽的宽阔沙漠带，夹在两者之间的大草原为马和游牧民族提供了广阔的生存空间。在人类的优育驯化下，马的负载力量、速度和耐力逐步增强，游牧民族的组织规模也越来越大，移动能力越来越强。遇到气候不好的时期或者内部发生纠纷的时候，他们就会东进西击，进而引发东、西方文明周期性的兵荒马乱，就像摩托化部队开着机枪，面对徒步前行、拿着长矛的步兵一样。当游牧民族骑着这种负重大、速度快、耐力强的马，手持每分钟能够射出 6 支弓箭的复合弓时，他们以一当十，相对农耕民族形成了绝对优势。农耕民族的噩梦开始了。

从公元前 7 世纪到公元 14 世纪，农耕民族便不时地遭受游牧民族的侵扰和浩劫。在中国，从商朝开始到明朝结束，北方游牧民族的侵扰让各代政权都苦不堪言。在西方，著名的游牧民族有公元前 6 世纪的亚述王、公元前 2 世纪崛起的匈奴民族、公元 5 世纪“上帝之鞭”匈奴王阿提拉。随后雇佣游牧骑兵的阿拉伯人席卷全球，接着是公元 12 世纪到 13 世纪的成吉思汗，指挥手下的铁骑踏遍东西方。

游牧民族骑兵的人数很少，通常不到被入侵的农耕民族士兵的十分之一，但他们的快速移动能力、复合弓的远程杀伤力和高效的补给与通信能力，使他们战无不胜，直到遇到具有更快能量移动能力和杀伤力的枪炮。

中国文明史的第一章从黄帝大战蚩尤开始。大约公元前 2000 多年前，黄帝首先征服了炎帝。《孔子家语·五帝德》：“（黄帝）服牛乘马，扰驯猛兽，以与炎帝战于阪泉之野”。应炎帝请求，黄帝和蚩尤开战。蚩尤氏族擅长金属冶炼，黄帝氏族则擅长驾驭野兽。大战中，黄帝氏族驱赶着熊、罴、貔、貅、貙、虎六兽，在指南车的指引下，战胜了蚩尤。从后续对马和马车的考古史上看，这个故事正好见证了马的驯化和战车出现的时代。

战车在汉朝以前都起着重要作用。在春秋时代，战车的数量定义了诸侯的力量，在百乘、千乘之国到万乘之国之间变动。

在西方，最早关于战争的详细描述是荷马史诗《伊利亚特》。事件大约发生在公元前 12 世纪的迈锡尼时代。小亚细亚的特洛伊王子帕里斯作客斯巴达时，爱上了斯巴达国王墨涅拉奥斯的夫人海伦，并将她带回特洛伊。墨涅拉奥斯愤怒不已，邀集希腊其他城邦国跨海复仇。在迈锡尼王阿伽门农的统帅下，希腊联军在特洛伊城下与特洛伊苦战十年。最终，希腊联军通过“木马计”混进城里，顺利屠城，夺回了海伦。

故事中，引人注目的是战车的使用。战车在古代战争中的作用主要是运输工具，其原因在于，制造能够作战的战车需要的技术，超越了当时的技术水平。马车在崎岖的道路上容易散架，只能行走在平坦的大道上；马的力量有限，需要 2 匹以上的马才能拉动载人的战车，车上便不能再装载其他物资。马在战场上很容易受惊或被杀伤，难以被控制。所以，战车是一种豪华的载人交通工具，可以节省披挂皮革或金属装甲的将士们的体力。在实战中，战车由一名驭车手操纵，将一名战士通常是主将带到战场。披挂着金属或皮革护甲的战士在下车后，和对方决斗。决斗时，持盾的战士将长矛掷向对方，然后再用佩剑和对方搏杀。随着人类对马的驾驭能力的提高，战车便逐渐退出战场。战车在战场上的最后使用记录是公元前 225 年，随后被骑兵取代。

农耕民族在很长的时间里主要采用步兵作战。公元前 10 世纪，大卫用精准的石头投掷技术杀死了巨人歌利亚，开启了以色列的辉煌时代。从公元前 7 世纪到公元前 4 世纪，这段时间是以雅典和斯巴达为标志的希腊时代。这个时代如同特洛伊战争的翻版，战争或发生在希腊联邦的各国之间，或发生在希腊联军和大海对面的波斯军队之间。希腊人发明了重装步兵战术，在战斗中，重装步兵士兵们组成方阵，一手持长达 5.2m 的长矛，一手持盾。作战双方以方阵对方阵，通过和对方面对面挤压而破阵。破阵后，士兵用随身刀剑劈杀对方。通过严谨组织的方阵技术和刻苦的训练，希腊人建立了希腊霸权。

随着游牧民族对马的驯化，骑兵技术逐步成熟。公元前 323 年，马其顿的亚历山大大帝在统一希腊，并征服波斯、埃及，甚至远达印度后，建立了当时世界上最大地理面积的帝国。马其顿人之所以取得如此辉煌的成就，原因在于其大量使用骑兵和轻盾兵。在战斗中，双手把持 5.2m 长矛的重装步兵方阵居中，挡住对方的步兵方阵；两翼为伙友骑兵队和轻盾兵。伙友骑兵队是披甲的重骑兵，他们在战斗一开始就快速冲锋，向对方发起侧翼包抄，并于另一翼阻止对方包抄。骑兵奔到对方侧翼后，投掷长达 5.2m 的长矛，破坏对方步兵方阵。在破阵后，精于投掷石头、发射弓箭和持剑劈杀的轻骑兵和轻盾兵们大显身手。

到了公元前 2 世纪，初级马镫才被发明出来，所以能骑在光光的马背上就已经是奇迹了，何况是在刀光剑影中驾驭战马。因此，骑兵是个高级技术活儿，很难被对手在短时间内复制。同时，除非是游牧民族，养马的成本是极高的，需要四季鲜嫩的草场及广阔的驰骋空间。骑兵使得亚历山大无往不胜，成就了历史大业。公元前 323 年，亚历山大大帝在首都巴比伦染病去世，帝国逐渐崩溃。随后，罗马时代到来，统治者将其统治持续到公元 5 世纪。

由于缺乏马，罗马人的创新集中在步兵方面。他们发明了步兵军团机制，步兵军团组织单位更小，组织和沟通更加灵活，每个人配备长短两支标枪。在对战中，对骑兵和重装步兵方阵都是威胁。同时，由于金属技术的进步，他们的刀剑也不再那么柔软，不再轻易被长矛碰弯，或者砍杀几刀后就卷刃。

5.1.2 游牧民族的骑术霸权

罗马人的劲敌是西亚的帕提亚人。帕提亚人掌握了刚刚发明的复合弓技术，采用飞马骑射，射完就跑策略。复合弓的特征是发射快，在单边马镫提供的稳定性下，每分钟可以射出 6 支箭，威力相当于现代的机关枪。制造弓弦需要高超的制胶和上胶技术，制造弓也是难上加难。帕提亚人制造弓和弓弦的过程如同宗教一样虔诚而神秘，每张弓的制作需要一年多的时间，所以外人很难习得。在著名的卡莱战役中，只有约 1 千名轻骑兵、9 千名步兵的帕提亚人，带着 7 千头装着弓箭等辎重的骆驼，对决拥有 3 万名步兵和 4 千名骑兵的罗马军团。持续三天的卡莱战役是一场屠杀，2 万名罗马人被射杀，1 万名被俘，主将克拉苏被诱杀。

好在帕提亚人没有攻城占地、野蛮屠城的习惯，直到匈奴人的到来。此时的匈奴人有了完善的马镫，所以连睡觉都可以在马上进行。马镫最初发明时是单边的，在公元 2 世纪前后由中国人进行了重大创新，使之成为两侧都可以蹬踏的结构，骑者因此稳定了自己，犹如发明了精确制导技术，这一看着不起眼的发明，改变了人类的文明进程。

从公元 370 年开始，匈奴人开始不间断地向欧洲挺进。他们精湛的骑射术让哥特人和罗马人都无法抵挡，使欧洲处于外战内乱之中。公元 445 年，“上帝之鞭”阿提拉统一了匈奴，强化了罗马人的梦魇，罗马人只能靠进贡获得喘息的机会。仅从公元 440 年到 450 年，罗马帝国的东部省份就向匈奴人进贡了 6 吨黄金；连教皇利奥一世也不得不会面阿提拉，劝说他不要进攻罗马。阿提拉在公元 453 年意外暴病去世，拯救了欧洲。

匈奴人持续的大规模入侵，导致与之接壤的各个民族不得不向罗马方向躲避。这些民族是勃艮第人、哥特人（日耳曼人）、汪达尔人（日耳曼人）、斯瓦比亚人等，被传统的罗马人称为蛮族。蛮族躲避匈奴人的行为，构成了对罗马人的入侵行为，导致欧洲历史上长达几百年的罗马—蛮族之战。双方发生多次大规模的战役，最终导致西罗马帝国的消亡。接着，众蛮族民族被罗马化并形成多个邦国。

对中国来说，公元 304 年，匈奴贵族刘渊在离石起兵，建立前赵，标志着北方游牧民族以政权形式出现，中国进入五胡十六国阶段。在近

140 年的时间里，北方的游牧民族匈奴、鲜卑、羯、氐、羌各占一片土地，相互征战，之间不断合并分裂，先后出现了 16 个比较有代表性的小国。公元 439 年，北魏统一中国北方，史称北朝。公元 581 年隋朝建立，8 年后统一中国。公元 618 年，唐朝替代隋朝。公元 907 年，中国又进入混乱的五代十国阶段。公元 960 年，宋朝建立，于 1279 年被元朝灭亡。从公元 304 年开始，到元朝 1368 年灭亡，在这段长达千年的漫长历史中，游牧民族留下了浓重的印迹。

公元 622 年，伊斯兰教创立，游牧民族阿拉伯人开始征服欧洲，到 10 世纪，阿拉伯人与基督教世界进入相持阶段。然后，基督教世界开始反击，著名的十字军东征从 11 世纪末持续到 13 世纪中叶，吸引了基督教贵族们的所有精力。

在十字军战争期间，东边留出了真空。公元 1190 年，中国北方的铁木真开始了统一蒙古各个部落的征战。公元 1206 年，铁木真完成蒙古内部的统一，建立大蒙古国可汗，尊号“成吉思汗”，意为“拥有海洋四方”。建立起蒙古帝国后，成吉思汗开始对外扩张，先后攻灭中国北方的西辽、西夏、花剌子模、东夏、金等国，以及中亚、高加索、朝鲜、突厥的安纳托利亚、俄罗斯大公国、波兰、匈牙利、东普鲁士、波希米亚等地。公元 1260 年，成吉思汗的孙子忽必烈即位，公元 1279 年，元军在崖山海战中消灭南宋，统一了中国。随后，他们继续南下，征服缅甸和越南的部分地区。

成吉思汗的另一支后裔帖木儿同样威风无比，在中亚建立了帖木儿帝国。该帝国的末代大汉、帖木儿的五世孙巴布尔进入印度，建立起了莫卧儿帝国，持续统治着印度，直到 1857 年被英国灭亡。

从上面的简介中可以看到，在这段时间里，战争之神一直青睐游牧民族，无论在东方还是在西方，农耕民族在与游牧民族的对垒中，都吃尽了苦头。骑术是一种高级的能量移动技术，骑兵的速度比步兵快 5 倍以上，负重和耐久力更强，所以，游牧民族在和农耕民族的交战中占尽上风。同时，战马的养殖与训练成本极高，需要巨大的驰骋空间，以及随时随地的新鲜草料，但战马在农耕中作用不大，战马的养殖与训练对于农耕社会是巨大的负担。所以，无论西方还是东方，都尽量选择以和亲或贿赂等方式换取和平。在宋代著名的“澶渊之盟”中，宋朝承诺每年向辽国缴纳 10 万两白银和 20 万匹绢，因此，换得 100 多年的和平。相比之下，宋朝每年 GDP 约 3000 万两白银，而一场中等规模的战争就需要耗费这么多钱，说明在当时的条件下，采用贿赂策略是可取的。

但科技的力量是无穷的，战马的优势终于输给了移动的炮火。

5.2　操控人造火：火枪与火炮

公元前 212 年，古代最伟大的物理学家阿基米德正在叙拉古埋头计算。叙拉古已经被罗马军队围困很久了，作为国王的顾问，他的众多发明让叙拉古这座小城在庞大的罗马大军围攻中巍然屹立。他改进了抛石机，可以将数百斤的大石头抛出去，远远砸在敌人的头上。他发明了一种镜面装置，可以把阳光聚焦起来，将焦点落在远远入侵的敌船上，试图烧毁敌人船队。他的能力让敌人钦佩，罗马皇帝下令，在攻占叙拉古之后，务必生擒阿基米德，拜他为师父。可惜，士兵们不认识这位物理学大师，破城后，在他专心致志计算的时候杀死了他。

阿基米德代表了古代科学与技术的顶峰，但这些技术还不够成熟到应用在大规模杀伤武器中。例如，用反射镜聚焦太阳能的装置，尚不足以产生让战船燃烧的温度，这需要反射率极高的材料，还需要灵活的设备来调整聚焦光的角度。

但科技作为替代人力的力量，驱使着智慧人士不懈地探究。

火药和钢铁在军事上的规模使用，遏制住了马匹快速移动的杀伤力，结束了骑兵时代，让人类战争进入了又一个新纪元——操控人造火的时代。

5.2.1 始于中国的火枪与火炮

火药在公元 8 世纪由中国炼丹道士发明。

与全世界任何地方一样，炼丹道士是科学的守护神。中国的炼丹道士们也是最好的科学家，他们持续研究长生不老术和点石成金术。在此过程中，他们做出了大量伟大的发明，例如，指南针、火药、冶炼术、针灸，以及各种草药等。在公元 808 年（唐宪宗元和三年）成书的《太上圣祖金丹秘诀》中，明确记载了火药的配方。

在宋代，火药已被大规模地用在战争上。公元 1023 年（宋仁宗天圣元年），汴梁的武器作坊中已经有“火药作”。公元 1044 年官方出版的《武经总要》，记载了三种军用火药配方。宋朝利用火药制造的武器有很多种类，如火箭、火炮、火鹞、火蒺藜、火罐等。火枪首次出现的年代是在南宋，枪管由竹子制成。到元代，金属管的火铳开始装备部队。

在元朝末的战争中，火枪和火炮都得到了大规模的应用。无论起义军之间的战役，还是起义军与元朝军队的战役，火器都发挥着重要作用。在起义军中，朱元璋更加注重火器的研制和使用。在公元 1366 年攻打张士诚的平江城时，朱元璋派出了 48 卫部队，每卫约 5000 人，配备 50 余门大/小将军炮、5 座襄阳炮（抛石机）、50 座七梢炮（抛石机）。其中，将军炮是火药炮，因为其威力大，故得此名。此外，部队还大量配备了火铳、火枪、神机箭等。

明朝建国初期，火铳在军队中的配比为 10%。到明中期，使用火器的军人占三分之一，部分部队的比例达 50%。同时，火炮和火枪的品种十分丰富，达数十种之多，根据不同的应用场合研发和使用。公元 1388 年，明将沐英率 3 万人平定云南思伦发叛乱，思伦发麾下拥有百头大象的大象军在明军火器攻击中溃不成军。沐英还发明了轮战战术，将士兵三行一组，每组中，第一行射击后，退到第三行装填弹药，让第二行射击。轮战战术提高了射击效率。同时，明军发明了铳马，这是一种能连续射击的火枪，且射程更远，杀伤力大增。

在明代的战争中，火枪和火炮已经得到了大规模使用，而且随着战争的持续，规模愈演愈烈。以在 17 世纪发生的明清辽东争夺战为例。据《明实录》记载：在 1618 年至 1621 年这 3 年间，明朝发往辽东广宁的火器有：天威大将军 10 门、神武二将军 10 门、东雷三将军 330 门、飞雷四将军 384 门、捷胜五将军 400 门、灭虏炮 1530 门、虎蹲炮 600 门、旋风炮 500 门、威远炮 19 门、涌珠炮 3208 门、连珠炮 3790 门、翼虎炮 110 门、大小钢铁佛郎机 4090 门、神炮 200 门、神枪 14040 支、铁铳 540 支、鸟铳 6420 支、三眼枪与四眼枪共 6790 支、五龙枪 750 支、夹靶枪 7200 支、火药原料清硝 1 306 950 斤、硫黄 370 680 斤、火药 9.5 万斤；此外还包括大小铅弹 142 368 个、大小铁弹 1 253 200 个。制造军械的金属原料有各种黑铅、真钢、建铁、西铁等，计划运送 140 余万斤。

这些数量庞大的物资充分说明了明朝辽东军队对火器的高度依赖，也说明战争多么烧钱。

但是，无论大将军火炮，还是铳马，都还处在枪炮的早期阶段。他们射程近，命中率低，装填时间长。大将军炮的射程约 800m，射出的是弹丸，对于坚固城墙构不成威胁。铳马等火枪在阵地战中有优势，但很容易被对方战术克制。例如，注满黑火药的火枪发射时会喷射出大量浓烟，逆风的时候遮蔽了己方的视线。同时，弹药装填慢，射程小，不及对方的快马弓箭反应迅速。所以，明军在辽东战场上与后金（后改国号为清）的对抗中，一直处于下风，直到红夷大炮登场。

中国发明的大炮传到了西方后，被西方人做了大量改进。红夷大炮是西洋炮，由明军从住在澳门的葡萄牙人手中购得，每门炮的价格约

1000 两白银，首次登场作战的时间是 1626 年年初。当时，清太祖努尔哈赤率数万大军南进，袁崇焕率军放弃野战，退守宁远城。后金人在楯车掩护下攻城，这种攻城车蒙着铁皮和牛皮，明军的大将军炮对他们无能为力。但这次城里装备的 11 门红夷大炮，轻松毁灭了后金人的攻城车。之前，清太祖在和明军交战中屡战屡胜，这次却无可奈何。《清太祖实录》称，清太祖努尔哈赤一生“战无不胜，攻无不克，唯宁远一城不下，遂大怀愤恨而回”，于当年 9 月去世。袁崇焕构筑的“宁锦防线”成为清军无法逾越的障碍。可惜在谗言之下，袁崇焕被皇帝处死，明朝江山随之不保。

在天主教教士们的帮助下，明朝到 1632 年已经仿制了 500 门红夷大炮，有效地阻止了清军入关。公元 1644 年，李自成带领的农民起义军杀入北京城，推翻了明朝的统治后，就面临和清军的作战。但他们缺乏和清军作战的经验，一败涂地。随后，清军收编了明军制造红夷大炮的技术队伍，并将红夷大炮改名为“红衣大炮”，使之成为统一中国的利器。

红衣大炮取代大将军炮，代表了中西战争力的反转，也预示了后来鸦片战争的结局。实际上，清末的张之洞、李鸿章等人开展的洋务运动，在明末就已经由徐光启等实施了，而且，徐光启等人比李鸿章、张之洞等人做得更好。徐光启从科技入手，虚心向利玛窦等传教士学习几何、算术、天文学、水利、工程学、农业，翻译欧几里得的《几何原本》等，并带出了一批弟子，其中有孙元化。孙元化按照西方的城堡知识，重构了山海关、辽宁等抗清一线的城防，编写了《西洋神机》一书，详细介绍了红衣大炮的制造和使用方法，并培养了两支制造红衣大炮的专业队伍。但徐光启、孙元化等人翻译和传授的科技知识没有被知识分子们学习，精英空谈之风一直延续，宁拜王阳明，不学徐光启，不能不说这是遗憾的事情。

在技术上，红衣大炮的性能之所以远优于大将军炮，原因在于近代科技的应用。首先是铸造工艺和合金金属质量的极大提高。红衣大炮使用了整铸法等几十道工序，使得红衣大炮能够承受更强的压力，射程更远。其次是数学弹道的计算。红衣大炮通过配备的“量铳规”记载参考数据，然后再通过实际试射获得校准后的数据。这样，通过调整炮身不同的角度，就可以知道打到什么地方。由此，科学、技术、计算和实际测试之间形成了一个完整的反馈系统，大大提高了红衣大炮的命中率。同时红衣大炮操作简单，炮手们易于掌握。从 15 世纪至今，火炮的制造及控制系统的研究都一直是推动科学和技术进步的重要因素。

5.2.2　火炮与城堡的科技进化

火药在 13 世纪末传到欧洲，欧洲战争中的各方立即意识到火药在军事中的巨大价值，枪炮立即被使用并持续地得到改进，在战争中起到了颠覆性的作用。枪炮的应用和改进，改变了西方文明的进程，其特点是教皇权力旁落、欧洲各民族国家的独立和国家中央政府的确立。

早在火药被发明之前，铁已经被发明了近两千年。铁是农耕文化的支撑，在粮食种植的过程中，从耕地到收割，铁器都是最重要的工具。中国是世界上最早大规模炼铁的国家，铸造技术曾远远领先于西方，铸铁量在 18 世纪仍然占据全球一半。这导致中国的农业生产十分发达，经济富裕，养活了全球约三分之一的人口。

当火药与铁结合在一起，武器得到了巨大的升华。火炮在 14 世纪开始在战争中投入使用，其爆炸后的巨大的轰隆声和释放的漫天烟雾，让战马受惊而四处乱跑，骑兵被摔落马下。骑兵的威力大打折扣。到了 15 世纪，弹道计算技术使炮击的精准度逐步提高，火炮成了攻城利器。从公元 1450 年到 1453 年，法国人用火炮轻松射塌了英国人的防御堡垒，将英国人赶出了诺曼底。接着，法国政府开始用大炮轰击封建领主们所建筑的高而厚实的城堡。这些城堡过去用于防御骑兵，和捍卫城堡主对国王的权利、拒交税负等，但在大炮之下，这些城堡一个接着一个被毁灭。到了公元 1478 年，法国王室实现了对分裂达 6 个世纪之久的国土的完全控制，由此建立起中央集权制政府。集权制让国家强大，很快法国成为欧洲头号强国。

公元1494年，在经过精确计算后，火炮进行了另外一项重大改进，减小了后座力，因此大炮能够在木架上发射，被安装在马车上移动，由此，掀起了炮兵革命。同年，法国国王查理八世决定翻过阿尔卑斯山征服意大利，当他带着40门大炮到达意大利时，意大利人闻风而降。意大利人说："火炮如此迅速地靠墙安好，发射得如此密集，弹丸飞来的速度如此之快，力量如此之大，几个小时内造成的破坏等于过去意大利战斗中几天的破坏。"

在火炮设计方面，自然哲学家、冶金学家、数学家和工匠们被召集在一起，以便设计出射程更大、威力更强、更方便移动的火炮；同时，计算弹道便于精准打击。

新型火炮达到了攻城者几千年来梦寐以求的效果，导致重新设计城堡以抵御火炮成为最重要的事情，为此，攻击与防御双方都聚集了最优秀的科技人才。意大利人作为受害者当然是一马当先，招揽天下善于计算的工程人才。达·芬奇、米开朗基罗等人都竭力向意大利政府推销自己设计建造工事的本领，其中，达·芬奇推销自己获得了成功，如愿成为一名军事城堡检查员。

在城堡构筑方面，需要考虑新火炮的弹道和爆炸特性，城堡需要能分散火炮的威力，使之无法形成单点突破。为此，守城者城堡建筑得很高，上面建有瞭望塔，便于指挥城内的大炮。而攻城者则把火炮接近城墙，对准墙基密集平射。当墙基被打穿后，城墙就会在重力作用下倒塌，同时瞭望塔也会坠落。倒塌下来的城墙填埋了护城的壕沟，正好为攻城的步兵或骑兵开路。经过几十年的攻防探索，"棱堡"设计胜出，满足了这样的需求：既能抵御火炮的射击，又不让接近的敌人步兵搭云梯攻城。"棱堡"是科学的结晶，需要精确的数学计算。

当“棱堡”大量出现后，攻城技术也随之进化。例如，设计与棱堡平行的平行壕沟，将大炮安置其中进行炮击，同时挖掘与城墙垂直的工事，让步兵接近。再挖一条与棱堡平行的壕沟，将大炮移进来开始炮击，接着再挖垂直工事，如此逐步逼近。到 17 世纪，最优攻城方案被确定下来：通过三次逼近，每次逼近之间的距离得到科学确认，其效果达到最佳。

5.2.3　枪炮的自动化与杀戮机器

与火炮的广泛应用相比，火枪的普及则慢得多，这代表了小型化技术的难度。

由于难以控制火药，士兵们一直不敢使用便携火枪。同时，在虚荣的“武士精神”驱使下，一些战士更愿意使用刀剑和弓矛作战。但随着火枪的改进，一向以作战勇猛著称的瑞士人为此吃尽苦头。1515 年，他们以披甲骑兵持长弓和长矛攻击法国阵地，被法国大炮打得伤亡惨重，从此沦为法国的雇佣兵。几年后，在他们为法国出战西班牙时，悲剧重演，西班牙的火枪手在半个小时内杀死了 3000 多名冲锋过来的瑞士人。

火绳枪接着登上了战船。1571 年，一场改变历史的大战发生。统治地中海的奥斯曼帝国海军与基督教海军在勒班陀决战。双方都没有火炮，奥斯曼帝国的士兵手持传统的复合弓，而基督教的士兵手持火绳枪，双方在战船靠近后隔船互射。战局可想而知，奥斯曼人遭到了屠杀，参战的 6 万人战死 3 万人。此战成为地中海战役的转折点，奥斯曼帝国的黄金时代被终结，传统的作战方式就此日落西山。

枪炮的巨大杀伤力带来了巨大改变，科学的重要性首次被君主们视为重中之重。17 世纪，一系列军事院校开始成立。第一所军事学校成立于 1617 年，旨在培养有技术能力的陆军军官。1668 年，法国路易十四设立炮兵学校和工兵学校。在学校里，掌握数学是首要的，学员们被迫死记硬背欧几里得几何、代数和工程建筑知识，考试不好则会被鞭打。

军队由此进入了一个新时代。操练、纪律、机械学、火炮射击学，成为士兵们的基本素质。掌握了这些技能的军队在世界各地所向无敌，开启了西方的殖民地时代。1532 年，168 人的西班牙入侵者击败了号称有 8 万军队的印加帝国，生擒皇帝阿塔瓦尔帕。

到 19 世纪中叶以后，机械学和冶金学的发展，让枪炮技术得到大幅提升，机枪的发明让残存的骑兵彻底退出了战争主舞台。蒸汽机推动的轮船和火车，给战争提供了快速的补给，从兵源补充、弹药补充，到粮食等后勤补充，都改变了战争的形式。

枪炮技术的巨大进步，使战争的死伤规模急剧增加。拿破仑时代，在采取大规模主力决战模式的战斗中，一场大战的死亡人数在 2 万人左右。1812 年的莫斯科城外之战，使拿破仑损失了 2.6 万人；在最惨烈的滑铁卢战役中，法军士兵死亡 2.7 万人。在整个拿破仑时代的征战中，死亡人数约 10 万人。

随着武器的进步，战争中的死亡人数急剧上升。在 19 世纪 70 年代的美国内战期间，只有 3200 万人口的美国，战死 20 万人，另外有 40 万人死于伤病。到了第一次世界大战，以马克沁机枪为代表的自动化武器代表了当时制造业的最高水平，将杀戮推到了极致。步兵的步枪一分钟可射出 15 发子弹，机枪一分钟能射出 600 发子弹，大炮一分钟能发射 20 发炮弹。在著名的索姆河战役中，第一天就有 2 万名英国士兵倒在机枪之下，还有 4 万余人受伤。在整个一战期间，法国失去 170 万名男青年，德国战死 200 多万人，英国也有 100 万人战死疆场。

这一时期的战争，属于牛顿力学时代。牛顿力学可以清晰地指导子弹与炮弹的轨迹，计算出射击的距离、射击后的反冲力，以及如何进行优化。贵族官僚们第一次不情愿地服从科学，让科学来指导杀伤力，并取得惊人的进展。那些不掌握牛顿力学、仅靠商业购买武器的民族，都被挤出了世界权力角逐的中心。

科学于是获得了帝王们的更大投资，征服的野心也被推向了更高峰。

5.3　操控波与粒子：无线电与原子弹

一战结束才 20 年，更大规模的第二次世界大战就开始了。

二战是由德国发动的。当时，拥有最先进科学技术的德国认为，由于西方各个帝国仍然用常规方式组织军队，技术和装备落后，装备了先进武器的德国便可以用闪电战瞬间毁灭敌人，清理种族，赢得霸权，同时又能保证自己毫发无损，也不必把德国的工业全部投入到军需生产中，影响自己的经济发展。同样，自以为是科技强国的日本人认为征服亚洲，也只须通过快速压制，迅速取得胜利，妄想三个月灭亡中国。

5.3.1　钢铁机器与无线电之战

闪电战的核心是物理学进步带来的时空变化。

在牛顿力学里，物体在时空中运行的速度是有限的，几乎可以用肉眼追踪。19 世纪中旬开始的新一轮物理革命洞悉了电磁学的秘密，从此，信息能够以光速传递，能量转换与守恒定律揭示了能量之间的转换，使得发动机技术及在此基础上的汽车、坦克、飞机、军舰成为运送士兵与实施闪电战的基础。

德国空军将领哈德·米尔希在战前这样讲述闪电战的机制：“俯冲轰炸机将形成飞行的大炮，通过良好的无线电通信与地面部队协同作战——坦克和飞机都将由指挥员调动。真正的秘密在于速度——高速通信带来的高效进攻”。

德国人的闪电战在初期取得了巨大的成功。在用不到 5 周的时间占领波兰后，1940 年 5 月到 6 月，在短短 2 个月里，他们就击败了英法联军。法国投降，英国人丢弃了所有重型装备，从海上逃离欧洲大陆。除了苏联外，德国已顺利占领欧洲大陆，所付出的代价极小。到 1940 年 7 月，希特勒认为战争已经结束，他让陆军的 100 个师中的 35 个师复员，让工业进入和平时期的运转，全面提高消费品生产。

但是，英国作为牛顿和麦克斯韦的故乡，加上美国和苏联的科技与工业实力，他们不会善罢甘休。

英国人首先解决了一个关键问题：破译德国人的密码。德国人的恩尼格玛密码机被认为是不可能破译的，但英国有阿兰·图灵这样的数学家和逻辑学家。运用真空管技术，阿兰·图灵用计算机的力量来破解无线电密码。首先被破解的是德国潜艇的密码，由此结束了德国潜艇的优势，让盟军的海上运输线畅通无阻。

同时，英美联手改进雷达技术，该技术能够预警德国的飞机，从而大大降低了德国远程轰炸的威力。希特勒认为，他的新型空军拥有的 1000 架轰炸机能够迅速消灭英国空军，并粉碎英国民众的意志。但在 1940 年 8 月到 9 月的大不列颠空战里，德国就损失了 600 架轰炸机，不得不放弃“以空中力量赢得战争”的梦想。从 1942 年 2 月开始，盟军获得了绝对的空中霸权，开始系统地轰炸德国各个城市的工业基地，使得德国的战败只是时间问题。

对于狂妄的日本人来说，技不如人的代价显得更加惨痛。在珍珠港之战前，日本有 8 艘航空母舰，是当时世界上拥有航空母舰最多的国家，也因此被认为是海上第一号强国。1941 年 12 月 7 日，在 6 艘航空母舰率领下，日本偷袭珍珠港并大获成功。次年 6 月，为了得到可以进攻美国的飞机场，他们决定夺取中途岛，为此出动了 4 艘航空母舰率领的大型舰队。这本来仍然是一次偷袭行动，也许会和珍珠港偷袭一样成功。但日本人没有想到，他们的无线电密码已经被美国人破译，美国人对他们的行动计划和作战方案已经了如指掌，并能够准确预测日本舰队的具体位置。

当时负责密码破译的莱顿中校向司令部预报：“**日本机动舰队将从西**

北方来，方位 325°，将在离中途岛 175 海里的地方被我们发现，时间是中途岛时间 6 时。”为此，美国人决定派出仅有的 3 艘航空母舰进行伏击。当在准确的时间发现日本舰队后，美国太平洋舰队司令尼米兹向莱顿中校说：“**祝贺你，与你预报的只差了 5 海里。**”同时，美国战舰已经全部配备了雷达（不久后，飞机也开始装备雷达），能够远距离发现飞机和舰船。而日本的舰队上没有这种配置，只能靠肉眼观察，所以，等到发现对方飞机时，已经来不及准备。这样，中途岛大战以日方参战的 4 艘航空母舰被全部击沉为代价，日本彻底失去了海军优势。而美国只损失了一艘航空母舰。

无线电的技术也同时被挖掘，延时引信因此产生。在炮弹头上加上无线电感应器，使之探测到目标后再爆炸，这是一个简单的物理学原理，一旦运用到战争中，效果就十分惊人。延时引信技术首先装备在美军太平洋海军的防空高射炮中。在应用该技术前，每 2400 发炮弹才能击中一次目标，但现在只需 400 发即可击中飞机。所以，当绝望的日本人通过神风特攻队发动自杀性攻击时，美国加快了延时引信高射炮的部署，使得在战争后期，这种自杀性攻击毫无用武之地。

5.3.2　原子弹：还原一切为物质与能量

1895 年 11 月 8 日晚上，德国伍兹堡大学的物理学家伦琴仍然在实验室工作。

实验室是幽暗的，伦琴突然被房间一处神秘闪光吸引。经过确认，他发现这些闪光是从一张纸片上发出的，这片纸上涂有铂氰化钡。他知道这种物质在阴极射线的照射下会产生奇异的荧光，但他的阴极射线管刚好被另外一块厚纸板挡住了，难道射线穿透了纸板？他关掉阴极射线管，纸片的闪光就消失了。当他把纸片拿到另外一个房间，再打开阴极射线管时，纸片仍然在闪光。这说明，有一种射线存在，而且具有强大的穿透力，以至于能够穿透纸板和墙壁！但他不知道这是什么射线，就起名为 X 射线，意思是未知的射线。

50 岁的伦琴无意中引发了一场物理革命。这个发现导致两个标志性结果。其一，原子是有内部结构的，而不再是最小的、不可分的粒子。对原子内部结构的探索引发了量子革命，使得整个人类物质文明重新建构。其二，某些元素是不稳定的，对这种不稳定的理解，引起了核能的发展，其直接效果是在 50 年后的 1945 年 8 月 6 日，爆炸的原子弹开启了战争新时代，也开启了人类文明的新格局。

20 世纪初，一批物理学家和化学家试着解开那些不稳定原子的具体衰变之谜。1938 年 11 月，逃离德国的奥地利女物理学家、犹太人迈特纳在瑞典收到她在德国的合作伙伴、化学家哈恩的信。信中说，1938 年 10 月，他用中子轰击铀产生了一种新元素，这意味着原子核也能分裂。那么如何鉴定这种新元素呢？以及新元素为什么会产生呢？哈恩自己认为，这种新元素应该是钡。

迈特纳马上进行计算。根据爱因斯坦的质能公式，计算结果令人吃惊：这种分裂将产生巨大的能量，大约是普通化学反应产生能量的 4000 万倍！迈纳特被自己的计算结果惊呆了，如果纳粹德国利用这种能量投入战争的话，盟军几乎没有胜算的可能。她立刻找到正要启程赶往美国的物理学家玻尔，告知了这一发现及其隐含的重大意义。

1939 年 1 月，哈恩和他的助手物理化学家斯特拉斯曼发表了关于铀原子核裂变现象的论文，世界各地的物理学家和化学家们纷纷验证了这个命题，并进一步提出有可能创造这种裂变反应自动进行的条件：原子能够被击破，并会释放巨大的能量！原子能释放的巨大能量使那些饱受德国摧残的物理学家们深深担忧。1939 年 8 月，爱因斯坦亲自给罗斯福总统写信，阐述原子弹的威力，和立刻制造原子弹的紧迫性。

事实上，当时物理学家在军事家眼中的价值并不大。德国是核物理理论和技术最领先的国家，但军事家们仍然痴迷于经典物理学的效用，基于钢铁、火药与运动的机械力学占据了主导地位。德国将主要战争资源放在坦克、火炮和枪支上，其典型代表是古斯塔夫大炮，这种远古恐龙似的火炮全长 53m，重达 1500t，炮弹质量达 7000kg，只能在铁轨上发射，仅仅安装就需要 1400 人工作三周，服务一门炮的人员达 4000 多人，其结果是它在二战中只用过一次。德国的喷气式技术领先全球，但先进的 V2 导弹却仅仅被用来轰炸民用目标，具有巨大优势的喷气式战机则没有批量化生产，所以他们在原子弹方面也没有投入太多力量研制。

随着战争的进行，到 1942 年，美国人意识到，需要一种更加有效的武器来对付德国人。于是，1942 年 6 月，罗斯福总统批复了规模空前的曼哈顿计划，并由物理学家奥本哈默担任负责人。

原子弹还没有制造成功时，德国就战败了，但盟军与日本的战斗还在进行。日本军方仍然在负隅顽抗，尽管在他们防御最坚固的硫磺岛战域中，日军与美军的死伤比已经是 4∶1，而且日本的空军和海军已经被消灭得干干净净，然而他们仍要战斗，哪怕回到原始社会也在所不惜。

1945 年 7 月 16 日，美国人进行实验，成功爆炸了第一颗原子弹。对此，科学家们欣喜若狂，他们的价值第一次得到了政治家们的承认。听到原子弹成功爆炸的消息，丘吉尔明白地预言道：“**火药算什么？微不足道！电力算什么？毫无意义！原子弹才是雷霆万钧的基督复临！**”

日本统治者不信这个，他们仍然相信人多势众和武士道精神的力量：“**我们将战斗到吃石头！**”1945 年 7 月 26 日，杜鲁门、蒋介石、丘吉尔签署了《波茨坦公约》，要求日本无条件投降，否则“**必将使日本军队完全毁灭，无可逃避，而日本之本土必将全部毁灭**”。但是，日本统治者在 7 月 28 日举行的记者招待会上宣称：“**没有别的出路，只有不予理会并且战斗到底**”。

盟军只好让日本人亲身体验一下现代物理的力量。1945 年 8 月 6 日，第一颗原子弹投放在日本广岛。投放后机组人员回头看了一眼，这座城市被烟火巨浪彻底吞噬，仿佛完全消失了一样。机组人员说：“**我相信任何人都难以想象这一瞥之下所见的情形，两分钟前还是清清楚楚的城市，再也看不到了！**”但日本政府仍不投降。3 天后，另外一颗原子弹落在日本长崎，4 万人连同城市建筑瞬间蒸发。1945 年 8 月 15 日，日本天皇不顾军方反对，向全国广播宣布日本投降。二战终于结束了。

第二次世界大战是人类历史上最残酷的事件，人类为此付出了巨大而惨痛的代价。苏联死亡 2000 万人，中国死亡 1500 万人，德国死亡 800 万人，日本死亡 300 万人，英国死亡 40 万人，美国死亡 30 万人，战争永远是生命的死敌。

原子弹的爆炸，让科学的价值第一次被政治家和军人们尊重和诚服。在过去，科学家是他们善良资助的对象。因为适合科学家的工作职位少，收入低而不稳定，几乎难以糊口。整个历史书中都是由政治家、官员、军事家的名字充斥着：战争赢了，是军事家的指挥天才；粮食丰收了，是官员治理有方；瘟疫被制止了，是政治家的英明。即使在一战时期，全球物理学家的队伍不过数百人，在战争中，他们中一些人不得不加入普通士兵队伍，手拿刺刀走上战场，冲锋陷阵，死伤疆场。

在二战期间，德国纳粹本着雅利安人的傲慢，疯狂迫害犹太人和非雅利安人如匈牙利人、捷克人、波兰人和苏联人，导致大量科学家不得不偷渡到尊重科学家的地方。英国是最尊重科学家的国度之一，是伟大科学家离世享有国葬待遇的国度，美国也有类似的文化。所以二战伊始，在美国和英国，数学家、物理学家、化学家们就被特别召集起来，从事各种秘密任务，利用他们的数学、物理和化学知识，以及他们的实验本领，提供最有效的战争工具。

事实证明，整个科学家的队伍很小，但他们做出了巨大的贡献。从此，在那些急需发展而非官僚当道的国家里，科学家不仅得到了重视，也得到了地位和权力，他们进入国家决策者的队伍，成为国家力量的构造者，总统科技顾问一职也成了标配。

科学能够在二战中发挥巨大作用，离不开盟国先进的技术和工程水平，这是第二次工业革命奠定的基础。在战争开始的时候，轴心国在武器装备数量和水平上遥遥领先。但到了 1943 年，武器水平和物资数量的平衡已经发生逆转。在 4 年的战争中，美国生产了近 30 万架飞机，是日本的 5 倍，是德国的 2 倍，而且性能更好。在车辆制造方面的差距同样巨大，美国生产了 240 万辆车，超过德国 6 倍，超过日本 15 倍。

科学、技术和工程的力量融合在一起，释放出了巨大的战争威力。

5.3.3　以物理科技优势冰封战争

原子弹的发明标志着物理科技在战争中的绝对统治力。

当爱因斯坦发现质能公式的时候，没有想到他唤醒了原子中沉睡的能量，更没想到能量如此巨大。原子弹的杀伤力让科学家们振奋、震惊，为它杀死了那么多平民而懊恼、后悔，为人类的前景而深深担忧。

政治家们也困惑了。原子弹彻底地改变了战争的格局。二战时，无论德国人对伦敦的轰炸，还是盟军对柏林的轰炸，都是夜以继日地进行的，连续数月轮番轰炸，但城市依然存在，人民继续生活。如今，一颗小小的原子弹就能瞬间抹去一座城市，连同他的人民、他的建筑、他的设施。如果有几十颗这样的炸弹，闪电战的效率就更加彻底了。

原子弹引起了人类意识的真正革命。在过去，哥白尼的日心说、牛顿的万有引力定律，以及爱因斯坦的相对论等引起的革命更多是宗教上的，对人们的生活没有什么影响。太阳照常从东边升起，从西边落下，地心说更加方便；苹果照样落地，鸟儿照样飞翔在天空，不需要自由落体定律去计算。时空相对论也许可以用“做快乐的事情，时间过得快”做比喻，但没有相对论，也可以理解这个道理。因此，这些物理学规律固然很了不起，但不影响人们的生活，如吃饭穿衣、种田打工。

原子弹带来的震撼是：造一万辆坦克也比不上一颗小小的原子弹，一支 100 万人的军队也可以在瞬间被化为云烟。数量上的优势，在物理操控带来的质量进步面前毫无意义。

人类文明的进程就此改变。通过科技进步，1%的农民就能生产其他 99%的人需要的粮食和蛋白质，将来，1%的人也能够生产其他 99%的人需要的钢铁、水泥、房屋、电器、汽车等所有工业品和消费品，人口红利变成了伪命题。商业模式也发生了改变。只有基于具有科技领先效应的物理原理，才能拥有持久的竞争力。如果把资源放在操控物理微观的研究上，其带来的竞争力优势是碾压一切的。

实用的政治学家们更懂得失败的代价。既然原子弹威力如此巨大，就应该集中力量去研究，使它能以更小的成本去规模化地制造，使之威力更强大、投掷更便捷。

5.4　新军事竞争：从微电子到量子信息

曼哈顿计划的成功，确认了科技在战争和经济中的领导地位，大科学模式得以建立。从此，以国家意志推动科技进步确保国家竞争力成为首要战略。

战争的形式发生了剧烈变化。虽然在局部战争中，双方的士兵们驾驶飞机、坦克和火炮进行激烈的交锋，但这些仅仅是小儿科。真正的大战发生在宏观领域，对峙双方通过科技出招即可决战。军事革命在高科技驱动下，从军备数量转向对科技优势的追求。

从效率的角度看，优先发展高科技（计算机、通信和传感器）的原因很明显。计算机技术的进步一直遵循着摩尔定律，性价比平均 18 个月就提升一倍，因此，电子学和计算机技术必然是重中之重。相比之下，传统武器如战车、舰艇、飞机、火箭、炸药、能源等，每 20 年的性能进步都不到一倍。例如，在驱逐舰领域，1902 年的班布里奇号的速度是 29 节，1989 年最先进的阿利·伯克号的速度是 30 节。在战斗机领域，1950 年的 F-86E 的速度为 700 英里/小时，到目前，最先进的 F22 战机的速度不到 2000 英里/小时。

高科技武器竞争的领域包括以下几类。

5.4.1　核武器的竞赛

美国在成功爆炸原子弹后，明白自己掌握了最重要的战争武器。美国严格保守技术秘密，甚至对其最可靠的英国盟友也缄口不言。美国分析家认为，他们领先苏联 20 多年，足以牢牢控制战争霸权。

但美国人错了。同是科技强国的苏联在战后立即研制原子弹，并于 1949 年 8 月 29 日成功爆炸了第一颗原子弹。从此，美苏双方开始了核武器竞赛，并将世界笼罩在被毁灭的恐惧中。1950 年 1 月，美国总统杜鲁门下令加速研制氢弹，并于 1952 年 11 月成功引爆氢弹。1953 年 8 月，苏联的氢弹也实验成功。1977 年 6 月美国的中子弹研制成功，并将其装载到飞机、导弹和炮弹中。

为了捍卫中国的和平，1964 年 10 月，中国自行研制的第一颗原子弹爆炸成功；1967 年 6 月，中国又成功进行了首次氢弹试验，威力达 330 万吨 TNT 当量。接着，中国在 80 年代掌握了中子弹技术。通过不断打破超级大国的核垄断、核讹诈政策，以钱学森为代表的科学家们为守卫中国的和平做出了巨大贡献。

如何快捷投掷原子弹问题催生了新的技术。对美国而言，首先是研制更好的战略轰炸机。投放在日本广岛和长崎的原子弹由 B-29 战略轰炸机实施，接着 B-47 同温层喷气机取而代之。1955 年 B-52 列装，随后成为美国空军服役时间最长的亚音速远程战略轰炸机。其次是舰载核弹。1952 年，核弹被运送到航母上组装，这样，舰载机就可以执行核打击任务。更好的方案是核导弹，第一代地地战略核导弹在20世纪50年代末期由美、苏各自研制成功，最长射程达10000km，弹头威力可达500万吨TNT当量。1960年，美国北极星核导弹在“乔治·华盛顿”号上发射成功，标志着美国从水下、地面、空中全方位实现了核打击能力，完成了“三位一体”的战略核威慑部署。

核能还被作为军事动力使用。1954年，世界第一艘核动力潜艇——美国的“鹦鹉螺”号正式下水，其续航能力为8万海里，可以连续几年不用加燃料。1960年，第一艘核动力航空母舰——美国的“企业号”正式下水，其续航能力为40万海里，换一次燃料可以使用13年。

5.4.2 精确制导武器的竞赛

精确制导武器的核心是途中操控和自动终端寻的，使弹头能够精确命中几千米乃至几万千米之外的目标。武器装配在空中、地面、水面和水下各种承载装备上，单兵作战也可以使用。

二战期间，运用声波、无线电波和雷达制导的炸弹被研发成功。1943年，英国通过“自由号”巡航轰炸机发射的声寻鱼雷成功击中德国潜艇，首开纪录。德国的V-1飞航式导弹、V-2弹道式导弹给盟军留下深刻印象，美苏在战后竞赛研制各种制导导弹。但限于当时的科学技术水平，这些导弹的制导精度不足。

在1960年激光器诞生后，激光制导技术迅速发展。研发成功的激光制导导弹，通过飞机向地面目标发射，精确度小于6m，首先用在越南战争中，在随后的中东战争中发挥了重要作用。1973年10月的阿以战争只持续了18天，精确制导武器的使用，使双方损失了开战时投入的武器系统的三分之一。

70年代以后，信息技术、半导体元器件、微芯片的进步使各种器件微型化。随着小型化、高精度、低成本的制导系统被安装在直升飞机、导弹、炸弹乃至炮弹上，精确制导技术普及到常规武器中。到了 90 年代，通信卫星和 GPS 卫星系统的实用化进一步提高了制导精度。

在 20 世纪 90 年代美国发起的几场战争中，精确制导炸弹在炸弹总量中的占比达 80%以上，精确制导已成为武器装备主流。在 1991 年的“沙漠风暴”行动中，美军为了避免被地面炮火袭击，飞机均在 2 英里以上高空飞行，但仍然破坏了对方 2000～3000 件重装甲装备，精确弹药的命中率约 20%～30%，比以往战争的最高命中率还要高出数倍。在 1999 年的科索沃战争中，由于全面采用精确制导武器，美军仅有 2 人因事故死亡，无人在战斗中死亡。

在今天，由于微电子固件和集成电路的进步，无线电制导、红外制导、激光制导和惯性制导的采用使制导武器发生了革命性的进步。基于红外和激光制导的光学制导技术、射频制导技术、多模复合制导技术成为主流，量子制导系统不仅提供了在 GPS 失灵情况下的替代方案，更使制导精度在数量级上得到提高。

5.4.3　军事航天系统的竞赛

在二战中，制空权是重中之重。太空权的控制，将科技需求提升到新高度。

在 20 世纪的科技史上，1957 年 10 月 4 日是一个大日子。这天晚上，苏联成功发射“斯普尼克 1 号”人造卫星，这极大地震慑了美国人。自二战结束以来，美国人一直认为自己是科学和技术上的主宰，并对美国的政治制度充满了骄傲。他们认为苏联的科技不可能超过美国，所以在 1957 年年初，美国继续大幅削减军费开支，尤其是技术研究军费。当“斯普尼克 1 号”发射成功的消息传来，美国从政府到国民均陷入了恐慌。他们自然地联想到，发射卫星的火箭，也能作为洲际导弹把氢弹发送到打击目标。1957 年 11 月 3 日，苏联发射了第二颗人造卫星，其负载重达半吨，还有一条活狗。美国人说，“斯普尼克 1 号”对美国的打击，远比珍珠港事件严重。碰巧的是，当年获得诺贝尔物理学奖的是华人物理学家杨振宁和李政道，在两人去瑞典领奖期间，美国联邦调查局全程紧张地盯着他们俩，担心他们不回美国。

由此，美国将确保科技霸权作为国家战略，进入全民性部署，包括在中小学教育中大幅增加数理化课程。为了回敬苏联，美国于 1958 年 2 月 1 日成功发射了“探险者 1 号”卫星。接着在 1960 年 8 月 10 日成功发射第一个军事侦察卫星“发现者 13 号”，终结了高空侦察飞机的历史使命。次年，苏联也成功发射“天顶”侦察卫星。1961 年 4 月 12 日，苏联尤里·加加林乘坐“东方 1 号”宇宙飞船遨游天空。1969 年 7 月 20 日，美国阿波罗 11 号成功发射，108 小时后，阿姆斯特朗踏上月球的土地。1981 年 4 月，重达 68 吨的美国载人航天飞机“哥伦比亚号”成功发射，意味着太空战争进入实用阶段。在军事用途上，航天飞机既可作为侦察飞机，也可作为核战略轰炸机；既可用作战斗机发射各种精确制导导弹，也可当作空中战车毁灭对方的空中卫星。

到 2006 年，各国已经发射 6000 多个航天器。其中，通信卫星和 GPS 导航卫星系统在军事上用途巨大，在工业和民用上也极其重要。第一个通信卫星“斯科尔号”由美国于 1958 年 12 月发射。1966 年，军用通信卫星承担起美军的战略通信任务，从越南战争开始进入实用阶段，随后在海湾战争中发挥了巨大作用。第一颗 GPS 导航卫星由美国 1978 年发射，到 1993 年，陆续发射的 24 颗卫星构成了全球 GPS 系统，其定位精度达到分米级别。

1970 年 4 月 24 日，中国第一个人造卫星“东方红 1 号”发射成功。1999 年 11 月 20 日，中国航天载人飞船“神舟一号”发射成功，确立了中国航天大国的地位。2000 年，中国发射了第一个导航卫星“北斗 1 号”。2013 年，由 16 颗北斗卫星组成的北斗二号卫星导航系统正式提供定位、导航和授时服务。2019 年 11 月，第 49 颗北斗导航卫星的成功发射，标志着北斗三号卫星导航系统的全球组网即将完成。

5.4.4　定向能武器的研发

操控微波、激光和粒子束技术的进步，诞生了定向能武器。

激光和微波都是电磁波，以光速运行，远远超过各种块状物质的移动速度。同时，激光和微波具有聚焦集中、能量极高和反应灵敏等特征，以及成本低的优势。在相同破坏力下，定向能武器的综合成本只有传统高爆武器的百分之一甚至更低，由此成为军事大国们竞相研制的重器。

激光武器主要采用化学激光器和二极管泵浦固体激光器、相干二极管激光器阵列和自由电子激光器技术等，按照部署位置分为机载激光、天基激光、航空航天激光、地基激光，等等。

高功率微波武器又称射频武器，利用定向发射的高功率微波束产生的高能量，实现破坏对方电子设备乃至杀伤人员的作用。

2010 年 2 月 11 日，美国导弹防御局用机械激光测试平台（ALTB）成功摧毁了一枚助推弹道导弹，从而证实了可以用定向能技术防御弹道导航。由于激光以光速运行，远高于弹道导弹飞行的速度，而且它每次拦截的成本极低，且能同时打击多个目标，这意味传统的远程导弹先发致人策略面临失效。

5.4.5　隐身技术的运用

隐身技术是利用电磁波的界面作用特性，减小被雷达探测的概率。其他特性如红外、可见光、声音、烟雾、尾迹等物理属性也是考虑之列。1966 年，苏联学者发表的“在物理折射理论中的边缘波方法”是隐身技术的基本理论之一。

隐身技术的驱动力主要来自减少飞机被雷达发现的概率，以提高飞机的生存概率。随着精确制导技术的进步，对电磁波和红外的隐身显得越来越重要。到 20 世纪 70 年代，隐身技术取得了较大突破，美国第一代隐身飞机 F-117A“夜鹰”于 1975 年诞生。1989 年，美国第二代隐身轰炸机 B-2 研发成功，1997 年开始服役。当前，美军第三代隐身战机的代表为 F-22 和 F-35。

随着隐身技术的成熟，隐身技术也从飞机延伸到舰艇、潜艇、战车、直升机等军事武器和设施上。

5.4.6 军用传感器的普遍使用

受益于微电子设备、机载信息处理能力、全球定位系统、高数据速率保密无线电、多谱成像、人工智能及量子信息等科学技术的巨大进步，传感器在军事中的应用极为普遍。无人驾驶飞机和机器人的逐步实用化，使战场变得透明，支撑了从大规模战役到防恐巷战各个空间尺度的战斗。

军用传感器分为四类。

(1) 利用可见光和近可见光（红外线和紫外线）的传感器。这类传感器可探测相关物体释放或发射的辐射波。例如，自 20 世纪 70 年代起，夜视仪已经被广泛装备在各种军备上。激光传感器可主动探测，通过发射光波，再搜索反射波来感知和计算目标，自 70 年代用于军事后，发挥了巨大作用。

(2) 利用雷达波和无线电波的传感器。早期雷达是通过旋转波导发射电波进行工作的，如今的雷达则是通过发射由电子操纵的光束进行扫描。这种电子光束来自成千上万个固定平面的小型装置，称为相控阵雷达，其功能全面，能够担负多重任务。例如，发现和跟踪导弹及弹头、捕捉几千千米外的目标，并能同时跟踪数百个目标。雷达的另外一种功能是无线电窃听，可同时监听数千个无线电和电话交谈。此外，量子信息技术的进步，使现代雷达可以穿透树冠、墙壁甚至土壤。

(3) 其他类型的传感器，例如，核辐射、核试验的震动检测、水下目标的声呐探测与追踪、近距运动和磁波探测器、量子束和生物及化学探测装置、声学装置等。通过与无人机或机器人配合，此类传感器可以部署在各个空间尺度的各种位置。

(4) 量子雷达和量子传感器。最近 10 年，量子信息技术得到极大的发展，量子雷达、量子传感器均进入实用阶段，相比于之前的技术，基于量子理论的雷达和传感器在探测和分析能力上均有数量级上的提升，成为未来发展的重点。

在 1973 年的阿以战争中，防空和防坦克是主要用途，配备了高级传感器的以军装备对阿军装备的毁伤比例约为 1∶5。在 1991 年的沙漠风暴行动中，美军坦克综合运用了热成像装置、激光测距仪、稳定炮管和贫铀弹等技术，从 2～3km 外打击伊拉克目标，即使在沙尘暴中，命中率仍高达 85%，美装备军对伊装备军的毁伤比例高达 1∶50 以上。

5.4.7　新一代军事理论 C4-ISR 的运用

当代科技的进步，也改变了军事理论。

到 20 世纪末，C4-ISR 系统成为各国军事战略的核心。C4（Command、Control、Computer、Communication）是指指挥、控制、计算机、通信。以半导体和纳米科技为核心的计算机技术、通信技术、传感器技术支撑着所有武器技术系统，并通过信息系统进行指挥和控制。ISR（Inteligence，Surveillance、Reconnaissance）是指情报、监视、侦察，其基础依然是信息科技改造与支撑的各种武器探测和分析系统，以及相应的基础设施。

2018 年 9 月，美国国务院联合美国国防部、能源部等推出了量子信息计划——《量子信息科学国家战略概述》，这有可能会成为下一代军事革命和信息革命的指南。

量子信息逻辑的本质是处理能力按指数级增长，而布尔逻辑的处理能力增长逻辑是线性迭加的。因此，相比于当前的信息技术，量子信息技术的效率将直接高出几万倍，并以超过摩尔定律的指数级增长为特征。

第6章　宏观经济：工业的驱动力

科技与工业革命的关系早已深入人心。从本质上看，经济的本质是以最小成本获取更大的收益，科学的本质是研究物质之间按照能量的最小作用量原理相互作用，所以，科技革命成为工业革命的能源和动力也就不足为奇了。

科技进步与工业革命相互促进的关系是逐步建立的。在牛顿力学发现前，资本主义刚刚兴起，商业贸易占据主导地位。随着牛顿力学的诞生与成熟，以蒸汽机为标志的第一次工业革命爆发，物理科技被少数发明家用于设计机械。机器思维兴起，但科学界和实业界之间的关系此时还是松散的。

第二次工业革命则完全源于科学新突破，电磁学、热力学和化学成就了第二次工业革命，电气化将动力源源不断地送到工厂、舰船和家庭，钢铁、石油的质量和数量得以全面提升；合成化学创造了化肥、炸药、染料和医药等，农业、战争、消费品和人类健康水平得到全面进步。在这个过程中，具有科学意识的企业家成为新经济的领袖，企业研究实验室大量出现，但科技的主流活动还没有深入到实业界和政治界。

第三次工业革命，又称第一次信息革命，诞生了信息科技和生物科技，将人类带进信息社会。“科技领导生产力”的战略逐渐成为国家意志，半导体技术、激光技术和计算机技术成为这次信息革命的支撑，人类依赖物理学知识创造的廉价而高效的新材料，如硅片、半导体、激光、纳米材料等成为构成信息社会的基础物质，信息将物质和人类活动数字化，以光速在全球流动，商品的制造成本大幅降低，协作效率得以巨大提升。

在三次工业革命的进程中，物理科技逐步进入经济的主流，从发明家扩展到新企业，再到国家意志，物理精神逐步成为生产力进步的基因。

随着科技强则经济强成为一种现实，科技进步周期的变化开始左右经济周期。当经济危机发生时，过去人类用战争来摆脱经济危机，而现在，先知先觉者们则采用科技进步来战胜经济危机，从而导致先进生产力的世界中心从西班牙、英国迁往德国、美国，并逐步形成目前美国、东亚、欧洲三强的格局。

今当，硅基半导体的极限大大提速了第二次信息革命。

6.1　发明时间与空间：科技与工业革命的准备

时间和空间似乎是人类获得直接经验的对象，但时间和空间的抽象性远远超出想象。

直到今天，更精确地测量时间和空间仍然是科学、技术的最前沿，工业革命的高度也可以用对时间和空间的操控精度来度量。

6.1.1　统一时间的诞生

时间一直是宗教的研究对象。佛教的时间命题是进入没有时间和空间的涅槃，时间和空间在涅槃中被经验描述，再无限地细分或者无限地放大，充满了智慧和想象力。但佛教的时间命题的弱点也很明显，时间和空间都是空想中的，无法测量。因此，佛教有进入涅槃的伟大方法论，却没有可以测量与控制空间和时间的手段。

在基督教和伊斯兰教中，时间和空间是十分具体的。在基督教中，耶稣复活是有时间的。基督圣徒圣本尼迪克特要求每 24 小时祈祷 7 次，而不是日出而作，日落而归，首次提出了精确时间的需求。在伊斯兰教中，每24小时则要祈祷5次。同时，祈祷时需要朝着麦加的方向，对测量空间方向提出了要求。

因此，寺庙率先普及了统一的时间。公元6世纪，根据圣徒本尼迪克特的要求，欧洲的四万所寺庙都装上了时钟。从此，人类被一种统一的机械力量号令起来，根据机械钟表的节奏，安排自己的生活、工作和灵魂。每天，钟表的时针按照数字顺序运动，指向的每一个数字都对应着不同的意义，每个人遵循着对应的意义而行动和思考着。

这是一次伟大的变革。人类的肉体和灵魂都按照数字的规定运行着，主观而散漫的感官、自由意志和绝对权力等都被数字统一起来、定量化了。

从13世纪开始，钟表普遍进入了世俗生活。在欧洲各个城镇中，钟楼开始出现，提供准确报时。日子被时间精确裁定，一天24小时，一小时60分钟，一分钟60秒，这个发明延续使用至今，被每个人所熟悉。公务员按照钟表指定的时间上班、办事、下班；士兵按照准确的时间起床、操练、换岗和休息；手工艺者、商人、农民、学生和婴幼儿们按照准确的时间进行劳作、交易、上课、进食和睡眠。

之后，资本主义诞生了。利息可以按照小时计算了，投资可以计算回报率了，工资可以计时了，工人的动作可以统计到秒了。“时间就是金钱”的信念开始普及，守时变成文明人的基本素质。

钟表是整个工业革命的缩影，甚至是人类科技思维的范式，其重要性远远超过蒸汽机。

第一，钟表是一套完整的精密机械，靠齿轮的相互啮合，控制着时针、分针和秒针的精确运动。第二，钟表是一套自动化设备，只要上了发条，就自动运行，不再需要人为干预。第三，钟表是一个标准的流水线，通过齿轮间的传动构成了一个复杂的系统，并保证整个系统精密高效运转。第四，钟表还是一套基础的计算工具，他能够计算时间，也能够做其他各种复杂计算。实际上，钟表是最早的计算机，基于齿轮传动的计算机直到 20 世纪二战时才被替代。

钟表还提供了特别的意义，左右着我们对于世界的理解。从哲学上讲，他表示宇宙是一只机械表，上帝上了一次发条，宇宙就自己运行了。宇宙遵循着普遍的机械规律，只要客观观察，就能够发现这些机械规律，如牛顿定律、麦克斯韦定律，等等。人也是一只机械表。若从机械的角度来理解人，就能获得科学突破。例如，哈维将心脏看成水泵，通过计算血液的泵出/泵入量，得到血液循环论。脑科学否认存在灵魂和自由意志，把大脑看成一只复杂的机械钟，获得了心理学的进步。通过将神经系统物理化，人工智能得以发展。

这种理念甚至成了美国人建立美国、发展美国政治的一种模式。19 世纪的一位评论者在研究了美国的开国元勋们后认为："他们受牛顿物理学，以及将上帝视为宇宙时钟的制造者这一自然神学理念的影响，模仿了他们所看到的太阳系时钟机器，设计了三权分立的政治体系来达到制衡"。因此，时钟式宇宙的理念改造了人类经验的方方面面。

钟表的制造推动了技术的巨大进步。冶金学、机械学在钟表匠的手工作坊里得到进步，第一次工业革命的发明家被大量培养。在科学上，钟表对时间的测量，诞生了运动学，伽利略等人可以计算物体运动的速度。钟表业也造就了最早的规模化产业，新兴的城市需要大量的钟表，复杂的钟表制造促成了产业集聚和产业分工。冶金匠、制造商、销售商积累了利润，为其他产业发展提供了经济基础。

6.1.2　绝对空间的发明

与时间一样，空间也是被发明的，而且还将不断地被发明，没有尽头。对空间发明的每一次进展，都会带来科技与文明的巨大进步。

对空间的精致发明首先由希腊人完成。欧几里得几何将空间的关系进行了系统的演绎，做到了人类理性的极致。这似乎是人类好奇心的结果，好奇心的一个特点是逻辑一致性。当你发现某件事的逻辑不一致时，就会很不舒服，坐立不安，急于完成一致性。在这个过程中，大多数努力都是非功利的，有时候反而是危险的，例如，主张日心说的布鲁诺。

对空间的二次发明来自 14 世纪的画家们。画家需要在二维画布上将三维实体画出来，为此，他们发明了透视关系，以解决三维实体的描述。这些画家首先是伟大的素描家，尽力再现自然的本来面目，在画布上借助透视关系再现物体之间的位置关系、大小比例。要精确地实现透视关系，需要精确的测量。于是，数字关系被引进来。

到了达·芬奇时代，这种精确素描加上透视关系，被精确地计算出来。画家们旨在“为运动而运动”，在画中体现出物体的运动状态。时间、空间和运动被联系在一起，为数字化描述一切对象提供了可能，马克斯·韦伯称之为“数字的浪漫时代”。

17 世纪，笛卡儿发明了笛卡儿坐标系，将空间度量为三个维度，每个维度其实是经验中的方向，但通过维度把方向一致化了。每个维度又被均匀分割成数字，用以描述物理空间中的任何对象的位置，宇宙万物似乎都在这个空间中存在和运动着。从此，要理解一个事物，应先将其置于确定的时间、确定的空间之中。

6.1.3 特殊的材料：玻璃

除了对时间和空间的发明，在科技进步的历程中，一种特殊材料也起着重要作用，这就是玻璃。

在中世纪，玻璃的应用非常广泛。

玻璃窗的优点是显而易见的，既能够防风挡雨，又不影响光线。接着玻璃被发现能够改善人的视力，据说罗吉尔·培根发明了眼镜，近视眼和老花眼患者由此能继续保持阅读能力。望远镜的发明催生了近代物理革命。望远镜使得天体运动的各种假说不再重要，无论是日心说，还是地心说都不重要，重要的是测量精度，研制更高观测精度的工具是取得科技进步的首要途径。

人类从此找到了超越自己的路径。在主观经验的世界里，人类已经徘徊了数千年。依赖自身的感官，以眼见为实的理性，人类取得了观测自然的初步胜利。而望远镜让人类突破了肉眼的极限，获得了对宇宙的亲眼观察。一旦获得这种方法，人类就迎来了观测自然的巨大飞跃，改变了人类在自然界中的地位。

显微镜的发明进一步强化了这种方法。显微镜让"眼见为实"进入微观世界，在微观世界里，首先是细菌被发现，进而是细胞被发现。微观世界向人类展现了令人震撼的世界，不亚于牛顿力学对人类的震撼力，近代医学、近代化学、近代生物学由此诞生。

玻璃镜子的世俗化直接改变了人类对自我的认知。从此，人类在镜子面前驻留的时间大大增加，人类和自我对视，意识到"我"究竟是什么样子。自我意识、自我反省开始普及到每一个人。

玻璃器皿则是早期科学家最重要的实验工具。

中国炼丹道士们采用的工具主要是陶器和石器，而西方的炼金术士则采用了玻璃器皿。玻璃器皿的最大优点是透明，能够直接观察液体、气体在加热过程中的变化和运动，因此可以进行测量，从而将科学奠定在实验的基础上。炼金术士们发明的曲颈瓶、加热炉、蒸馏器、试管等工具，以及压碎、点燃、蒸馏、溶解等技术工艺，成为物理学家和化学家的入门基础。

玻璃棱镜则是光学革命的基础。从罗吉尔·培根开始，伽利略、波义耳、牛顿、惠更斯对光学的研究奠定了近代光学基础。

今天，玻璃的应用更广：气压计、温度计、灯泡、X射线管、真空晶体管、电子晶体管、激光器、光纤和各种显示屏，等等，反映出材料对科技的重要作用。

时间、空间的发明，以及玻璃的应用，为第一次工业革命和近代科学的诞生提供了基础。

6.2 真空与机器：第一次工业革命

第一次工业革命通常以英国技术革命起始。18世纪60年代，以棉纺织业的技术革新为开始，以瓦特蒸汽机的发明和广泛使用为标志，以19世纪30至40年代纺织机器全面替代手工作坊为完成状态。与此同时，英国工业革命扩展到欧洲大陆和北美等地区，推动了法、美、德、日、俄等国的技术革新浪潮，到19世纪80年代，全球范围的第一次工业革命基本完成。

第一次工业革命改变了人类社会经济格局，是西方主宰全球经济与军事格局时代的开始。

6.2.1 真空的发明

蒸汽机的发明离不开真空的发明。早期的自然观察显示自然界厌恶真空，这个原理催生了抽水机。

1461年，在佛罗伦萨的美第奇庄园里，工程师们制造了一个真空装置，他们计划用这个装置从15m深的井中抽水上来，但水的高度始终无法超过10m。他们跑去咨询伽利略。伽利略的学生托里拆利研究后发现，原因是大气压的存在。进而他推理到，如果管子里不是水而是更重的液体，则液体上升的高度将小于水的高度。他用水银做了实验，证明了他的想法，这导致汞柱气压计的发明。帕斯卡听说了这个实验，他认为高处的空气应该比低处重，便托人登上海拔1500m高的山上做实验，却发现这里的汞柱高度低于海平面，说明高处的空气比低处的质量轻。

1575 年，希罗出版的《气动力学》被翻译成英文，该书总结了利用蒸汽的各种装置，并介绍了当时围绕蒸汽泵寻找改进措施的一些发明家，如波尔塔、卡当和德克斯等，他们一直就如何利用蒸汽的力量推动机械运转进行尝试。1630 年，伍斯特侯爵二世制造出第一台蒸汽泵，将科学实验转化成了可用的机器，并于 1633 年申请了专利。

1650 年，马德堡的物理学家盖里克则设计了一个巧妙的装置，他将两个铜半球用一个密封塞连接，把里面的空气抽出后，用两队马来拉这两个真空的铜半球，但却没有拉开，这证明了真空的容器具有巨大的力量。盖里克则运用真空的原理制造了世界上第一台空气泵。

1660 年，英国化学家和物理学家波义耳在考察和学习了这些实验后，开始制造真空。他找善于制造设备的虎克帮忙，两人做出了更好的空气泵，从此，用空气泵产生的真空叫作“波义耳真空”。根据同样的原理，波义耳发明了温度计。有了真空管，波义耳第一个证明了伽利略的自由落体定律。波义耳通过对真空的研究，得出结论：气体是由粒子组成的。

制造真空的研究仍然在进行中。惠更斯的法国助手丹尼斯・帕潘把自己的机器称为“以低成本产生较大动力的新机器”。由于制造真空需要能量，他实验了各种方法，例如，用火药排除空气。最终，他尝试了用蒸汽的办法，即在汽缸的底部放少量的水，在上部放上活塞。然后加热水，水变成蒸汽后顶起活塞，将活塞上方的空气挤走。然后，冷却蒸汽，蒸汽变成了水，活塞失去高压后下落，因而制造出了真空。帕潘的这个发明，直接催产了蒸汽机的两个发明：①制造真空的方式，被纽科门和瓦特用于他们的发动机中；②蒸汽在大气压下的推动力，启发特雷维西克发明了蒸汽机车。

尽管发明家和科学家之间存在着紧密的联系，但是双方并没有进行系统性的全面合作。当时，科学家们是政府和宗教机构资助的对象，从事着自由研究的工作，并不需要产生实用价值。发明家们则是工匠或商人出身，他们的目的是通过发明创造财富。因此，他们需要运用科学原理，但不会深究科学原理的来历。

无论目的如何，这个时期的科学家和发明家们拥有同样的方法：以发明工具和机器为核心，观测和操控自然，通过锲而不舍的实验，找到自然规律或自动化基因。实验成为科学革命和技术革命的共同工具，推动着工业革命。

6.2.2 蒸汽机的发明竞赛

在认识上，蒸汽机的发明得益于一个关键的信念，即机器胜于人力。这个认识如果不是信念，就很容易让人放弃。制造机器的难度超乎想象，要探索和学习的知识太多，也未必有收益，而且需要大量资金支持。人们在遇到困难的时候，最容易做到的是控制生理需求。例如，在贫穷的时候，节衣缩食，等待救济。生病的时候，很多人愿意忍着，坐地祈祷，念经拜菩萨。所以让个人投身到机械发明中，需要制度和信念的共同支持。

蒸汽发动机的发明历经几代人 100 多年的持续努力，直到瓦特改进后，才被广泛用到工厂里，全面开启了工业革命。随后，蒸汽发动机的进步不断加快，直到被电力发动机取代。

从 16 世纪开始，人们就开始系统地研究用蒸汽动力驱动机械。第一个成功的发明家是英国的纽科门，他出生于 1663 年，21 岁时结束铁匠的学徒生涯，回到达特茅斯和别人合伙做铁器生意。当时，煤矿开采遇到矿井中的抽水难题，蒸汽机被认为是终极方案。纽科门和他的合伙人从 1698 年开始实验，十四年后，1712 年第一个纽科门蒸汽机在达德利城堡煤矿中正式投入使用。这台机器每分钟升起 12 次，每次升起可以传送 10 英式加仑的水，矿井的深度为 51 码。到 1755 年，在当时世界最深的矿井——怀特黑文矿井里，4 台纽科门蒸汽机从 800 英尺以下的矿井中不间断地抽水。

纽科门蒸汽机的成功使纽科门成为当时的英雄，记者们报道，他是看到水壶盖被蒸汽推动下哒哒作响而获得了发明蒸汽机的灵感。1729 年，纽科门去世。由于纽科门蒸汽机专利的原因，各个工程公司到 1733 年才推出自己制造的各种改进型蒸汽机。到 1769 年，英格兰和苏格兰北部地区已有 99 台蒸汽机在运行，最大的一台蒸汽机的汽缸重达 6.5t。

对蒸汽机的改进大赛仍在进行，瓦特也是其中的一员。瓦特生于 1736 年，1757 年他来到格拉斯哥大学开店，以“大学的数学仪器制造者”自居，与一些著名的科学家如化学家布莱克成为朋友。1763 年，安德森教授给他一台纽科门蒸汽机模型，要求他研究其构造。经过 1 年多的研究，他发现制造更高效的蒸汽机的唯一办法是让蒸汽在一个独立的容器中压缩，这个独立容器被称为冷凝器。于是，他开始制造这种蒸汽机。布莱克教授给他投了第一次资，并向他传授比热容的概念，接着医生兼化工厂厂主罗巴克接手投资。1769 年，瓦特申请了专利，但此时的蒸汽机离实用仍有距离。发明家兼工业家博尔顿代替破产的罗巴克继续给瓦特投资。

1776 年，经历了 11 年的研究实验后，瓦特的第一台蒸汽机在布鲁姆菲尔德煤矿正式运行。到 1789 年，蒸汽机实现了标准化，能够适用于各种规模的工业企业，尤其是棉纺业，蒸汽机成为棉纺业的动力中心。

纽科门和瓦特的蒸汽机引爆了英国向棉纺经济的转型，成为第一次工业革命的英雄。但是，他们发明的蒸汽机都是常压式蒸汽机，体积大，质量大，无法移动。而特雷维西克的发明，则让蒸汽机移动了起来，开创了移动动力的时代。

特雷维西克发明的核心是利用高压蒸汽，并且不用冷凝器冷凝，而是将高压蒸汽直接排到空气中。1801 年的圣诞节前夜，特雷维西克将他的“喷气怪物”蒸汽车开上了坎伯恩山，开启了交通革命。1802 年，特雷维西克申请了专利："**本项专利改进蒸汽机的制造，由此在轨道、公路及其他地方拉动车辆行驶。**"1804年2月28日，第一辆蒸汽车携带了10t煤和五辆车出发了，一小时能够行驶5英里，有70个人坐在上面。接着，各种改进的蒸汽机被用于锅炉、脱粒机、耕耘机，等等。

在纽科门、瓦特、特雷维西克三人的技术发明中，科学家们一直是参谋者。这三个人与各自时代的顶尖科学家保持着密切联系：纽科门和发明真空的波义耳保持着通信；瓦特则和格拉斯哥大学的教授们密切来往，他对蒸汽机的研究始于格拉斯哥大学的委托，最早的资助人是化学教授布莱克，而布莱克本人是比热容概念的发明者；特雷维西克和曾任英国皇家学会主席的吉尔伯特是朋友，吉尔伯特参与了他的研究，并解决了特雷维西克关于蒸汽在推动活塞之后如何排出的问题。

6.2.3　英国纺织业的逆袭

蒸汽机的发明造就了英国的崛起，其核心工业是纺织业。

15世纪，由于火炮、火枪的规模应用，葡萄牙、西班牙走出了欧洲，开始全球的殖民地运动，接着荷兰、英国和法国也加入这场全球资源掠夺中。在这个过程中，美洲的黄金被洗劫一空，非洲1000多万人民被当成奴隶贩卖到北美洲和欧洲，种植棉花。

在东方，中国、印度和日本由于强大的国家集权制度、先进的农业文明衍生的经济能力，阻挡了小规模的枪炮入侵，葡萄牙、荷兰、英国只好通过贸易与这些国家往来。东方领先的农业技术和手工业，使得他们保持着对欧洲绝对的产品优势，无论在生产技术方面，还是在产品质量方面，都远优于欧洲。英国人丹尼尔·迪福1726年写道：

我看到我们当中很有品味的人也披着印度毛毯，印花布覆盖了从地板到椅背的很多地方，甚至女王本人也乐意以中国和日本的形象示人，我指的是中国的丝绸和棉布。这些还不够，这些织物还进入我们的房间、

我们的橱柜和卧室，窗帘、坐垫、椅子，直到床本身，除了中国的棉布和印度的东西之外，就没什么了。

中国输出的产品如棉布、丝绸、瓷器、茶叶等，都是欧洲欢迎的商品，而欧洲却生产不出中国人需要的产品，唯一的例外是自动钟。18 世纪，伦敦自动钟产业生意兴旺，专门对中国输出，以至于今天在故宫中还有一个钟表馆。但这些不足以平衡贸易逆差，英国和荷兰商人便开始贩卖鸦片。

这样，第一次工业革命首先从棉织业开始也就不足为奇了。

英国在发现中国和印度之前，自身的毛纺行业极其发达，大量出口欧洲大陆，获得了丰厚的利润。从 11 世纪到 18 世纪中期，毛纺业在英国雇佣的工人和创造的财富超过了其他所有行业之和。在 14 世纪，欧洲大陆进入政治动荡期，英国趁机鼓励技术移民。荷兰、比利时等国家的纺织工、漂洗工、印染工纷纷来到英格兰定居，成就了兴隆的英国毛纺业。

毛纺业是手工产业的典范：纺锤、纺轮、织机、漂洗坊、烘干机和印染坊，一个家庭买一台机器就可以生产赚钱，老人孩子都能参与，所以，英国的家家户户都投入到这个赚钱的行业中。到 1700 年，纺织品出口占英国出口总量的 70%。

但是，从 17 世纪开始，来自中国和印度的棉布与丝绸对英国国内毛纺业的冲击越来越大，英国政府陆续颁布限制进口的禁令。例如，1701 年颁发的法令规定：穿戴和使用印度和中国产的丝绸，印度产的印花布、条纹布是非法的。但商人总是逐利的，进口额无法降低，导致英国毛纺业的巨大危机，英国毛纺业急需自救。

1733 年，凯伊发明了“飞梭”，他利用机械力“掷出”梭子，梭子带着纬纱穿过织机，而不用手工整理，生产效率提高了几倍。与此同时，纺纱机、骡机和水力纺纱机也被发明并得到广泛使用。1764 年，哈格里夫斯发明了珍妮机，揭开了第一次工业革命的序幕。瓦特成功发明蒸汽机后，这种强大动力驱动的机器，使得拥有上千台织布机的工厂大量出现。

危机倒逼的机器发明，持续 50 年的技术改进，使得英国纺织业成功逆袭。1750 年，英国棉花制品出口额为 8.6 万磅；到 1770 年代，每年出口额为 24.8 万英镑；到 1820 年代，每年出口额达到 2880 万英镑，占世界棉织品出口总额的 62%。棉纺业让英国成为世界棉纺织业的中心，棉纺织业也成为第一次工业革命的核心，引导英国和全世界进入工业化的未来。

在这一机械化过程中，自动化带来的效率使英国彻底超越东方。机器生产的棉布物美价廉，扭转了贸易天平，东方成为纯进口国。1840 年，印度成为英国兰开夏棉布的最大进口国。同样，在中国被迫开放国门时，最先受到冲击的产业也是棉纺织业。

在第一次工业革命的进程中，科学没有直接起作用。这是一个工匠发明的时代，工程师精神在资本和国家专利权制度的推动下发挥着首要作用。在新发明带来的巨大财富驱使下，发明家们争先改进自己的发明，争抢发明优先权，借助资本的力量，改进产品的实用性，使之能够被产业使用起来。在强大的市场需求拉动下，产品的更新迭代速度加快。蒸汽机能够快速发展，正是得益于工业需求的拉动。

6.3　化学与电磁力：第二次工业革命

第一次工业革命带来的巨大进步，使人类发现了征服大自然的好处，也发现了文明进步的方法。从此，人类心智转移了方向，从对内心的探索、对精神的探索、对他人的控制，转向探索和操控自然。一旦实现了这种专注，进步便自我催化了。

新的发明改变了人类的组织结构，产生了新的社会问题。庞大的蒸汽机毁灭了手工作坊，造就了巨型规模的大工厂，导致无产阶级的诞生和严重的环境污染，引起社会阶层的尖锐对抗。随着大工厂的普及，社会矛盾逐渐激化。

解决新出现的这类问题，仍然是两种途径：第一种途径是传统的人文革命方式，关注于解决人际关系，如砸毁机器、贸易战、战争和劫富济贫；另一种途径是新出现的科技革命方式：遇到问题，就向自然要方案。例如，发明新的机器，以更高效率生产新的低成本商品，提升社会的物质力；研究基础科学，找到新资源、新能源和新医学，提升社会的新鲜感和幸福感。

6.3.1　元素、电化学与合成化学

古人很早就发现静电和磁现象，中国人在西汉时代发明了指南车，在唐代发明了指南针。

1600 年，吉尔伯特发表《论磁》一书，将电和磁进行了区分。1729 年，英国的格雷发现了导电现象，来自荷兰的物理学家马森布罗克由此发明了莱顿瓶。欧洲各地的发明家对莱顿瓶进行了持续的改进，使之成为伏打所称的“电容器”，因为莱顿瓶可以储存电能。莱顿瓶是非常好玩的娱乐工具，更让电的研究方便起来。

1800 年，意大利物理学家伏打研发出伏打电池，标志着一个新时代的开始。科学家们能够利用电池在实验室更好地进行实验，导致此后 30 年里科学发现的飞跃，例如，电化学、电学和电磁学、光谱学、光学的研究等爆炸式发展。同时，电池为成千上万种设备提供了源源不断的动力，造就了工业品尤其是消费品的爆发性增长，直到今天，电池仍然是生活中重要的动力来源，无论汽车、家电，笔记本电脑或手机，以及电动车，都离不开它。

电首先让化学进入现代科学。戴维本来是一个学徒工，但他 19 岁时对实验化学、物理学等感兴趣，在自学拉瓦锡的《化学基础论》时，他便实验书中的案例。伏打电池问世后，他觉得伏打电池是通过化学反应产生电，那么其逆效应可能也是可行的，即将电作用于化合物和混合物上，也会产生化学反应，这个过程被称为电解。1807 年他开始实验，用电解法陆续发现了钾、镁、钙、锶、钡、氯等元素，开启了元素发现的新世界。

1859 年，海德堡大学物理学家基尔霍夫发明了分光计（光谱仪），发现每种化合物都具有独特的颜色，导致元素大发现的第二潮。到 19 世纪末，陆续有 90 个元素被发现。门捷列夫元素周期表也因此得到了承认。

1828 年，维勒在实验室给氰酸铵加热，得到了尿素，打破了有机物和无机物之间的分界。1845 年，科尔贝从化学元素直接合成了醋酸，这些发现导致有机化学的诞生。1846 年，现代炸药被人工合成，即硝化纤维素和硝化甘油，它们马上就被用于铁路、公路、桥梁、隧道等建设中，也大规模地用在了战争中。

1856 年，英国化学家珀金合成了苯胺，并从苯胺中发现了一种紫红色的染料，这让他迅速致富。德国工业家们嗅到其中的商机后便全面投入研发，发现了几种新染料如洋红色、橙色、靛蓝等，开创了合成染料产业。由于社会对染料的巨大需求，合成染料行业利润极其丰厚。珀金本人则于 1868 年合成了香水，开创了一个全新的香水产业。1851 年，英国化学家帕克斯合成了赛璐珞，由此开启了塑料这个新产业。

随后，实业界从煤的研究开发中得到数量惊人的衍生物。煤不仅能生产焦炭和照明用的煤气，还能生产煤焦油。化学家们从煤焦油中合成了无数的宝贝：各种染料、阿司匹林、冬青油、糖精、消毒剂、轻泻剂、摄影用的化学制品、烈性炸药和香橙花精，等等。

合成化学是科学革命改进社会文明的最经典范式。

合成化学低成本地制造出源源不绝的新产品，替代了昂贵的自然资源，开辟了全新的商业模式。丰富而廉价的新产品被普通消费者毫无顾忌地使用，激发了公众的物质感、幸福感。各种新颜料、新香料、新材料，为艺术和时尚提供了前所未有的表现手段，大大促进了文化和艺术的发展。合成医药通过分析化学成分合成药物，以极小的原材料代价替代了常用的植物植株式用药，减少了浪费，实现了精准治疗，极大地延长了人类的寿命，提高了生存质量。

电学和光谱学，使化学家获得了全新的方法来处理和观察物质，彻底改变了化学的面貌，就如同望远镜改变了天文学、显微镜改变了生物学和医学一样。合成化学改变了人类对材料的利用方式，解决了自然材料的瓶颈问题。

在第一次工业革命中，人类发现了解决人工劳动力瓶颈的办法——用机器替代人力，指引了人类的发展方向。从此，奴隶不再成为需求，机械能够比人做得更快、更好，近代工业迫切需要的是知识工人和科学家。从第二次工业革命开始，科学投入带来的知识飞跃让我们发现，自然原料的瓶颈也有了解决方案，任何材料和药物的缺乏，都可以靠物理化学手段合成出来。人工合成的材料更加便宜，因此利润更加丰厚，从此，殖民地的价值逐渐消失，消费市场的拓展成为优先。

6.3.2　电的工业化使用

在化学进步的同时，对电的研究仍然在如火如荼地进行，如同 20 世纪 90 年代的互联网，每个人都在关注，试着投入。

电磁学中的瓦特——法拉第登场了。他是铁匠的孩子，没有机会受太多的教育，但幸好学会了认字。12 岁时离家谋生，最后到一家图书装订厂打工。在这里，他阅读了《大英百科全书》中关于电的文章，还读了拉瓦锡的《化学基础论》。有人送给他几张票，是皇家研究所戴维的四次讲座。他不仅去听了，还做了详细笔记，装订后送给戴维，希望能成为戴维的助手。几个月后，戴维接受了他，带着他出游欧洲，见到了科学界几乎所有的名人，如伏打、安培等人。他回来后担任实验室助理，年薪 100 英镑。

1820 年，物理学家奥斯特发现了电流磁效应，即通电导线能够产生磁场。磁能产生电吗？法拉第在实验室里天天做实验，发现了变压器原理和电磁感应原理，他用磁力线的概念解释磁场形成电流的原因，提出了电磁场论。1831 年，法拉第在皇家研究所的一场大型普及讲座中，展示了自己的发现，电磁感应原理由此被人所知：通过机械运动与磁的结合，可以产生电流，这直接导致发电机的发明。美国物理学家亨利也发现了电磁感应原理，但他没有发表成果。亨利接着发现，离开莱顿瓶一段距离之后，电磁感应仍能被观察到，这导致无线通信的发明。

接着，麦克斯韦从理论上证明电和磁无法单独存在，他通过麦克斯韦方程组精确地描述了电与磁的关系，进而推论出光也是一种电磁辐射。随后，德国物理学家赫兹证实了电磁波的存在，从而证明了麦克斯韦的理论。在证实电磁波存在的过程中，赫兹发现了无线电波，马可尼 1894 年将无线电波用于无线通信。

与第一次工业革命不同，此时的各种科学发现都有一批资本家和发明家盯着，随时将他们变成工业和消费应用。法拉第在电磁感应上的发现立即被用于发电机的研究，1838 年，第一艘由电磁力驱动的小艇已经运行在俄国的涅瓦河中，时速为 4 英里。戴维森将电磁力用在铁路上驱动火车。随着不断改进，到 1849 年，运行在华盛顿铁路上的机车时速已经达到 19 英里。电弧灯在 1846 年取得专利，并于 1862 年照亮了英国邓杰内斯的灯塔。十几种电报机被陆续发明出来，到 1839 年，莫尔斯利用两端接地的电线，首先实现了远距离实时通信——电报。德国的西门子发明了直流发动机，著名的发明家特斯拉发明了交流发动机。

电力取代蒸汽动力也是当时发明家们热衷的竞赛，最终爱迪生取胜。

与法拉第类似，1847 年出生的爱迪生也没有接受过多少教育，也是 12 岁离家打工。他自学了各种电学书籍，包括法拉第文集，自己做书中的实验例子。23 岁时，他开发了一台改进型的证券报价机，准备卖 5000 美元，但买方还没有等他报价，就出了 4 万美元的天价。接着他开了一家研究实验室，招募了一批工程师，专门发明各种电学产品。1877 年发明了留声机，1879 年发明了白炽灯，1881 年建立了世界第一所电力站，接着用他发明的放映机制作商业电影。爱迪生一生有 1300 多项发明专利，这些发明极大地提高了人类的生活质量。

电力的广泛应用带来了世界的巨变。首先，他带来了持久而清洁的动力，电池和水电站是其中的典型标志。其次，他将巨无霸的蒸汽机替代为便携性好的电动机，因而能够被中小企业主使用，既降低了使用的门槛，也降低了使用成本，还可以本地建厂，促成了中小企业的普及化，加速了农业社会向工业社会的转型，促进了民用品的生产，社会物质产品得到极大丰富。

此外，亨利·福特指出，电力的应用改变了工业的运行模式。首先，对工厂的管理改变为依靠记录、图表、物流安排及远程通信，不一定需要现场监督。这样，生产运营的职能就独立出来，专注于运营指标。生产流水线更加优化，通过这些记录、图表和分析，将工作流程尽可能地模块化，如同自动钟一样分拆开来，再高效地组合起来。其次，工厂的就地化意味着集中化生产不再必要。“没有必要集中化生产，如果我们的生产都集中在底特律，那么就必须雇佣 600 万人手……为了让购买力更加均匀，全美国购买的东西就在全美国生产。每个部件的生产都是一个独立的事情，在哪里生产效率最高就在哪里生产，而且总装配线安在哪儿都行。这让我们第一次看到了现代生产的灵活性”。第三，全自动化是生产体系的目标。工人不再操作机器，而是成为机器运行的观察员和调整者。新型的工人不再是给煤炉添煤的劳力，而是全面把控各个运转部件的机械师。不知疲倦的机器所生产的产品在质量方面更加平稳、可靠。

动力生产和自动化机器越来越普及，大大提升了生产效率。自动电话交换机的接线员减少了80%，纺织厂里的一个工人可以照看1200个纱锭。自动化机器大幅降低了工人的数量。从1919年到1929年，美国有200万工人失去工作岗位，只需十分之一的人就能满足商品生产和机器维护的需要。于是，过剩产能问题和过剩劳力问题催生了1929年的全球经济危机，这个问题被发达国家用二战解决，直到战后第三次工业革命的兴起。

6.3.3 德国的工业化超越

第二次工业革命是科学技术急速发展的时期。技术发明紧紧围绕着科技发现进行，并创造了新的工业需求和消费需求，从而为本国提供了赶超别国的机会。在这次浪潮中，德国和日本脱颖而出，用短短40年左右的时间，完成了英国100多年才完成的事情。由于机器革命、化学和电气化革命同时进行，德国和日本实现了从农业国家到工业国家的转变。

在进入20世纪时，德国经济已经远超法国，并从经济上和政治上对英国和美国的霸权提出挑战。到1913年，德国在世界贸易、银行、保险和航运方面都成为英国和美国的突出竞争者，德国马克成了英镑的最主要竞争者。在德国经济数据方面，1861年，农业人口占全国的69.3%；到了1910年，城市人口已经占60%。铁路从1860年的10000km增长到1900年的50000km；煤炭出口从1871年的3000万吨提升到1913年的2亿吨，生铁产量从1871年的160万吨增长到1910年的1500万吨，超过英国500万吨。军事工业位居世界第二，克虏伯从1846年的140人发展到1912年的68000人。同时，电气化全面推进，西门子1847年引进了电报，1866年发明了发电机，开始在全国建造有轨电车。1883年，拉特瑙从美国获得爱迪生的授权，将电灯引进德国。西门子和拉特瑙后来进行了激烈的竞争，将各种电气产品推向全世界市场。到1913年，德国生产的电气产品占全世界的34%，而美国的市场份额为29%。

对比之下，在 19 世纪初，德国还是一个四分五裂的封建城邦的松散集合。到 1848 年，德国仍然是一个落后的农业国家，70%以上的人口是农业人口，工人基本在私营的手工业工厂里工作。由于蒸汽机的应用和英国工业革命生产的廉价产品的冲击，德国旧的制造厂大多濒临倒闭，工业中心稀少。纺织业是德国最重要的工业部门，但用于生产的装备多是小型手工设备。1831 年，全普鲁士有二十五万二千架亚麻织机，但仅有三万三千架是专业工厂使用，其余均为家庭使用，极少使用机器。克虏伯工厂建立于 1810 年，到 1846 年，仅仅有 140 名工人。国家贫穷，道路破烂，交通落后。歌德有一次想给英国的卡莱尔寄一个包裹，他不得不等几个月，才有一艘小商船驶往爱丁堡。

是什么原因使德国可以在短短 40 年创造奇迹呢？

原因之一是模仿。

德国的经济发展很大程度上要归功于英国、法国和美国的影响。这些先进国家的技术发明、投资、商业和工业组织范例，以及经济生活的其他种种方面全都在德国的工业化中发挥了重要作用。德国更加彻底而有效地利用了英、法、美等国最初的发明，既不用为传统的惰性干扰，又不为废弃旧技术而操心。

另外一个原因是集中发展科技。

德国王室对科学家有着特别的厚爱，从 17 世纪开始，一些伟大科学家如莱布尼茨、欧拉、高斯在德国王侯的庇护下安心地进行科学研究。进入 19 世纪，法国陷入内乱，天才少年阿贝尔在巴黎被柯西等数学家冷落，穷病而死，没有等到迟来的柏林大学数学教授的任命。天才少年加罗瓦同样被法国前辈冷落，最后战死街头。德国则逐渐成了全世界的科学中心，一批伟大的数学家、物理学家、化学家都出自农业化的德国，数学家有高斯、雅可比、黎曼、克莱因、康托、希尔伯特、闵可夫斯基等；物理学家有基尔霍夫、赫兹、赫姆霍兹、克劳修斯、普朗克、伦琴等；化学家有李比希、维勒、凯库勒、舍恩拜因、霍夫曼、格雷贝等。

与同一时期的英法不同，德国企业界也特别重视科学研究。在 1900 年，六家德国化工企业雇用了 650 多名科学家，而英国化工产业才雇用了 30～40 名，化学研究与工业应用紧密地联系在一起，让化学合成成为巨大的产业，诞生了合成颜料、合成燃料、人造橡胶、化学药品、石油产品、硝酸盐及摄影器材等产业。科学在工业上的应用，提高了产品精确度和质量，德国制造逐渐从低劣的仿制品形象演变成高端制造和优秀质量的标志。同时，富有的德国资本家开始大量投资美国、远东和近东。

正如 19 世纪末的德国将科学应用到工业方面领先世界一样，美国是发展大规模生产技术的先驱，专注于发展机器技术替代人工。美国模式主要有两点。第一，制造标准的、可以互换的标准零件，然后以最少量的手工劳动把这些零件装配成完整的单位。例如，在福特发明的环形传送带中，工人仅起着类似齿轮的作用。第二，借助于先进的机械设备，处理大堆大堆的原料，廉价地生产出制成品。例如，在卡耐基的钢铁产业中，用四磅原料制成一磅钢，而对每磅钢，消费者只须付出一分钱。

欧洲发生的科技革命并没有让殖民地发达起来，而是让殖民地成为原材料的提供者和生产者。随着科技的进步，自 1880 年以来，原材料的价格在全世界范围内不断下跌，而制成品的价格却稳步上升。在 1880—1938 年间，第三世界国家进出口交换比率（用一定数量的原材料获得制成品的数量）下降了 40％，其结果是，富国与穷国之间的差距持续扩大。人均收入的比率从 1800 年的 3∶1，到 1914 年的 7∶1，再到 1975 年的 12∶1。

6.4 信息物理化：第一次信息革命

以知识为特征的科学，以机械为特征的技术，在第二次工业革命中均得以成熟。但由于两者还没有很好地结合，大量的生产过剩是第二次工业革命带来的后果，引起了 1929 年的全球经济大萧条。经济学家们想到了各种振兴经济的政策，但没有能够挽救世界经济，全球经济危机的持续恶化，导致第二次世界大战的爆发。

二战后世界经济依然凋敝，直到 1947 年晶体管的发明率先开辟了电子消费品市场，才使全球经济脱离危机。进而兴起的信息革命，则全方位地、持续增进着工业的生产率，降低了经营成本，促进了全球化和市场化，使得工业就业在持续下降的同时更好地满足了消费需求，引发了全面的消费革命，服务业尤其是信息服务业成为社会就业中的最大行业。全球经济进入到人类历史上前所未有的繁荣时期，并持续至今。

科技创新的周期是解决经济周期的关键。摩尔定律生动而鲜明地体现了科技对生产率提升的巨大价值，物理科技让农业和工业均能够实现成本指数级降低，而生产率则以指数级增长，且持续不变。

在信息革命取代工业革命的技术周期中，人类最重要的进步是推动信息的物理化。香农将信息做了精确的数学定义后，通过香农模型，展示出信息被采集、储存、编码、传输、接收、储存、解码、反应和自适应的完整系统。

信息必须被物理化，否则就是虚拟的，缺乏验证的。香农模型体现出物质之间相互作用的生物含义，是物理精神的精髓。他在逻辑上是清晰简洁的，在物理上是符合粒子模型的，在运算上是组件化的，在运作上是部件化的，在思维层次上是分析的，因此，这个模型是普适的，无论在日常操作工作中，还是在学术研究活动中，以及人类之间的面对面话语沟通中，这个模型都是适用的，这体现了“自下而上”构造的物理精神的方法论。

在信息革命的浪潮中，美国、欧洲、东亚采取了不同的策略。美国率先抛弃工业革命，投入到信息革命之中，成为绝对的领导者。欧洲一直处于被动状态，在信息革命中几乎没有作为。而东亚如中、日、韩三国一方面学习工业革命的成果，完成了工业革命；另一方面则在信息科技上投入巨大，从而在信息科技方面全面超越了欧洲，逐步和美国共同引领科技创新的潮流。

对于各个阶段的区别，钱德勒在《信息改变了美国——驱动国家转型的力量》中写道：

这些（美国人对采纳和使用信息的）连续性把信息时代的到来同工业时代基础设施的演变严格区分开来。工业时代的基础是建立在矿物燃料能源的基础上的，这种能源形式几乎完全取代了商业时代依靠的风力、水利和人力能源。而信息时代的基础仍然依赖于电和电子的能源形式，没有取代那些工业时代的动力能源，而是建立在其上。信息时代演进过程中的最大区别在于技术创新的来源：工业时代的重要变化是基础设施建设，其商业化是大量的各行各业的公司或政府企业共同努力的结果，而信息时代技术创新的商业化则来自很少量的且大部分是私有的公司。

6.4.1 信息的发明

在物理史中，概念发展史非常重要。人类从研究物体到研究物质，进而研究物质和能量，接着研究能量和信息。但是，和我们想象的不一样，信息到底是什么？至今还是一个谜。

在《信息论——本质·多样性·统一》一书中，马克·布尔金写道："信息是一种真正革命性的新概念，对这个事实的确认是这个时代的里程碑之一。"但是，信息是什么？马丁在1995年写道："信息是什么？……尽管这个问题有点夸张，但是有一种感觉，那就是没有人知道答案"。

范·里斯伯根和莱姆在1996年写道：

"信息一直是个难以捉摸的概念；尽管如此，许多哲学家、数学家、逻辑学家和计算机科学家仍然认为信息是基础。人们做了许多尝试，试图想出某种合情理的、直觉上可接受的信息定义；到目前为止，这些尝试还没有成功。”

在物理思维中，概念是通过测量来定义的。尽管流行文化中的“信息”一词有各种各样的意义，但科学恰恰要摒弃的就是意义，所有的意义是为了沟通，但恰恰在沟通中，信息被随意化了，因而失去了信息本身的物理属性，即概念在测量上的一致性。例如，“石油涨价了”的信息对于每个国家、每个人的意义都是不一样的，每个国家、每个人做出的反应也是不一样的。这种主观性恰好是科学要抛弃的。物理对信息的纯测量性定义和检测，是信息革命得以爆发的基础。

对信息进行首度抽象的是莱布尼茨。在数学上，莱布尼茨有两个贡献：一个是发明微积分；另一个是创建组合数学，也就是离散数学。在1666 年，20 岁的他在《论组合的艺术》中写道，他立志要创造出“一个一般的方法，在这个方法中所有推理的真实性都要简化为一种计算。同时，这会成为一种通用的语言或文字，但与那些迄今为止设想出来的全然不同；因为它里面的符号甚至词汇要指导推理；错误，除去那些事实上的错误，只会是计算上的错误。形成或者发明这种语言或者记号会是非常困难的，但是可以不借助任何词典就很容易懂得它”。

为此他提出二进制算法的设想，并发明了当时最好的计算器，能够做乘除和开方。

直到 1847 年，乔治·布尔才完成莱布尼茨的梦想，在他出版的《逻辑的数学分析》中，他提出三种逻辑关系：与、非、或，建立了任意对象（如集合）在这三种逻辑操作下的规则，从而用代数运算表示了严谨的逻辑推理关系。其抽象性在于，他撇除了对象的意义，只留下莱布尼茨所说的“纯粹的符号运算”。

信息的高度抽象性也源于它是对一个复杂系统的测量。任何信息，只有被测量到才是信息。这样，就有发出信息的一方和接收信息的一方。发出信息的一方需要将信息发送出来，所以有信源和发送器，这些信息被检测、储存和编码，通过物质媒介如空气或者电路传递到接收方，并被接收方解码后储存下来。如果不掌控信源/信宿、发射器/接收器、传输等的物理含义，则所获得的信息、信号和数据是没有竞争意义的。

信息的结构在电话系统中被展示无遗，香农将他表示为如图 6-1 所示的模型。

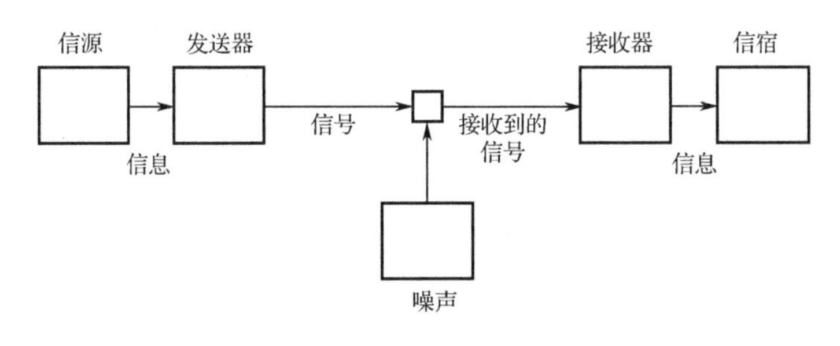

图 6-1　香农模型

于是，在电报、电话等信息通信控制系统的需求中产生了信息的物理化。在法拉第发现了电磁感应现象后，全球开始了电报和电话的发明竞赛。1844 年，美国莫尔斯成功发明电报；1854 年，法国发明家查尔斯·布尔瑟首先演示电话的原理；1854 年，移居美国的意大利人梅乌奇发明了第一部电话，但由于经济拮据贻误了申请专利；1858 年，德国教师菲利浦·赖斯成功发明电话，并制造了 50 部；1876 年，美国伊利沙和贝尔同时申请电话专利，贝尔因申请时间早 2 小时而获得电话专利权；1877 年德国西门子公司、1878 年瑞典爱立信公司分别推出各自的电话机。

电话系统一经推出就深受欢迎。在美国，1880 年已经有 6 万用户，1890 年有 50 万用户，而到 1914 年，用户已超过千万。同年，横跨美国大陆的电话线开通，连接了纽约和旧金山，绵延达 5000km。有趣的是，人们用 100 年后描述互联网相同的语言来描述电话系统。1880 年，《科学美国人》杂志评价道：

“借助即时的电话通信，文明世界中散居各地的成员将被紧密地联系起来，就如同身体的不同器官被神经系统连接一样。”

当电话用户急剧增加的时候，新挑战不断出现。例如，如何让电线里容纳尽可能多的通话，如何实现快速接驳乃至自动拨号，如何使信号在穿越漫长的线路后不衰减，如何克服噪声，等等。1925 年，贝尔电话实验室成立，奈奎斯特首先提出将连续信号离散化的采样定理。1928 年，哈特利发表论文《信息的传输》，正式提出“信息”（information）一词。他特别强调了该词的可测量性，即把信息作为符号序列进行检测，而不应该有任何意义或心理学含义。两人的工作使信息论迈出了一大步。

二战期间，一对相反的问题出现了。来自贝尔实验室的克劳德·香农一方面研究高射炮火控系统，另一方面需要加密罗斯福与丘吉尔之间的电话信号，希望电话信号不被破解。而与此同时，英国的阿兰·图灵则在布莱切利庄园解密德国恩尼格玛密码机加密过的信息。1943 年，图灵来到美国贝尔实验室，经常和香农一起吃午餐，但他们不能谈论各自的工作。图灵便介绍自己的图灵机：计算机不能计算什么？

1948 年，香农发表了《通信的数学理论》，精确地定义了信源、信道、信宿、编码、译码等概念，推理出信源编码定理和信道编码定理，建立起现代通信理论的完整数学模型，标志着“信息论”正式诞生。香农在这篇论文中提出：通信的基本问题是，在一点精确地或近似地复现在另一点所选取的信息。信息与不确定性有关，因此，信息也就是概率。他给信息建立了单位：“如果以 2 为底，相应结果的单位可以称为二进制数字，或简称比特（bit）”。

值得注意的是，香农把比特物理实体化了：一个具有两个稳态的设备，如继电器或双稳态触发器电路，可以储存 1bit 信息。N 个此类设备就可以存储 N bit，因为可能状态的总数为 2^N，而 $\log_2 2^N = N$。然后他说明，由于两个对象的布尔代数可以通过电路的继电器表示，电路便可以执行逻辑运算，完成人类的推理和判断。香农用继电器制造了这样的例子到处演示，这是一个迷宫，走出迷宫的老鼠表征人类人工智能起步的身影。

与香农、图灵并行做研究的是诺伯特·维纳。维纳在二战中先于香农研究高射炮火控系统。在高射炮系统中，高射炮和炮手、目标飞机和飞行员，双方都是人机混合体。高射炮手需要预测对方的轨迹，并根据射击结果的反馈进行调整，因此，重要的“不是如能量、长度或电压之类的具体物理量，而是信息的综合”。

1948 年，维纳出版了著作《控制论》，引起了社会的极大轰动。在其中的“计算机机器和神经系统”一章中，维纳区分了模拟计算机和数值计算机，提出数值计算机可以采用二进制数字系统：逻辑代数，又称布尔代数。与二进制算术一样，这种算法也是基于二分法，即是或否的选择，属于某类或不属于某类的选择。

在他看来，人的大脑，至少部分地可以被视为一部计算机器，由多达数百亿个双稳态继电器（神经元）组成。由于大脑有记忆功能，所以计算机也应该有物理存储器。进而他提出：“信息就是信息，既不是物质，也不是能量。”

对此，《时代》周刊在关于维纳的封面报道《思考机器》中称：“在维纳博士看来，没有理由认为机器不能从经验中学习。……他不仅会取代机械师和职员，还会取代许多管理人员。维纳夹杂着警告和喜悦呐喊道，这些伟大的新型计算机……昭告了一门全新的通信和控制科学的诞生。”

在“思考机器”的研究热度下，1950 年，图灵提出了“图灵测试”，测量“什么是思考的机器”。换句话说，你能分辨出电线另外一端、与你对话的是人还是机器吗？他第一次阐明了计算机的本质。他的数字计算机包括三部分：（1）信息仓库，相当于人类计算员的记忆或纸条；（2）执行单元，负责完成一个个操作；（3）控制器，管理一个指令列表，以保证每个指令按照正确顺序执行。这些指令也称为程序，而构建指令列表的工作则是编程。可惜的是，图灵因同性恋事件被判化学阉割，1954 年自杀去世。

与维纳、图灵同时代的冯·诺依曼也在研究计算机器。二战期间，冯·诺依曼研究可压缩气体运动，建立了冲击波理论和湍流理论，发展了流体力学；他还撰写了《博弈论和经济行为》一书，成为数理经济学的奠基人之一。1945 年 3 月，他在共同讨论的基础上起草了 EDVAC——“存储程序通用电子计算机方案”，确定了计算机的结构、采用的存储程序及二进制编码等，该方案至今仍为电子计算机设计者所遵循。1946 年，冯·诺依曼开始研究程序编制问题，成为现代数值分析的缔造者之一。

在香农、图灵、维纳、冯·诺依曼等人的共同努力下，计算机架构与信息理论的框架得以建立。随着半导体技术的进步和通信技术的商业化，启动了第一次信息革命，将人类带进了信息社会。

信息的物理化是人类知识的一个巨大进步。通过数学将信息定量化，通过物理将信息实体化，并以光速传播和交换，给任何物体都赋予了灵魂，使之可以动作、感应、反应和思维，进而实现自动化机械和自动思维。从 20 世纪 40 年代开始，信息的定量化一旦启动，就开始了人类进步的新纪元。从各种电子设备，到各种电子信息；从可控自动化系统和互联网，到目前如火如荼的人工智能，信息的定量化使得信息物理化的发展一日千里。

6.4.2　信息物理化与计算革命

理解信息革命的本质不是一件很容易的事情，人们很容易将信息革命与工业革命混为一谈。

工业革命本质上是动力思维，即能量思维，主要使用电磁动力、化石能量驱动机械，实现机械自动化，即工业自动化。在这里，电磁力是宏观尺度的，没有在微观层次上进行控制，电流是以传统的麦克斯韦电磁学理论为主导，没有在电子的微观层面进行精确的分析和构造。

信息革命的本质是物理精神的量子化，其源于对电子的物理操控。根据电子的量子物理行为，从量子的角度进行理论研究、测量和分析，理解和控制电子的行为，“自下而上”的逻辑主导着这个过程。这个过程是理想主义的，一方面需要捕捉电子、分析电子，建立微观电子理论；另一方面则在实践中，按照理论的预测、暗示和可能性进行探索和实践，找到物理实验室、工业实验室的操控方式，实现理论上的可能性和可行性。这种探索一方面加深了理论的研究，不断提出理论研究的新问题，提出物理研究需要的新的技术方式；另一方面则直接通往工业化和工程化。这样，“自下而上”的模式形成了理论研究和工业化的相互促进，他构成了当今科学技术与生产力并行进步的核心驱动力。

1. 电子管的发明与应用

对电子的操控首先来自 J. J. 汤姆逊。1890 年，英国卡文迪许实验室的汤姆逊开始研究阴极射线，1897 年发表论文《论阴极射线》：

“阴极射线的载荷子比起电解的氢离子，其 m/e 值小得多。m/e 小的原因可能是 m 小，也可能是 e 大或两者兼而有之。我想，阴极射线的载荷子要比普通分子小，这可从勒纳德的结果看出。”

J. J. 汤姆逊测得电子的荷质比为 10^{11}C/kg，1899 年，他将载荷子称为电子。1897 年，汤姆逊的学生汤森德测量出电子的电荷为 2.3×10^{-19} esu（静电单位电荷，或称静电库仑）。1894 年，英国的威尔逊发明了云雾室——威尔逊云雾室，以测量电子的电量。由此，人类第一次能够看到微观粒子的径迹，在操控基本粒子的路上迈出了历史性的一步。利用威尔逊云雾室，康普顿证明了康普顿效应；安德逊发现了正电子，证明了狄拉克理论的预言；布莱克特发现了正负电子的产生与湮灭。1897 年，美国的密立根开始重复汤姆逊和威尔逊的实验，测量电子的电量。1909

年，他发明了油滴法，得以精确测量出电子电荷的数值为 4.891×10^{-10} esu，并在 1913 年将其精度确认为 $e=4.774$（±0.009）$\times10^{-10}$esu。

对电子的发现和操控，直接导致了电子管的发明，由此开启了信息社会的宏大篇章。

1883 年，爱迪生在研究延长电灯寿命的过程中，在灯泡中封装了一块与灯丝绝缘的金属，却被该金属电击。他立即申请了专利，称之为“电检测器”，而这个效应则被称为“爱迪生效应”。发现了电子后，J. J. 汤姆逊对爱迪生效应进行了解释：被加热的金属（灯丝，阴极）中的电子获得了更高的动能，得以克服表面势垒而逃逸出来，在电压下到达另一金属（阳极）上，形成了电流。曾在卡文迪许实验室工作过的弗莱明自 1899 年起在马可尼无线电报公司工作，研究无线电检波器。1904 年，他在爱迪生效应的基础上，发明了真空二极管，世界上第一只电子管由此诞生。其价值与 1947 年肖克利等人发现晶体管的意义是相同的。真空二极管的核心价值是整流和检波，解决了无线电信号的检波难题。而在工程意义上，真空二极管是基于科学原理的设计，因而是可靠的、可控的。

美国的弗雷斯特也在为无线电检波技术而痴迷。在获知弗莱明发明了真空二极管后，他试图改进该项技术，增加了一个新的极即栅极。他发现，从阴极到阳极的电流随着栅极上的电压变化而变化，由此，1906 年，弗雷斯特发明了真空三极管。真空三极管的巨大价值在于其具有电流放大作用，从而解决了无线电信号的远程传输损耗难题。同时，通过真空三极管可以方便地调制出各种频率，极大地丰富了无线电可利用的频谱资源。因此，1906 年被称为“真空管元年”，而弗雷斯特则被称为“真空管之父”。随后，西方电气公司的阿诺德、通用电气公司工作的著名物理学家欧文·朗穆尔均对真空三极管给出了物理解释，全世界由此开启了电子管时代。正如后来一位日本传记作家所写的：

“真空三极管的发明，像升起了一颗信号弹，使全世界的科学家都争先恐后地朝着这个方向去研究。因此，在一段不长的时间里，电子管获得了惊人的发展。”

电子管的发明立刻促进了收音机产业的发展。早期，收音机只能利用盲测发现的一些具有检波功能的矿石制作，所以，它们被称为矿石收音机。但这种收音机的频率难以调制，且没有电路放大功能，所以，电台的信号差，传播距离短，而且很容易串台。电子管的问世立刻改变了这种情况，1908 年，直放式收音机正式面世。随后，中波、短波被利用，各种广播电台在美国、欧洲等迅速普及，人类第一次能够听到收音机中传来的几千千米之外的实时新闻报道、体育比赛和股市信息、音乐会，等等，音频信息的美好时代开启了。

电视的研究也在同期进行。在 J. J. 汤姆逊的阴极射线管的基础上，德国物理学家布劳恩很快制造出他的阴极射线管。他的阴极射线管中有一块荧光屏，在电子的撞击下能够发出可见光，从而为人们操控电子的轨迹提供了直观的方式，布劳恩由此被称为示波器和电视显像管之父。随着真空电子管的发明，电视技术的研究如火如荼。1919 年，美国政府组建美国无线电公司 RCA，专注于无线电技术与产业的发展。在总裁萨诺夫的亲自督促下，1931 年，美国研制成功光电摄像管；1936 年，又推出可以商业化的全电子电视系统，开启了视频信息的即时可视化时代。

2. 晶体管的发明与应用

1906 年发明的真空三极管被认为是电子工业的开端，收音机、电视机和其他消费类电子产品由此诞生。但真空管是由真空的玻璃瓶制作的，体积大、易碎、真空易泄露，极其耗电。1946 年，美国首台电子计算机 ENIAC 就是由真空管制作的，包含了 17468 根真空管，7200 根晶体二极管，6000 多个开关。长 30m，宽 6m，高 2.4m，占地面积约 $170m^2$，30 个操作台，重达 30 英吨，耗电量为 150kW，造价达 48 万美元，却常因某个真空管被烧毁而无法运行。

从 20 世纪 20 年代开始，科学家就在研究如何利用半导体固件替代真空管。第一个半导体三极管在 1938 年实验成功，但稳定性差。贝尔实验室是美国最大的电话电报公司 AT&T 的企业研究室，公司迫切需要并一直研发半导体固件。在二战刚结束的 1945 年夏天，他们再次成立攻关组，由 7 名著名科学家组成，包括物理学家肖克利、物理学家巴丁、实验专家布拉顿、半导体专家皮尔逊、物理化学家吉布尼、电子线路专家摩尔等人。

1947 年 12 月 23 日，他们终于研发成功用锗制成的电子放大器件——晶体管。晶体管不仅具有真空管的功能，而且是固态的（无真空），体积小、质量轻、耗电低、寿命长、稳定性高。

晶体管的研发成功是需求导向、理论、实验、技术、材料、工程等密切集合的典范。在攻关过程中，科学家们事必躬亲，亲自动手制作晶体管，每天总结，写实验室日志，而不是委托给学生或者技工。在研制过程中，科学家们提出了表面态理论。他们的团队只有 7 个人，分属不同的领域，但每个人都是所在领域的顶级专家。虽然他们的成果看起来是偏应用的，却获得了 1956 年的诺贝尔物理学奖。

晶体管的研发成功引发全球进入固态物理和材料科学的研究竞赛。接着，科学家们利用固态技术研发了二极管、电阻器和电容器等。这些分立器件迅速进入消费电子领域和计算机领域，例如，汽车、收音机、电视机、冰箱、洗衣机、烤面包机，等等。1953 年，第一个采用晶体管的商业化设备——助听器投入市场；1954 年，第一台晶体管收音机投入市场，这些廉价设备的大批商业化，对二战后全球的经济振兴起到了极其重要的作用。

消费市场的正反馈极大推进了半导体研究的深入。1954 年，德州仪器公司的蒂尔将硅三极管研制成功。接着，如何把众多分立元件集成起来成为物理学家们的公开议题，1958 年，德州仪器公司的基尔比在一块锗半导体材料上制成了一个完整的电路，他由几个晶体管、二极管、电容器和利用锗芯片天然电阻的电阻器组成，由此发明了“集成电路”，并因此获得了2000年的诺贝尔物理学奖。

同时，加州仙童公司的洪尼发明了平面制作工艺，而同一公司的诺伊斯则应用这种技术把预先在硅表面形成的分立器件连接起来，与基尔比分别发明了集成电路。这种集成电路成为后来所有集成电路的通用模式。今天，除了复杂度增加之外，集成电路的其他方面都和这块原始的平面晶体管没有区别，60年代发明的相关制造工艺和材料也一直沿用至今。遗憾的是，诺伊斯由于1990年去世而未能获得诺贝尔物理学奖。

如果说50年代是晶体管时代，十年后则是半导体的工艺技术时代，重点解决面向生产的基本工艺和技术问题。在硅谷，芯片制造厂数量激增，价格急剧下跌，导致淘汰率极高。1963年，塑封在硅器件上的应用，加速了价格的下跌。产业开始分工，一些厂家专门提供化学材料和设备。摩尔在1965年提出了著名的摩尔定律：当价格不变时，集成电路上可容纳的元器件的数目，每隔18～24个月便会增加一倍，性能也将提升一倍。换言之，每一元钱所能买到的电脑具备的性能，将每隔18～24个月翻一倍以上。

70年代初期，半导体集成电路的制造达到中等规模集成电路水平，德州仪器和英特尔发明的微处理器推动了市场的扩大。制造工艺则是按批生产的手工操作。接着，净化间的结构和运行得到了提高，离子注入机出现，工艺开始自动化，提高了产品的一致性。当时的挑战是随着晶圆直径变大，带来对光刻机质量的改进需求。到70年代末，超大规模集成电路成为集成标准。

20世纪80年代，以个人计算机为代表的固体电子产品被社会广泛使用，芯片制造业快速成长。日本集成电路迅速崛起，他们的产品质量和良品率远远超过美国，因此对美国半导体产业形成了巨大威胁。于是，美国人开始转型全自动化制造，因为人是净化间的主要污染源，所以，改进的焦点是从生产区域取消人工操作环节，并实现晶圆制造、封装的全程自动化。

90 年代，则是批量生产时代。由于产业竞争更加激烈，抢占技术第一成为最重要的手段。自动控制的全自动化工厂成为重点。到今天，半导体制造的主要挑战是晶圆工厂的投资巨大，以及光刻机技术的改进。

晶体管的奇迹在于，其采用了世界上最廉价的材料硅，借助工艺进步持续缩小器件尺寸，因而在不增加成本和体积的情况下，成倍地增加性能。另外，晶体管的制造是先天排斥人工的，这使得纯技术性成为提升制造效率的唯一要素，从而聚焦了科学家与技术专家们的注意力。

3. 计算革命

真正引发晶体管革命的是晶体管与计算的结合，这种结合将人类带进了信息时代，引发了计算革命和信息革命。这是设计之外的收获，超出了所有人的意料，显示出科技投入带来的涌现特征。

人类对自动计算的发明由来已久。最早人们普遍使用算盘和算筹进行快速计算，文艺复兴以后，来自航海、贸易、战争和金融的需求，让计算员成为职业，岗位堪比今天的软件工程师。于是，机械思维让西方人发明了计算尺。对数计算尺是最早发明的计算尺，约在 1630 年由奥特雷德发明，随后得到迅速改进。牛顿很熟悉这类计算尺，并撰文说明如何用三把冈特尺求解数学三次方程。计算尺被广泛用在科学计算、机械设计、设备制造、军事、航海、商业、金融和保险等各个领域。

计算机器也因此进入发明竞赛中。文献中最早记载的计算机器是帕斯卡于 1642 年发明的加法机，当时他 19 岁。1694 年，莱布尼茨发明了能够做乘法的计算机器，但由于机器复杂，就像 20 世纪 50 年代的大型计算机一样，使用者不多。1775 年，法国斯坦厄普伯爵发明了能够做除法的计算机器；德国哈恩等人也在 18 世纪末，制造出多种能够做乘除的计算机器。

进入 19 世纪，最著名的计算机器发明家是英国人查尔斯·巴贝奇。当时，政府、军队、银行、保险等都对计算提出越来越急迫的需求，巴贝奇在 1822 年向英国皇家学会展示了他的计算机原型，并在次年获得英国财政部 1500 英镑的拨款。巴贝奇的计算机是一台伟大的机器，按照设计，图纸展开有 $37m^2$，机器的体积约 $4.53m^3$，重达 15t，25000 个精密零件，如同钟表一样相互精密耦合。巴贝奇的工作成为英国社交圈的热点，达尔文、法拉第、莱伊尔等人都是他沙龙中的常客，英国政府也在源源不断地向他提供资金支持。但这台计算机离实用还差得太远，二十年以后，政府累计投资已达 17000 英镑，最终不得不宣布中止赞助。后来，尽管有拜伦的女儿，被称为第一位程序员的爱达的深度参与，但巴贝奇的差分机还是难产了。

接着，把机械和效率玩到极致的美国人开始集中精力研究计算机器。出于人口普查的需要，1889 年，美国赫尔曼·霍尔瑞斯研制出以电力为基础的打孔卡片制表机，用于记录和存储计算资料。1896 年，他创办了制表机器公司，成为 IBM 的前身。

1930 年，在麻省理工学院担任电子工程学教授的范内瓦·布什率领一个研究小组开始设计能够求解微分方程的“微分分析机”，并造出了世界上首台模拟电子计算机。

在二次世界大战中，计算的需求极其迫切，无论火炮弹道计算，还是破解敌方通信密码；无论诺曼底登陆这样庞大的军需后勤管理，还是曼哈顿工程对庞大计算量的需求，都加快了计算机的研发速度。IBM 一方面提供穿孔卡片机做计算，另一方面与哈佛大学合作，1944 年为海军制造了电子管计算机 MARK-1 和 MARK-2，随后制成了电子管继电器混合大型计算机 SSEC。

1946 年 2 月 14 日，由美国军方订制的世界上第一台电子计算机“电子数字积分计算机”（ENIAC）在美国宾夕法尼亚大学问世。ENIAC的问世具有划时代的意义，宣告了电子计算机时代的到来。

计算机在随后10多年里进步缓慢。一方面是因为半导体技术还没有发展起来，计算机极其昂贵；另一方面是计算机应用还没有找到突破口，只在少数大型企业和军事机构中使用。所以，包括IBM在内的计算机公司都认为，人类只需要几台大型计算机就够用了。

计算机的威力在20世纪70年代进入微型计算机时代才真正爆发了巨大价值。如同蒸汽机在实现了移动化、电气实现了电动机的移动化和电力的本地化之后才实现了进步革命一样，计算机的革命首先来自芯片的微型化，从而进入到各种机器中，作为嵌入式系统，让机器自动化，推动了机床、家电等机器的智能革命。芯片以个人计算机，接着是智能手机的方式进入了大众消费市场，让每个人成为芯片的使用者。计算机和智能手机用于连接、沟通、生产和消费，从而吸引了全社会的生产力和消费力，使得人类文明在计算技术中得到了革命性的进步。

6.4.3　美国的称霸和中国的崛起

以牛顿力学和麦克斯韦电磁学为代表的第一次科技革命发起于欧洲，并催生了欧洲的第一次和第二次工业革命。而以相对论和量子力学为代表的第二次科技革命虽然发起于欧洲，但第一次信息革命的主要领导者却是美国，这源于美国掀起的物理革命，以及美国对信息科技的战略性重视。

1. 举国重器：美国的信息科技霸权

在美国著名工业史大师钱德勒看来，美国自建国以来之所以一直保持进步，源于美国一直在焦虑地转型之中。驱动美国持续转型的核心因素是对信息科技的执着。对此，钱德勒在其专著《信息改变了美国——驱动国家转型的力量》中进行了详细、深入的分析。

钱德勒将近代史分为三个时代：商业时代、工业时代和信息时代。

商业时代对应着工业革命发生前的重商主义时代，工业时代则对应着第一次工业革命和第二次工业革命时期，信息时代则以晶体管的诞生为标志延续至今。从信息的角度来看，每个时代都对应着：①技术发展带来的信息传输方式的变革，即“信息的基础设施”；②信息流接收者的变化；③信息接收者利用信息流重塑美国的商业、社会和文化。

在商业时代，即18世纪，美国作为只有50万个家庭的小国家，非常重视全民教育和全民阅读。自1776年美国独立之后，建立了全国邮政系统，并由本杰明·富兰克林担任邮政部长。

在工业革命时代，随着美国国土的扩张，作为信息基础设施的邮政系统跟进完善。1792年，美国颁布了《1792年邮政法案》，该法案规定邮政服务应该以“极其低廉的费用”运送报纸，以保证印刷品中包含的信息流能够传遍整个国家。为此，美国政府提供了巨额补贴。1796年，尽管报纸占邮政收入的3%，但邮件重量却达到70%。法案还规定，应该由国会来规划邮政线路，以确保邮政线路能够跟上国家西进的步伐。这个阶段被美国史学家称为第一次通信革命。

1829年，在英国发明了蒸汽机车后，美国开始了第二次通信革命，在19世纪30年代开始修建短途铁路。19世纪40年代，随着铁路技术的逐渐成熟，美国开始大规模地修建铁路。从1847年到1860年，美国修建的铁路里程从开始不到5000英里增加到30000多英里，建立了全球规模最大的铁路网络。复杂的铁路系统带来了复杂的车辆调度等运营难题，因此，铁路系统和1847年刚刚发明的电报系统进行了深度合作。铁路公司为电报公司运输架设及维护线路所需的材料，在火车站内设立电报局并提供电报员。作为回报，铁路公司可以在其铁路线路上获得无限量的免费电报服务。由于四分之三的电报局都设在铁路系统的车站里，电报工业得到了极大的发展，改变了全国的新闻、商业和金融信息的传播方式。1859年，美国报业已经建立起全国性的系统，期货市场随之在芝加哥等地兴起。铁路系统的运营效率也得到极大提升，人们发明了车厢分拣系统，即所有的邮件在运行的列车上进行分拣，从而大大提高了信息流的速度。接着，1876 年，在贝尔发明电话后，以福布斯财团为代表的投资人立即进行投资，并设法解决专利和竞争问题，这样，到 1881 年，财团控制下的贝尔电话公司已经建立起全国电话网，只有 9 个城市尚未在其服务范围内。

铁路邮件系统、电话系统在 19 世纪末的成熟，代表着工业革命时代的信息基础建设已经就绪，因而工业时代终于来临，大量的新公司诞生并成为日后的企业巨头。在 1994 年美国的企业 500 强中，半数诞生于 1880 到 1920 年之间，其中超过十分之一诞生于 19 世纪 80 年代。这些企业的快速成长催生了企业信息管理的需求，系统化管理方法应运而生。卡片、复写纸、收款机、油印机逐步被发明出来。伯勒斯加法器公司于 1880 年代末期成立，生产销售加法器和企业计算设备。1890 年，应美国人口普查局的要求，赫尔曼·霍尔瑞斯制造了机械式穿孔卡片机来处理人口普查数据。1911 年，霍尔瑞斯的公司进行了兼并重组，1924 年被改名为 IBM（国际商业公司），专注于穿孔卡片制表机的研究生产与销售。电力驱动的穿孔卡片制表机成为后来大型计算机的始祖。

电子管的发明，开启了信息时代。信息时代分为两个阶段：一个是电子管阶段，一个是晶体管阶段。电子管时代的领导者是美国无线电公司 RCA，而晶体管时代的领导者则以 IBM 为代表。

电子管时代的核心是对电气和电子技术的研发、创新和商业化，对此，在美国后来的 500 强榜单中的大多数公司都没有参与，少数公司促成了信息革命的启动。1890 年，AT&T、通用电气、西屋电子开始启动电气与电子产业的商业化，这三家公司在其后的几十年里，一直主导着美国的电气与电子产业。但欧洲当时是领先者，西门子、AEG 等成立了著名的德律风根公司，垄断着欧洲市场，并始终保持着技术领先。但一战的爆发使德国公司被排挤出国际市场。一战之后美国政府出面干预，一方面阻止德律风根公司的复苏，并在二战后肢解了该公司。另一方面于1920年出面让AT&T、通用电气、西屋电子三家公司共同出资成立合资公司美国无线电公司（RCA，Radio Corporation of American），以合并专利和解决恶性竞争为由，实现对无线通信技术的垄断性控制。刚成立的RCA公司发现自己突然被无数意料之外的与无线电相关的专利所包围，其后，RCA公司垄断了全球无线电技术和消费电子市场，例如，收音机、电视机，以及广播、电影、电视产业的技术等。但到了1957年，美国政府以反垄断的方式使之开放，RCA被迫将其技术向日本、欧洲广泛授权，产生了消费电子产业的技术和产品转移，使得日本和欧洲消费电子产业兴起。RCA转而与IBM、AT&T角逐计算机市场，但遭受惨败，其子公司均被日本、欧洲公司收购，如日本的松下、索尼、三洋，欧洲的汤姆逊－休斯顿、飞利浦等。RCA公司最终在1980年的倒闭，导致美国消费电子产业土崩瓦解。

成立RCA是美国政府的主意。早在1899年，英国马可尼公司在美国演示无线通信技术时，美国政府即认识到无线电技术的战略重要性。在一战时，美国政府征用了马可尼美国公司并在战后强制收购了该公司。瓦解RCA也是美国政府的主意，因为二战后，美国政府在计算机技术上取得了绝对的领先优势，晶体管技术已经替代了电子管技术。美国政府深入理解晶体管技术的绝对价值，便将美国电子产业的焦点引导到信息产业的第二阶段——计算机技术和晶体管技术上。所以，在RCA把技术授权和转让给欧洲、日本的时候，晶体管已经诞生了10年，信息技术的第二阶段已经勃发，IBM已经垄断了全球计算机产业。日本、欧洲进入的消费电子时代实际上是被美国人认为已经成熟得不再需要获得支持的产业。

信息革命的第二阶段即爆发阶段是晶体管时代。1947年，贝尔实验室发明的晶体管让科学家们找到了替代电子管的途径，由此开启了计算机时代。从20世纪50年代的消费电子到60年代的信息处理，70年代的嵌入式制造到80年代的微型计算机，从90年代的互联网到21世纪的移动互联网、智能手机和智能消费电子，技术浪潮一浪高过一浪，推动了全球一体化发展，极大提高了科学研究、经济生产和社会创造力的效率，使得第一产业、第二产业的从业人员比例急剧萎缩，自动化机器取代了人工，而服务业则成为主导性产业。这意味着人们有更多的时间去从事自己喜欢的职业，服务于消费者的感性需求。

美国继续领导了信息革命的第二阶段，并呈现出绝对的领导力，这得力于美国政府对信息科技潜力的高度重视，在政策和财政上的大力支持，和对国外竞争对手的毁灭性打压。美国在二战期间投入巨资研究计算机，由军方赞助的第一代电子计算机 ENIAC 于 1946 年正式问世。在接下来的 6 年里，美国建造了多台数字计算机，均由政府出资、大学建造，供联邦政府使用。在这个过程中，一些公司开始尝试制造商业计算机。

如同在电子管发明之后，美国对无线电技术采取聚焦战略而成立 RCA 公司一样，1947 年，在贝尔实验室发明晶体管后，美国政府立即介入，掌控这一具有重大战略意义的资源。1951 年，贝尔实验室举行了第一次为期 5 天的关于晶体管的研讨会，和美国国防部一起拟定了有资格参加研讨会的公司名单。1952 年 4 月 21 日则被认为是人类计算机历史上重要的一天，在美国国防部确定了公司名单后，来自全球的 30 多家公司参加了贝尔实验室举办的晶体管研讨会，并获得了贝尔实验室关于晶体管的制造许可。这些公司随即成为影响全球的消费电子和计算机制造商。其中大部分是美国公司，如霍尼韦尔、雷神、德州仪器、通用电气、IBM 和 NCR 等，另外还有两家欧洲公司和日本索尼公司。

像消费电子管时代的 RCA 公司是绝对龙头一样，在信息时代的第二阶段，IBM 一直担任着领袖的角色。这家从 19 世纪末即为美国政府开发信息处理卡片机的公司，在二战前已经占据美国穿孔卡片制表机 90%以上的市场。在二战中，IBM 一直和军方、大学合作，研制电子管计算机。获得了晶体管许可证后，IBM 将其计算机工程师从 500 人迅速扩大到

5000多人，并聘请美国海军研究所首席科学家皮奥尔领导其研究机构。到1960年，IBM的收入超过其竞争对手之和的两倍，生产7种不同型号的大型计算机以满足军事、科研和商业的不同需求。接着，IBM开始统一大型机的架构，划时代的IBM 360系统于1967年批量生产。该系统定义了后续大型机的发展路径，竞争对手如NCR、伯勒斯、霍尼韦尔、GE、RCA等都只能模仿。在1970年IBM推出了其第二代大型机370系统后，GE和RCA等公司只好宣布退出大型机市场。IBM 370系统成为美国和世界大型机的标准。

从获得贝尔实验室的技术授权开始，欧洲和日本也在研制数字计算机。但政府并没有提供强大的支持，导致欧日的公司一直处于弱势状态。在20世纪60年代，欧日的公司靠与IBM的竞争对手组建技术联盟来共同建造大型计算机。随着这些竞争对手的失利，技术联盟也随之消失。于是，日本通产省拟定“新序列计划”促使其工业巨头联合开发计算机，欧洲的飞利浦、西门子、法国国际新闻电视台（法国国家冠军企业）也共同组建Unidata，目标直指IBM。

机会终于来了，1970年，IBM 360系统的架构师吉恩·阿姆达尔离开IBM，准备独立门户生产、销售其大型机，但缺乏4000万美元资金。日本通产省立即给予富士通公司相应的政策和资金，富士通便和阿姆达尔合作，在日本建厂，其中阿姆达尔拥有20%的股权。1974年，工厂建设完成，并于1976年研发推出了M-190计算机，该机相当于IBM 370-168模型的复制品，从此，日本拥有了大型计算机的研制能力。欧洲的Unidata于1975年研发失败，便转向日本，以贴牌生产的方式与日本进行合作。到80年代初，德国的西门子、英国的ICL、意大利的奥利维蒂、法国的公牛机器这四家公司均相继与日本公司如富士通、日立、NEC签订了类似的合作协议，从而获得了大型机生产技术。

大型机市场的发展推动了半导体产业的需求，芯片制造、外设、软件市场逐步繁荣。晶体管的发明者之一肖克利在硅谷成立了自己的公司，培养了大批芯片研制人才，其中的典型是仙童公司和后来的英特尔公司。德州仪器原本是石油勘探设备制造商，在获得 AT&T 的晶体管制造授权后，便开始研发基于硅的芯片，并在 1959 年成为 IBM 的芯片供应商。同年，该公司的基尔比发明了集成电路，仙童公司的诺伊斯也同时做出了发明。新的技术专利开辟了新的疆土，德州仪器和英特尔主导着大型机的存储器芯片的技术和生产，进而发明了微处理器，在 1970 年后半年开辟了微型计算机时代。德州仪器在日本拓展市场时，和日本政府进行了多年的谈判，最终以同意所有日本公司使用基尔比专利的条件进入了日本市场，而日本公司如同当初在消费电子市场的崛起一样，在批量生产半导体方面也由此获得了腾飞的基础，并在 70 年代末对美国半导体产业形成巨大的冲击。

在整个 70 年代，微处理器首先被用于改造机床、电气装置和自动化生产线。接着，一批电脑发烧友如同组装无线电收音机一样，开始组装个人用计算机，苹果公司由此崛起，并在 80 年代初上市。而 IBM 作为计算机产业的全能冠军，则迈出了历史性的一步。身处政府反垄断调查漩涡中的 IBM 于 1981 年推出了开放式体系结构的微型计算机。对 IBM 来说，开放性架构防止了垄断性指控，也不会错失商机。次年，IBM 的微机收入达到 5 亿美元，1985 年的收入则高达 55 亿美元，其增长速度是工业史上难以超越的。

IBM 的开放式体系结构既为原有的计算机厂商提供了机会，也为新兴企业提供了巨大的商机。由于 IBM 微机采用外购的芯片和操作系统，首先获益的是英特尔和微软公司。随之数百家兼容机厂商喷涌而出，涌现出戴尔、Gateway、AST、康柏等微机巨头，英特尔和微软迅速壮大，成为世界巨头。外设厂商如惠普、昆腾等也受益匪浅，办公设备和软件市场开始崛起。个人微机厂商的迅速增加，让摩尔定律的威力充分释放，微机迅速进入办公领域，企业内部网需求剧增，企业信息化浪潮兴起。Lotus、CA、SAP 等公司发展迅速，思科、Novell 等网络公司也应运而生。

进入 90 年代，互联网的发展已经是显而易见了。1994 年，伊利诺伊大学授权浏览器 Mosaic 开发者之一安德里森成立网景公司，拉开了互联网时代的大幕。通过思科的路由器，互联网高速公路迅速建起。通过 AOL 等公司提供的互联网接入服务，企业的互联互通极大提升了生产效率，创业只需要极少的启动资金，大量中小企业焕发了生机。消费者的娱乐和信息需求被唤醒，由此，开启了互联网时代。雅虎、ebay、亚马逊、谷歌等新经济企业层出不穷，而 IBM、英特尔、微软、思科、SUN、Oracle 等基础设施提供商则继续高速发展，让世界进入了地球村。信息、商业、娱乐均以光速在设备之间流淌着，电波携带着信息和设备 ID，在宇宙间匆忙穿梭。到 1994 年，美国公司几乎包揽了全球微处理器市场、操作系统市场。在个人软件市场中，也占据了高达 87%的份额。

进入 21 世纪，乔布斯的 iPhone 开辟了移动互联网时代，谷歌则如当年微机时代的 IBM 一样，推出了开放的 Android 操作系统，高通提供了智能手机芯片，从此，全球进入移动智能时代。而在今天，人工智能的全球竞争已经开始，信息时代开启了又一轮新篇章。在这一浪潮中，美国公司继续担任着领袖的角色，并由此维持着美国经济的持续发展。中国、日本、韩国等东亚国家则扮演着越来越重要的角色。

美国在信息时代的领先得益于其政府将信息科技放在大国重器的战略位置上，一战时期，美国就重点发展无线电技术，并为此在 1920 年组织了核心优势企业的重组。二战期间，美国在原子弹技术、无线电技术和计算机技术上投入了巨大资源。二战后，随着范内瓦·布什的《无尽的前沿》报告发表，美国将基础科学研究作为焦点支持对象，其核心就是物理学和数学。正如《光阴似箭》作者所说，美国和英国之所以在二战期间及战后发力计算机科技，源于他们对物理学和数学的深入理解，而德国等国家则停留在工业革命时代的思维，这种认识也导致后来欧洲在信息科技上的弱势。政府扶持的基础研究一旦在商业上可行时，政府就会组织许可证管理，纳入核心厂商采用这一技术，推动其商品化。从二战之后到 20 世纪末，美国研发经费中用于基础研究部分中有 85%来自美国国库，军方和政府是核心资助方和用户，这在 50 年代计算机的发展中起到了极其重要的作用。而当 60 年代计算机和外设逐步商业化后，国家资金的支持就开始减少，转向扶植网络技术，从而奠定了互联网的基础。同时，美国政府不断通过法令进行生态调节，对外压制潜在竞争者，对内通过反垄断法促进技术的扩散，吸引新兴企业进入，带动产业链的发展，将商品化普及到中小企业和公众之中。所以，在电子管时代是对 RCA 的反垄断调查，在大型机时代是对 IBM 的反垄断调查，在 80 年代是对 AT&T 的肢解，在 90 年代是对微软的持续调查，在当今，则是对苹果、谷歌、脸书和亚马逊的反垄断调查。每一次集中的反垄断调查都促使巨头们开放其生态和技术，催生了大批新的企业。

2. 大国工程：中国的信息科技崛起

在很多方面，中国都和美国相似。

第一，两国都具有广阔的疆土，都在信息基础建设方面投入巨资。中国从秦始皇开始的“车同轨、书同文”就在信息的表达和信息的传输上做过统一规划和建设。中国改革开放之后，道路建设一直是重心之一，从乡间公路到中国高铁，中国道路的建设里程和通达程度都超越人均 GDP 水平。中国在通信基础建设方面不遗余力地持续投入。在 90 年代初，中国开始了全面的信息高速公路建设，包括电子商务专网、三金工程、宽带中国等，通过中国移动、中国电信、中国联通三家竞争的方式，极大地提升了信息基础设施建设的效率；通过政府上网、企业上网、家庭上网，促进信息的全社会化。今天，5G 网建设则被放在国家战略的高度。

第二，两国都具有庞大的人口数量，都极其注重教育，廉价获得教育和信息成为政府工作的重点。中国的识字率在大幅提升，信息的丰富度是罕见的。根据避风港原则，中国的互联网信息服务公司拥有极大的自主权开展业务，由此在90年代就诞生了新浪、搜狐、网易等信息巨头。随着中国网民的爆发性增长和渗透，中国诞生了阿里巴巴、腾讯、百度、京东、美团、字节跳动、滴滴等互联网巨头。政府对电子支付、人际通信、物流仓储都给予了扶持政策和有序组织，使得中国的电子支付走在世界的前列，阿里巴巴成为电子商务的世界巨头，腾讯在即时通信领域独占鳌头，而中国的快递行业更是蒸蒸日上。

第三，两国都在鼓励创新方面进行了政策主导性的倾斜。在中国，一方面进行着工业革命，另一方面同时进行着信息革命，这是中国的特色。在工业革命的过程中，传统的房地产、金融业、运输业、能源业、制造业持续繁荣。通过高新技术扶植政策，一直对高端制造、信息科技、生物科技和新能源等给予牌照开放、减税补贴等优惠政策，从而为中国信息产业的蓬勃发展提供了绿色通道。90年代PC产业对民营企业开放，催生了联想这样的世界巨头；21世纪初通信产业对民营企业开放，催生了华为这样的世界巨头；随着手机牌照的开放，中国手机产业爆发性崛起，诞生了华为、小米、OPPO、vivo等厂商。自主创新结合中国手机产业链的发展，使这些公司迅速进入世界前列。

在国家政策支持和中国企业家们的努力拼搏之下，中国信息产业已经在全球占据了重要地位，并越来越显示出其技术创新的领导潜力。

6.5 量子信息化：第二次信息革命

第一次信息革命的核心基础是固态物理。随着半导体技术的进步，以摩尔定律为代表的硅基电子学即将走到极限，新的科技革命极有可能从量子信息科技开始。

在宏观物理尺寸下，粒子的微小引力聚集起来的块材将力学性质充分展现出来，被人类的经验感官所感知。在微观物理尺寸层面，重力的影响力衰减，而电磁力的影响力更加突出。20世纪80年代兴起的纳米尺度构成了纳观世界，在这个物理尺寸下，电磁力仍然起着支配性的作用，但其力量体现在单个到数千个基本粒子之间的相互作用，因而遵守量子理论和相对论理论的规范，粒子的能量从连续变成分立，粒子的状态从双态变成多态，粒子间的相互作用以量子交换的形式出现，体现为概率的特性。

物理尺寸的不同对应着物理理论的改变，这种现象有很多哲学解释。例如，有人说量子力学是对牛顿力学的颠覆；也有人说，粒子聚集数量引起的物理性质的变化说明还原论破产了。这些解释既无价值，也无必要，都属于自上而下性的解释和意见，与事实无关。物理精神探究的是物质之间的相互作用，除了数学模型外，不做其他解释。而脱离了具体语境的比喻、模型、佯谬等，往往只应从故事启发的角度看，不适合作为思辨和推论的依据。

一个容易被忽视的事实是，随着物理尺度从宏观、微观进入到纳观，信息的影响力越来越显著，这是推动信息社会发展的核心动力，就像牛顿时代的真空和热力学、第二次工业革命时代的电磁学一样。信息的本质是交换，但由于在人类感官层面上存在着大量交流意义上的信息，使得信息这个词汇和物质一样，混淆在不同的物理尺寸中而含糊不清。

所以，信息是对应物理尺寸的物质与能量交换机制。在人际尺寸上，体现为“发言者——语言编码——声音传播与接收——语言解码——聆听者”这样的系统；在量子尺寸层面，信息体现为粒子之间的碰撞湮灭与量子激发。量子是信息最丰富的载体，是信息的化身，也可能是信息的本质。量子信息将可能突破物理信息的边界，带来信息科技的新一轮革命。随着人们物理操控能力的进步，量子信息技术逐步成为现实，成为工业级和消费级的应用。

6.5.1　硅基半导体的极限

晶体管尺寸从微米进入纳米，且越来越接近单个原子量级，因此，一些问题越来越显著。

首先是耗能问题。尤其是在放置服务器集群的数据中心，几万台、几百万台服务器消耗大量的电能，以至于人们不得不将数据中心往北极迁移。如果人类对计算的需求继续按照指数增长，电能的消耗将越来越成问题。在理论上，1961 年，IBM 的兰道尔提出了兰道尔原理：每删除 1bit 的信息，耗散到周围环境的能量至少是 $K_{B}T\ln2$J，这意味着，经典计算机建立在不可逆的逻辑操作上，其本质是耗散的。而在实际运行中的计算机，其耗散值超过理论值的 10 倍以上。

其次是尺寸极限，当硅晶体管越来越逼近原子尺寸时，首先制造将遭遇瓶颈。目前采用的紫外线光刻技术可以实现 5nm 的光刻工艺，如果再提高光刻水平，就需要提高光刻的频率，如采用波长更短的 X 光，但 X 光的能量太高。其次，量子效应越来越显著。纳米技术已经能够制造更微小的器件，如量子点、单电子晶体管或分子开关等。按照基于布尔逻辑的经典算法，这些量子效应是被消除项。当量子效应越来越强烈时，消除这些量子效应的代价越来越高昂，出错的机率越来越高。

为此，微型化的革命性道路只能是超越原子，操作量子，例如，操作光子、电子或单原子，这就是量子计划的操作对象。同时，利用量子逻辑取代布尔逻辑，在提高运算速度和加密能力方面都显示出极其诱人的前景。一旦理论、计算和制造取得了突破，则各行各业的应用就会层出不穷。

在人类的智慧下，摩尔定律仍然能够生效 10～15 年，但极限迟早会到来。未雨绸缪，经过近 20 年的探索，在基于量子尺度的操控方面实现了一些突破，因此，科学家们便逐渐加大量子计划的研究力度。

6.5.2 量子信息科技的兴起

1981 年，费曼提出量子计算的概念。在麻省理工学院举行的第一次

“计算的物理问题”会议上，他勾画出将量子现象用于计算的潜在威力：将来不太可能在一台经典的计算机上有效地模拟量子体系的演化，描述量子态演化所需要的经典信息量需要一种新型计算，而且这种计算是几乎不耗能的。

1985 年，牛津大学的戴维·多伊奇提出图灵机的量子泛化版本——通用量子计算机，加上一个简单的量子算法，奠定了量子计算理论的基础。从此，科学家们开始探索，量子计算机能够做什么？以及制造量子计算机需要哪些理论和技术准备。

1994 年，贝尔实验室的彼得·舒尔发现一种量子算法，能够进行高效率的因式分解。由于很多加密算法都采用复杂的因式分解方式，因此，舒尔算法将成为破解加密算法的杀手算法，只要有量子计算机，则流行的大多数加密算法如最常用的 RSA 算法都会失效。1996 年，同一实验室的格罗弗发现了一个更好的量子算法，既避免了舒尔算法中存在的量子干涉问题，又大大提高了计算效率。当然也意味着，这是一种更高效的解密算法。例如，对 128 位的 AES 加密算法，用经典计算机解密需要几十亿年，而用格罗弗算法则只需要 2s。

目前，量子信息科技的研究领域在多个方面同时探索着。

（1）量子加密：应用量子力学的量子纠缠原理进行信息加密。

（2）量子计算：包括量子线路、量子算法、量子搜索、量子计算机的物理实现等。人们预期，量子计算机可将计算能力提高数百万倍乃至数十亿倍，继续信息革命的下半场。

（3）量子信息：量子信息包括量子噪声和量子运算、量子信息的距离度量、量子纠错、量子信息论等内容。

（4）量子操控技术：量子操控技术（如光子、单电子和单原子的操控），已经用于科研、工业、军事和商业等各个领域。

（5）类似纳米计划，量子信息科技有可能在新物理、新材料、新化学、新医学、新能源等各方面实现巨大突破。

(6) 基于宇宙学与粒子物理学的相互验证性，量子信息科技的突破有可能对时空和宇宙学的理解起到重要作用。

量子纠缠是量子隐形传态、快速量子算法和量子纠错等效应中的关键要素，但量子纠缠又是最难理解的量子现象之一。一对发生相互作用即建立纠缠关系的量子粒子，就不再可以被独立地描述，它们之间存在一种纯量子的、不依赖空间距离的关联。这个现象被称为 EPR 佯谬，由爱因斯坦、波多尔斯基、罗森在 1935 年提出。1964 年，贝尔提出贝尔不等式。1982 年，阿斯佩利用纠缠光子证明了量子纠缠的超距性，验证了量子力学的可靠性。

量子纠缠引发了一种全新的物理范畴，令人震惊。由于量子粒子的纠缠态在实验上可以操控，被应用在量子通信上，包括量子密集编码和量子隐形传态上。20 世纪 70 年代，哥伦比亚大学的韦斯纳首先提出“量子共轭编码”的概念，但投稿被拒。80 年代，IBM 的贝纳特等研究将量子纠缠用于加密，但当时没有获得重视。进入 21 世纪，量子加密的重要性开始进入国际竞赛。中国潘建伟院士团队一直走在量子加密研究的国际前列，多条商用量子加密通信线路被建设。2016 年 8 月 16 日我国成功发射墨子号量子科学实验卫星，两个量子纠缠光子被分发到相距超过 1200km 的距离后，仍可继续保持其量子纠缠的状态。

与其他加密方式不同，应用量子纠缠加密是首个基于物理定律，即海森堡测不准原理进行的加密技术。由于任何测量（窃听行为）都会破坏被测量的系统，从而保障了被加密信息的绝对安全。传统的加密方法的安全性仅仅依赖于计算速度的缓慢进步，当计算机的计算速度大幅提升或新的解密算法出来后，就会被更快地破解。

量子计算机的基础是量子逻辑，即利用量子力学的规律来进行信息处理和逻辑操作。传统计算机的逻辑是 0-1 逻辑或真一假逻辑，1bit 就是制备这两个状态之一的物理系统。在量子体系中，例如，用一个原子表示物理比特时，除了两个分立的电子状态外，原子还可以处在这两个状态的“相干叠加态”，因此，原子同时处在状态 0 和状态 1 的这样一个物理客体就叫 1 量子比特或 qubit，量子比特是量子信息的计量单位。由于叠加态的存在，量子逻辑运算存在非门的平方根（根号非）、交换的平方根（根号交换），这是经典逻辑运算中没有的。根号交换、根号非、移相器，这三者就可以构造出任意长度二进制串的任何叠加态，构成一组完备（普适）的量子逻辑门。如果能够在物理上以足够精度实现这些操作，就能够实现任何量子运算。把这些门集成起来的“集成电路”称为量子布尔网络或量子电路。

量子计算机的制造是非常困难的。一个重要障碍是退相干。其原因在于量子叠加态和周围环境存在着不可避免的相互作用、存储在量子计算机中的信息发生衰减，等等。毫无疑问，这种相互作用会影响计算机的性能，并引入计算误差。集成的元器件越多，相互作用就越复杂。1994 年，因斯布鲁克大学的斯拉克提出了一个可以容错的量子计算模型，使得建造量子计算机迈出了关键的一步。1995 年，美国国家标准与技术研究所的维尼兰德造出第一台作用于 2qubit 的量子逻辑门。如果有一台 2qubit 的计算机，再添加 2qubit 逻辑门，就变成了一台 4qubit 的计算机。然而其计算能力远非提高一倍，而是指数级提高。这就是量子计算机算力增长的奥秘。

目前，谷歌、IBM、微软、阿里巴巴等在量子计算机研发方面走在了世界最前列。2018 年 5 月，阿里巴巴宣布实现了 81bit 的量子电路。

“量子信息”一词有两层意思：一层是广义的，被理解为与利用量子力学进行信息处理有关的所有操作方式的概括，包括量子计算、量子隐形传态、不可克隆原理，等等；另外一层意思是狭义的、和经典信息与通信理论对应的内容。

狭义的“量子信息”的内容包括以下几方面。

(1) 确定量子力学静态资源的基本类型，如量子比特、Bell 态等。

(2) 确定量子力学动态过程的基本类型，例如，储存量子状态的内存，量子纠缠中的量子信息传输、量子状态复制、抗噪声干扰等。

(3) 基本动态过程中资源量化的折衷。例如，使用带噪声的信道在双方之间可靠传送量子信息所需要的最少资源是什么?

在量子操控技术上，已经实现了激光冷却、磁陷俘、蒸发冷却等技术，为研究量子效应和量子计算机提供了技术基础。

美国发明家、未来学家雷·库兹韦尔曾预言“奇点到来”的时刻——2045 年，智能机器将比人类更聪明。届时，人类（身体、头脑、文明）将发生彻底且不可逆转的改变，人类纯文明将终结。量子信息科学支持下的人工智能被认为是实现奇点时刻的关键因素。

因此，以 IBM、谷歌、阿里巴巴为代表的量子计算竞争正代表着这一趋势。在 20 世纪下半叶，人类通过经典信息论和半导体技术实现了信息革命，今天，人们正在操控量子和光子，通过建立量子信息论和量子计算，实现新的科技革命。

6.5.3 角逐量子信息科技制高点

鉴于量子信息科技的重要性，在国家层面，量子科技大战已经愈演愈烈，逐步白热化，国家级总体战略正陆续诞生。

2018 年 7 月，美国某国会议员曾公开表示，美国正与中国和欧洲竞赛，争取率先在量子科学领域取得技术突破，“这是一场我们必须赢的比赛”。

2018 年 9 月 13 日，美国国会众议院批准了关于量子信息科学的立法，以“制定统一的国家量子战略”，量子计算“将使我们能够预测和改进化学反应、新材料及其特性，并对时空和宇宙的出现提供新的理解，这一切可能在十年内实现”，并授权在 2023 年前提供 13 亿美元的资金支持。

2018 年 9 月 24 日，美国白宫科技政策办公室召集会议，讨论启动国家量子计划。参会的政府部门有美国国防部、国家安全局、白宫国家安全委员会、美国宇航局和联邦能源部、农业部、国土安全部、国务院和内政部等，企业代表包括谷歌母公司 Alphabet、IBM、摩根大通、霍尼韦尔国际公司、洛克希德·马丁、高盛集团、AT&T、英特尔、诺斯罗普·格鲁曼等。会后发布的《量子信息科学国家战略概述》中称：该战略旨在发展量子信息科学，帮助美国改善工业基础，创造就业机会，强化经济发展与国家安全，并确保美国在“下一场技术革命”中的全球领导地位。该战略将“量子信息科学”分为 7 大类，即量子传感、量子计算、量子网络、量子器件和理论、支持技术、未来应用和风险控制。

在报告发布的同一天，美国能源部即宣布为量子信息科学投资 2.18 亿美元。美国能源部长佩里说，“量子信息科学代表信息时代的下一个前沿”，这些投资将确保美国在该领域“持续处于领导地位”。

这个战略与美国国家纳米计划的结构是基本一致的，是纳米计划在新时期的跃迁版本，但在措辞上有明显的差异。在国家纳米计划中，采用的是“纳米技术”一词。而在该战略中，则采用了“量子信息科学”一词。其原因也许在于，量子信息科学的物理基础需要突破，量子信息、量子计算和量子网络的研发更需要基础科学的革命性进展。另外，与欧洲强调工业革命不同，该战略特别强调了“信息”，体现了科技革命范式跃迁的属性，以及坚持第二次信息革命的意向性。

通过国家量子信息科学，建立“量子传感、量子计算、量子网络和量子器件”这样一个科学、技术和制造的统一的 STEMC（Science 科学，Technology 技术，Engineering 工程，Mathematics 数学，Cumputing 计算）

基础平台，将为其他行业应用和学科研究提供平台支撑。这些应用包括军工、生物工程、医学健康、信息科技与通信、新材料、新能源、农业环保、交通运输、气象与地震预报等所有领域。同样，该战略要求学术界、产业界和国际组织广泛参与，并提供人才的专门培养通道，包括在中小学进行“量子信息科学”教育。

下一代科技革命的国家级竞赛已经打响了发令枪。

第 7 章　微观经济：企业的颠覆力

企业成功经营有三个核心：市场、科技、企业组织。

科技的本质是提升效率，保持竞争优势。为此，需要循物之理，按照物理学原理理解万事万物，选择合适的材料，研发领先的制造设备以架构信息系统，采集信息，分析数据，掌握业务的经营状态。这样，才能真正做到选好料，做好产品，准确地捕捉用户行为，理解用户需求，从而降低材料和制造成本，提供优质的产品，做具有长期竞争力和生命力的企业。

市场的本质是理解人性。对人性的理解可以是猜测的、内省的，也可以是科学的。最终科学的心理学战胜了内省的心理学。广告学正是由行为主义大师华生的推动而正式登上历史舞台，行为心理学在今天的消费心理把握中获得了越来越多的应用，成为产品决策和市场决策最重要的依据。也正因为如此，科学心理学繁荣的美国也一直引领着全球消费主义的浪潮。

自 1978 年到 2018 年的 40 年里，在改革开放的纲领下，中国政府本着“摸着石头过河”的务实精神，紧抓消费主线，成功激活和解决了人们的消费渴望。在中央政府宏观政策主导，地方政府领导的亲力亲为下，中国产业体现出自己的特色，能够在短时间内启动，快速得到资本、快速引进技术，迅速填满市场消费空间，但过度催化也引发了各个阶段的生产过剩和金融债务。

在中国这样的巨大市场中，由于市场机会太多，商人的冒险文化更容易流行，有些企业的核心竞争力仅仅是市场营销。经过 40 年的高速发展，消费饱和了，而贸易战又增加了国际贸易壁垒，企业需要从争夺市场增量的厮杀，转型到抢占市场存量的竞争中。市场创新仍然重要，但科技创新更加重要。这意味着，科技创新将成为企业家们的当务之急。

企业竞争力的塑造主要有四种模式。工匠模式本质上是先进材料模式。流行工匠模式的欧洲和日本把握着高端的材料科技，例如，荷兰的光刻机和日本的蒸镀机、法国的优质葡萄农艺、德语区隐形冠军们的细分行业龙头工艺。流水线模式来自可交换部件和系统管理的“美国制造体系”思想，自主可控的垂直一体化是其经营模式，材料、制造、销售各个环节的物理控制是其灵魂。工业研究实验室模式诞生于 19 世纪末的德国和美国，从贝尔实验室到今天的谷歌和华为，工业研究实验室都把基础研究作为企业的核心竞争力，实现“自下而上”的研究、开发、制造和销售。硅谷模式则完全从物理科技出发，通过巴斯德象限模式的研发，同时开展前沿基础研究和商品化，实现技术和服务双重领先。

商业模式的创新是依赖市场情绪的，而基于物理基本原则的创新才是企业长久竞争力的基础。

7.1 工匠：探索材料物理与工程

7.1.1 早期工匠：神秘制造技艺的守护者

工匠从事人工器械的研究和制造，因此，他们是材料的发明者，是制造工艺的传承和发扬者。人类的文明基本是以工匠们的创新而划分时代的：石器时代、陶器时代、青铜器时代、铁器时代、钢铁时代、硅时代，以及即将进入的碳时代。人类和自然的关系通过工匠得以连接。

工匠是一群特殊的人，他们总是在自己的工作室里工作，改进材料特性或工艺组合，而不是在朝堂上夸夸其谈，或者在曲水流觞中吟诗作乐。工匠们身怀某种特殊技艺，例如，冶炼某种合金，或者烧制某种陶器，或者织造某种丝绸，或者制造某种纸张，等等。他们的技能通过世代相传而承袭，并通过各同业行会加以集体保护。

在中世纪的欧洲，钟表匠、珠宝匠、纺织匠、五金匠、玻璃匠等都是重要职业。人们需要铁匠制造的斧子、镰刀和犁，也需要战斗用的佩剑和护甲。钟表匠则更加综合，他们需要具有铁匠的所有技能，还能够制造精密的齿轮，通过复杂的机制把他们组合起来，制成自动精确运行的机器。无论斧子、佩剑还是钟表，都要求研制出高级材料，以减少变形、磨损、疲劳和不精确。掌握先进金属冶炼和加工工艺的工匠们能获得更高的社会地位和更丰厚的收益，他们也是商业革命和第一次工业革命时期的发明家。

行会则将匠人们组织起来，确保行业利益。例如，不得任意降价，不得泄露行业机密，不得任意收徒，尤其是不能培训“外地人、外国人”。新进门的学徒通常在 14 岁时开始学习，学满 7 年方可出师，而且不得在师傅工作的区域附近开店，以免形成恶性竞争。

出于保护国家机密的考虑，行会组织得到了国家重点保护。荷兰、意大利、英国等都颁布过法令，禁止某些行业将具有核心价值的设计图、机器、零件等出口。为了安抚工匠们，专利法初见雏形。首个类似专利法的特许令状制度是英国在 13 世纪颁发的，该制度容许被授权者享有 15 年的商业垄断权。1474 年，威尼斯城邦共和国元老院颁布了世界上第一部具有近代特征的专利法，1476 年 2 月 20 日批准了第一件有记载的专利。1624 年，英国颁布《垄断法案》取代特许令状制度，是世界上第一部具有现代意义的专利法，德国法学家柯勒曾称之为“发明人权利的大宪章”。这种行业保护在今天依然不断地上演。

从 16 世纪开始，由于军队、航海家、科学家、实业家们都需要精密仪器，他们便和工匠们结成了深入的合作关系。1704 年，在英国颁发的

《普通教育和大学教育改革计划》中，要求学生学习“欧几里得的《几何原本》前 6 卷与第 11、第 12 卷，《代数基础》、《平面和球面三角学》”，以及“运动定律、机械学、流体静力学、光学……以及实验哲学”。这样，工匠们也能够得到良好的科学教育，而当初制造精密仪器和今天制造 7nm 工艺的芯片一样，都是高科技工作，所以很多工匠成为英国皇家学会会员，如列文虎克。在美国，富兰克林、华盛顿、杰斐逊等都是业余工匠，他们苦学科学，发明仪器，改进工艺，身手不凡。

在欧美，工匠代表着先进制造技术的拥有者，他们探索并拥有先进的材料知识、独特的工艺秘方、杰出的系统工程能力，还具备精密制图和测量能力。达·芬奇是典型的工匠，他的机械绘图不是用毛笔写意的，需要掌握欧几里得几何，以及当时机械学的基本工具，如模型搭建、两脚规和圆规等的操作，任何大的误差都会导致工程变成写意，没有实用价值。

工匠们代表的先进制造技术造成了国家之间经济的巨大落差，因此，如何获得别国的先进制造技术是各国统治者们重要的治国方略之一。

购买专利授权是一种方式。索尼公司在二战后由几个年轻人成立，主要制造电饭煲和真空电压表。他们去美国的时候，听说了一种叫晶体管的发明。经过几年的艰苦谈判，到 1953 年，终于从美国西屋电气公司购买到晶体管的专利专卖权。索尼公司在专利的基础上继续研发 2 年，推出了小型收音机，引发了日本消费电子业在全球的崛起。同样，为了获得集成电路制造专利，在日本政府的全力斡旋下，索尼公司从 1963 年起就和美国的德州仪器公司谈判，直到 1968 年才获得授权，从而带来了日本在半导体产业的突飞猛进。

技术移民是各国采取最多的方式，这样能够持续不断地从其他国家获得先进技术。法国、德国、苏联都曾分别因为意识形态差异驱逐了大量的技术工匠。17 世纪，法国发生胡格诺战争，20 万名胡格诺教徒流亡到其他欧洲国家，这些人大多是纺织工匠和五金工匠，英国、荷兰和普鲁士等因此受益匪浅。20世纪30年代，纳粹政权迫害犹太人，大量德国的犹太裔物理学家和数学家们先登陆英国，然后落户美国。二战后，以色列建国，当时以色列人才极其匮乏，高技术人才更是罕见。他们从非洲迁移了大量的犹太人，但这些人缺乏教育背景，因此，以色列建国后，多年来都是一个落后的农业国家。直到20世纪60年代，苏联爆发大规模的反犹太人运动，以色列乘机接纳了50万名受过良好教育的苏联籍犹太人，导致以色列的科技崛起。同样，美国在20世纪50年代实行大规模的麦卡锡恐怖主义，为新生的中国输出了大批顶尖科学家，为中国科技崛起提供了无价的人才。

间谍形式也是常见的。17世纪，当善于缫丝的胡格诺人来到英国时，遇到一个关键的技术问题，英国的捻丝机无法捻出高质量的丝，这样，胡格诺人空有织丝的技术，却无法织出高质量的丝。意大利则拥有这种捻丝机，能够捻出高质量、低成本的丝，但卖给英国人的价格非常昂贵。这种捻丝机的工作原理被意大利人视为国家机密，法律明确规定，任何泄露捻丝机工作原理的人都会被判死刑。

但捻丝机的详细图纸是被公开了的。维托里奥·宗卡在1607年出版的《新机械建筑大观》里，刊登了其中一款捻丝机的详细版图，并附有详细的操作流程。但由于没有内部工作原理的说明，该书出版了一个多世纪后，英国人也没能复制出这种机器，只能让意大利人垄断着缫丝业。于是，英国人决定上门偷取。1715年，出身于纺织业家庭且具有丰富机械学经验的约翰·洛姆被派遣到意大利。他在意大利逗留了两年，“找到了时常能够见到这种机器的途径，并使自己彻底了解了整个发明的细节和各种不同零部件及其运作的知识”，然后他返回英国。他的兄弟托马斯·洛姆马上建造了用于捻丝的大型工厂，采用约翰·洛姆获得的工艺和机械知识，将缫丝技术引进到英国。

随着欧美科技和贸易的发展，工匠们开创了发明的时代，如纽卡门、瓦特、惠特尼、法拉第、马可尼、爱迪生、福特、井深大、丰田英二，等等。在机器制造方式上，美国和欧洲呈现较大的区别。美国崇尚可交换部件、自动化和大规模生产，该制造方式被日本人创新为丰田精益生产。而欧洲则更加看重匠人的价值，在今天的欧洲，匠人工业依然非常发达。德国管理学家赫尔曼·西蒙在《隐形冠军》中，全面揭示了这种工业和文化的力量。

7.1.2 现代工匠：先进材料和加工工具的创造者

随着科技的发展，工匠的内涵也在变化，不变的是工匠一直站在材料科学与工艺的最前列，因此，研究基础科学成为现代工匠的基本功。

康宁公司是其中的一个代表。这家公司成立于1851年，近170年来一直从事玻璃及制品的制造。1879年，康宁公司为爱迪生公司的电灯泡生产玻璃罩壳，公司从手工制作灯泡开始重新设计工艺，实现了批量生产，大大降低了灯泡的制造成本，推动了电灯泡进入千家万户，由此灯泡的玻璃罩壳业务便成了康宁公司的主业，到1908年，已经占总业务量的一半。同年，康宁公司设置了工业研究实验室，由著名化学家沙利文担任主任，从此康宁公司变身为玻璃研究的代名词。1913年，康宁公司的物理学家李特顿发明耐高温玻璃，成为高度耐温厨具和实验室玻璃器皿的代表。1934年，康宁科学家、有机化学家海德开发了有机硅，并为气相沉积工艺奠定了基础。

1939年，康宁推出了9英寸圆形阴极射线管，为RCA的电视机所配备。在第二次世界大战中，康宁阴极射线管是美国军方雷达设备的关键部件。1943年，康宁研究出灯泡电密封工艺，可生产300多万只大型阴极射线管。1947年，康宁发明了批量生产电视显像管的工艺，使得新兴的电视机成为大众可负担的消费品。

1952，康宁科学家斯托奇在加热一片1947年研发的感光玻璃时意外发现，当烤炉发生故障过热时，玻璃仍然保持完美外形，且因结晶化而变为乳白色，即使跌落在地上也不会碎。这一发现催生了一种新型的玻璃陶瓷材料。斯托奇因材料创新于 1986 年被授予美国国家技术奖章，并于 2010 年入选美国发明家名人堂。1964 年，康宁的科学家研发出生产平板玻璃的溢流熔融工艺流程，使得康宁成为生产液晶显示器玻璃基板的先驱。20 世纪 80 年代，有源矩阵液晶显示屏（LCD）在实验室中被发现，但普通玻璃的精度、稳定度或耐用度均无法达到制作液晶屏的要求，而康宁的“熔融”工艺恰好满足要求，从而使液晶屏行业能够制造大尺寸、高品质的平板显示器。

1970 年，在康宁发明的世界上第一根低损耗光纤的推动下，人类开启了光通信时代。2007 年，康宁科学家坦顿等人又开发出 ClearCurve © 光纤，引发了光纤产业颠覆性的变革。该光纤能够弯折 90°，并将信号损失降至最低，不仅极大地提升了光纤产品的性能，更为数据中心及企业网络带来高水准的光学性能。

2007 年，苹果公司要求康宁研发出一种比钠钙玻璃和塑料等传统材料更耐损的盖板玻璃。为此，康宁研发出了薄而轻，足够坚韧，且能够耐受日常使用中的刮擦、碰撞和跌落的大猩猩玻璃。这种玻璃被广泛应用于智能手机、平板电脑、个人电脑、电视等产品。

康宁的发展进程透示出科学的力量，使得玻璃这种传统材料与时俱进，在当代信息产业的发展中，发挥出了极其重要的作用。

日本是盛产工匠的国度，武士刀是日本制造的典范。做好一把武士刀，需要一系列的工序，从炼钢、丸锻（锻造）、水减（淬火）、钢铁搭配，到素延、烧入、收尾、锻冶押，再到刀茎、铭切等。

蒸镀是 OLED（有机发光二极管）面板制造工艺的关键，蒸镀机把 OLED 有机发光材料精准、均匀、可控地蒸镀到基板上。通过电流加热和激光加热等方法，使被蒸材料蒸发成原子或分子，并以较大的自由程做直线运动，碰撞基片表面而凝结，形成薄膜，这个过程就是真空蒸镀。

Canon Tokki 蒸镀机能把有机发光材料蒸镀到基板上的误差控制在 5μm 内，相比之下，全球其他 40 多家公司的蒸镀机均无法达到这个精准度。正因为如此，拥有一台 Canon Tokki 蒸镀机是 OLED 顶级生产商的标志，在 2018 年年底，全世界只有三星、LG 和京东方拥有。因此，真空蒸镀机就如同 OLED 面板制程的“心脏”，日本 Canon Tokki 蒸镀机独占着高端市场，掌握着 OLED 产业的咽喉，但这家公司只有 300 名员工，年产量通常只有几台，每台价格过亿美元，却仍然一机难求。

欧洲的特点是存在着很多隐形冠军，他们大多在一个小而专的市场上做成龙头企业，因而可谓是现代版的工匠型企业。在《隐形冠军》一书中，西蒙对“隐形冠军”的定义是：

（1）世界前三强的公司或者在某一大陆上名列第一；

（2）营业额低于 50 亿欧元；

（3）不是众所周知的公司。

按照这三个指标，2012 年，全球有 2734 个隐形冠军，其中德国 1307 个，德语区（德国、瑞士和奥地利）1499 个，占比为 55%。其中，在德语区不到一亿的人口中，每百万人口约 15 个隐形冠军。相比之下，日本有 220 个隐形冠军，每百万人口有 1.7 个；中国的隐形冠军有 68 个，每百万人口为 0.1 个。所以，德国的隐形冠军企业规模虽然不大，却在全球商业竞争中占据着重要位置。

德国的隐形冠军多从事制造业（69%），支撑了德国制造的强大品牌和影响力。这些隐形冠军的核心特征是专注于一个细分领域，占据绝对龙头地位。在市场份额上，通常占据各自细分市场的 40%以上，就平均而言，隐形冠军在世界的绝对市场份额是 33%，为其第二位对手的 2.3 倍，在欧洲的绝对市场份额是 38%，领先最接近他的竞争对手 180%。他们大多是各自行业标准的制定者，以技术领先、质量领先和良好声誉而著称，并因此享有定价权。在销售价格上，比仅次于他们的竞争对手高出10%～15%，因此净资产收益率平均为14%，远远高于市场平均收益率6%的水平。

德国的现状与其历史有密切关系。首先，德国在1918年之前，内部存在多个各自独立的君主国家，相互存在着激烈的竞争。其次，在德国历史上，工匠文化有悠久的传统，数学和物理的研究也一直受到重视，黑森林地区以制造高精密机械的钟表而著称，附近的哥廷根大学有39家测量设备制造商，而哥廷根大学自19世纪起一直是世界数学的圣地，至今已陆续走出45位诺贝尔奖获得者。德国物理学会会长、西门子前董事克鲁巴西克说过：德国在21世纪获得成功的技术基础，可以一直追溯到中世纪。

西蒙分析了隐形冠军们的一些特点。

1. 定位于利基市场。

他们将自己定位为一个利基市场的领导者，其中四分之一的公司所在的市场不超过3亿欧元。他们专注于价值链中的某个环节，致力于成为该市场的绝对专家。M+C Schiffer公司，是世界上最大的牙刷生产公司，只生产牙刷，然后被宝洁、汉高等公司包装销售。Aenova公司是欧洲最大的订单型药品生产商，每年生产100亿粒药片和180亿颗胶囊。PWM公司只生产汽车加油站的电子价格显示牌，Hiby公司只生产加油站使用的喷油嘴，波拉公司只生产造纸工业的高速切削系统，腾德公司只生产医院病床的脚轮。对于这类公司，人们评论到“在欧洲，像这样的一个市场领导者是如此强大，以至于其他竞争对手几乎毫无机会”。

2. 垂直一体化的自主可控。

无论工业巨头，还是中小企业，长寿的市场领先者都把垂直一体化的自主可控作为最重要的策略。为了保障产品和服务质量，企业会对原材料、制造设备、供应商、销售和客户服务价值链的各个核心环节，实行企业控制而不外包。如果企业无法控制，要么就研发，要么就放弃。

在原材料环节，他们会自己生产加工，如咖啡大王 Neumann，在南美购买咖啡园，自己种植咖啡，并提供咖啡品级服务，从而制定了行业标准。在生产设备方面，隐形冠军们自己研发和制造生产需要的设备，或改造采购的设备，以满足对可靠性和自动化的需求。福莱希是专注于生产狗链的领导企业，在他的生产中，除了塑喷机之外，全部使用企业自制的机器。世界领先的滤水器公司碧然德有一个专门的机器制造部门，公司创始人汉卡莫尔说：“为什么要让别人来制造我们公司的机器呢？碧然德是全球市场的领先者，因为他有独特的产品，而这些产品之所以独特，是因为由我们自己的独特机器制造的”。

魏德米勒公司的总经理说：“魏德米勒公司有意识地为自己制造生产工具，我们开发连接技术，并且用自己制造的工具进行生产，这首先是因为质量，第一流的质量需要高品质的产品，所以，从生产工具开始就要对误差采取零容忍。”

在供应商方面，一如全球所有最优秀的公司体现的那样，隐形冠军们不喜欢供应商联盟，而是喜欢自己干。他们坚信瑞士民族英雄威廉·退尔的名言：“最强有力的独行者才是最强者”。如果实在需要，他们宁愿收购。例如，布勒公司是研磨技术的世界引领者，为了打开中国市场，他们收购了几家中国企业。公司总裁格里德尔表示，这是为了更好地实现供应和客户需求的统一。在迫不得已的情况下，他们才会成立合资公司。但由于合资公司会放弃自主权，而且会被迫分享成果，这也是所有隐形冠军们都不愿意做的事情。

在销售和客户关系方面，83％的隐形冠军都采取直销模式，70％的隐形冠军只采用直销模式。通过和客户直接接触，建立密切的关系，既能迅速而直接地满足客户的需求，又能为客户提供系统性的解决方案，从而成为客户们不可替代的合作伙伴。世界顶尖的立式机床制造商 Pietro Carnaghi 公司认为：“一个利基市场的小供货商要努力使自己成为大公司不可缺少的合作伙伴……，我们为客户提供的是战略工具，我们以一种

独一无二的方式加工金属制品。”Biomet 公司是全球最大的人造关节系列产品的矫形外科供应商，由于更换人造关节涉及手术、住院及术后康复等方面，公司提供“Joint Care”系统，为医院和医疗保险公司提供全面的解决方案。医院根据该系统可以术前制订治疗和康复的精确计划，使住院时间从 14 天减少到 7 天，康复时间也大大缩减。因此医院提高了做手术的数量，医疗保险公司节省了开支，患者减少了住院费用，而 Biomet 公司则销售了更多的人造关节。

3. **以长寿、健康和满足客户需求为第一动力。**

在上述隐形冠军中，公司的平均司龄为 66 年，最老的公司要追溯到 14 世纪。SHW 股份有限公司成立于 1365 年，是世界领先的生产硬冷铸铁轧辊的公司，其产品用于造纸业。38％的隐形冠军的司龄超过 100 年。相比之下，美国 1897 年首次创建的道琼斯指数里的 30 家公司已经全部从指数中消失，最后一家通用电气公司于 2018 年被清理出该指数。

隐形冠军们大多以长寿、健康和满足客户需求为第一动力，所以，他们不追求规模。最典型的企业是全球性公司克莱斯，作为管风琴制造商，他成立于 1882 年，100 多年来，员工一直保持在 65 人，在经济繁荣的时候不扩张，在经济低迷的时候不裁员。阿亨巴赫公司成立于 1452 年，全球四分之三的铝板轧机厂都源于这家企业，但他们只有 300 名员工，通过技术创新和流程创新保持着业绩的增长。

隐形冠军们大多不喜欢上市，仅仅 10％的公司选择了上市。他们不需要证券市场和私募基金的钱，自有资本率为 42％。79％的企业认为自筹资金是最重要的，无须银行的帮助。原因在于，他们无须透露成本结构和利润率，闷声发大财更好。同时，没有债务使他们大大降低了财务风险。他们也很少去宣传品牌，所以，在公众中几乎默默无闻。由于没有资本的干扰，他们能够从容地做好自己的产品。

住在乡下也是大多数隐形冠军的特点。有三分之二的隐形冠军的总部设在乡下，在这里，他们能够远离都市的浮躁和喧嚣，安静而专注地发展自己的事业。著名的蔡司公司驻扎在小镇科亨市，他雇用了4000多人，而整个小镇的人口才7800人。全世界最好的风能公司和技术专家在奥里希镇，最好的粉末冶金技术攀时公司在罗特伊县，最好的瓦楞纸板设备供应商博凯公司在巴伐利亚森林中的魏黑拉梅尔镇。每两年，全球各地的洗涤设备专家都会去弗洛托镇朝圣，因为隐形冠军 Kannegiesser 要举办开放日。

这些隐形冠军定义了今天工匠企业的特征。

7.2 流水线：组装自动化制造

在研究技术进步对经济产生巨大价值的学者中，马克思是最著名的，也是影响最大的。

马克思高度评价了工业资本主义所取得的伟大技术成就。他认为，在借助蒸汽机、铁路、电报和各种机器征服自然的过程中，工业资产阶级在一个世纪里，成功地超越了过去所有时代的文明所取得的成就。资本家之所以能够取得辉煌成就，就在于他们依靠从不间断的技术革命打破停滞稳定的社会，代之以一个充满动力的社会。《共产党宣言》中写道：**“生产的不断变革，一切社会状况的不停动荡，永远的不安定和变动，这就是资产阶级时代不同于过去一切的地方。”**

资产阶级为什么狂热地追求革新呢？马克思认为：**为了努力增加利润，扩大工业品的市场，以及保持对其工厂里雇佣员工的控制。**马克思在《资本论》中写道：**“单以发明给资本家提供对付工人阶级的反叛的武器为出发点，写一部自1830年以来的发明史，就完全能够办到。”**

的确，科技创新的本质是减少人力，让机器替代人工。这是双刃剑，一方面，替代人工能够提高效率、大规模地生产出各种生活物品；另一方面，被替代的人工则会下岗。

但从今天看来，科技创新提供了更多的新行业和新岗位。例如，美国农民不到人口的 1%，工人比例不到 10%，但美国的失业率依然只有 4%，远低于科技不发达国家。所以，科技创新、社会再教育和扩大信息服务业是减少失业率的重要手段。

7.2.1　美国制造体系：可互换部件的系统化

如何提高生产效率？这在军事和企业中都非常重要。

一种方式是关注提高人的效率。20 世纪初，泰勒的“科学管理”重点解决这个问题。泰勒观察一线工作现场工人的工作，通过准确计时的方式，进行数据统计，找到优化流程的方式，制定更加合理的操作步骤，来提升工作效率。这个方式能够迅速实现提升效率，因此，在一些工厂得到运用。但其负面效果是明显的，让人像机器一样地标准化工作是违反人的生理特性和心理需求的。

另外一种方式是关注提升机器的效率，这是一种“自下而上”的解决方案。机器是不知疲倦、始终如一的，其可靠性、持续性、规模性和适应力都远远高于人力。

由于人力缺乏、劳资纠纷和对科技力量的认识，美国企业一直都致力于发明自动化生产的机器。早在 18 世纪，富兰克林就认为，机器的普及让人们每天工作 5 小时就可以满足生产需要。1807—1808 年，英国对美国的禁运更强化了美国人自力更生的决心。1810 年，劳威尔去英国待了 3 年，偷学到兰开夏水力纺织机技术，回国后在马萨诸塞的沃尔瑟姆成立了波士顿制造公司，并创造了新的管理体系，即生产过程一体化：从生产棉花开始，纺纱、织布、漂白、染色、印花、裁剪均统一管理，唯一没有被列入该系统的只有销售环节，该体系被称为“沃尔瑟姆系统”，是美国工业管理的典范。

随后诞生了可互换部件的思想。惠特尼 1792 年毕业于耶鲁大学，然后在一家种植园主家当家庭老师。1776 年，华盛顿下令建造一家兵工厂制造枪支弹药，斯普林菲尔德兵工厂因此成立。1797 年，军方打算给他们下一个大订单。惠特尼闻讯后，写信给财政部要接下单子，承诺在 28 个月“制造 10000 到 15000 支常备武器”，并拿到了预付款开始制造。惠特尼的方法是，复制滑膛枪的各个组成部分，以便同一部分的所有部件都可以互换，这样，整支滑膛枪可以让非熟练工人随时组装。这个思路有两个关键：标准化、可互换部件。产品标准化、产品零件可互换、机械化制造，这三个要素构成了 1850 年后被称为“美国制造体系”的核心。

因为当时还没有生产所需要的精密机床，惠特尼自己并没有完成这个构想，但美国人没有嘲笑他，反而奉他为美国偶像。军工生产企业开始了长达几十年关于可互换、标准化零部件生产的大规模尝试，终于在 19 世纪末完美地实现了这种全新制造技术。在武器弹药制造方面取得成功后，“美国制造体系”被迅速运用到制造缝纫机、打字机和自行车上，接着在 20 世纪 10 年代，转向批量生产汽车和家用电器。柯尔特吹嘘道：“没有什么东西不能用机器制造”。

7.2.2 福特流水线：机器系统的自动化组装

亨利·福特 1863 年出生在一个农庄家庭里，接受过中学教育。16 岁那年，他前去底特律学习钟表机械，出师后到西屋电气公司工作，学到了内燃机的很多知识。1891 年，他加入爱迪生电力公司，很快升为主任工程师。他一边工作，一边在家里研究汽车内燃机。1896 年，他在家里的柴房里研发成功四冲程的发动机后，装配出第一辆汽车。

1900 年，他决定离开爱迪生电力公司自己创业。当时，全世界已经有数家汽车企业，他们通过工匠手工组装汽车，根据用户的经验需要，加工零部件、变速器、发动机、车厢等，每家企业每年能生产几百辆车，而每一辆车几乎都不相同。不仅仅是因为客户需求不同，也因为手工技术无法保证组装的精度一致，产量和质量都与各个环节中工匠的水平和态度直接相关。对这种汽车，客户个人很难驾驶，也无法修理，通常需要雇佣专职的司机和维修工。

福特在 1903 年生产 A 型车的时候，决心采用“美国制造体系”的大规模生产方式来改变这种低效率的模式。从客户需求上看，他要解决两个问题：客户能自己轻松驾驶，并且能自己维修，这奠定了现代汽车行业发展的革命性基础。

大批量生产基于一整套逻辑：完整和持续的零件互换，以及简单的相互连接操作。为了实现零件互换，福特引入了完整的精密测量系统，对同一种零件采用同一测量系统。他引进先进机床，以免零件加工变形，使零部件生产标准化。在组装上，他重新设计各种零件，减少零件的种类，并使零件易于组装。这样，组装就无须熟练工匠参与。

到 1908 年，经过 5 年实验，福特终于完成了零件互换的目标。到 1913 年 8 月，在装配流水线引入之前，组装一辆汽车的周期时间从 514min 降到 2.3min。

1913 年春天，福特在底特律高地公园建立新工厂，正式引入装配流水线，他将汽车移动到工人面前，工人无须移动就能进行组装，既减轻了工人的劳动力，又将组装的周期时间从 2.3min 降低到 1.19min。

1915 年，高地公园的装配流水线全面建成，组装工人达到 7000 人。这些人是来自世界各地的移民，使用 50 多种语言，很多人不会讲英语，却能够在接受几分钟培训后立即上岗，相互不用配合，就能装配出有 2000 个零件的精密机器——T 型汽车。

福特曾在 1914 年宣布，以往他的工人每天工作 9 小时，日工资为 2.34 美元。流水组装线安装后，他的工人每天将只工作 8 小时，日工资为 5 美元。一个组装线的工人只用 5 个月的工资，就可以购买到一辆 T

型汽车。

福特似乎为美国现代资本主义写下了一个开创性的公式，即工业化经济体的成功取决于三点：产品设计的标准化，通过大规模生产降低成本以使大众负担得起，向劳工支付高工资以促进生产和销售。

对比泰勒的“科学管理”和福特的“大批量生产”，泰勒研究时间—动作、计件工资、工头监督劳工的每一行为，而福特则不关心员工的素质，而是将关注点放在装配流水线和员工高工资上，通过改进生产要素来提高生产率。

福特流水线的成功迅速吸引了业界的模仿，各行各业立刻投入到基于流水线的大批量生产上，引发了美国的制造革命和消费革命。

福特并没有因此止步，接着采用了“沃尔瑟姆系统”的思想，做到各个环节的自主可控。高地公园在建设时，只能算是一个组装厂：除自己制造某些部件外，从道奇兄弟公司购买发动机和底盘，还从其他公司采购其他零部件，组装成整车。1915 年，福特的工厂实现了所有功能，即完整的垂直一体化自主控制，从原材料采购、加工开始，自行生产所有的零件。为此，福特设计了新的机床，能够加工预硬化的金属，并以绝对的精度冲压钢板，其中，每种机床只能完成一项任务。然后将不同的机器按顺序排列，当需要换型的时候，工人能够在几秒内实现。这种机床的精密度非常高，而且都是半自动或全自动的，但每种仅用于生产一种零件。到了 1923 年，福特生产线实现年产 230 万辆 T 型汽车。

福特公司的结构也因此发生了巨大的变化。福特对设计工作间同样进行了分工和系统化，工业工程师坐在设计关键生产机械的制造工程师旁边工作，设计和整改汽车的产品工程师也加入他们的团队。团队坐在一线观察和发现问题，相互协调着改进问题，进而诞生了专业的工程师职业。他们不再远离生产第一线，而是处在一线生产中，现场改进，将科学、工艺、技术、流程等优化直接实施到位。车间工人失去了晋升的机会，而这些科学家和工程师成为公司主角，他们有自己的晋升体系，掌握本专业整个知识和实践体系，并管理下属。

哈佛商学院教授钱德勒称这种方式为“看得见的手”。在 1987 年出版的《看得见的手》一书中，钱德勒为这种现代大型企业的运营方式辩护。亚当·斯密推崇“看不见的手”，企业之间通过自由市场的配合各自获得最佳利益，企业无须做所有的事情，应该通过产业分工，采购独立供应商的产品，将精力集中在核心竞争力上。而钱德勒则认为，现代大型企业的垂直一体化方式的运作更加有效，通过引进必要的预见系统来控制质量和风险。因此，从原材料、制造、销售到服务，企业都应该亲力亲为。

现代工商企业在协调经济活动和分配资源方面已取代了亚当·斯密的所谓市场力量的无形的手。市场依旧是商品和服务需求的创造者，然而现代工商企业已接管了协调现有生产和分配过程的产品流量的功能，以及为未来的生产和分配资金和分派人员的功能。由于获得了原先市场执行的功能，现代工商企业已成为美国经济中最强大的机构，经理人员已成为最有影响力的经济决策者集团。

1931 年，福特在底特律建立了红河联合企业，更加彻底地实施垂直一体化。在工厂里，原材料即铁矿石从一个大门进入工厂，而作为成品的汽车则从另外一个大门出去，完全不需要外界的任何帮助，既控制了质量和效率，也在贸易战中有效地保护了自己。接着，他把原材料和运输业加进了控制链——建立全资的巴西橡胶园、明尼苏达州铁矿，并从五大湖区运输铁矿石和煤到红河联合企业。他还修建了铁路，连接起福特在底特律的各个生产工厂。

公司通过一线工作的职业化工程师队伍这只“看得见的手”来实施垂直一体化，这样就将流水线变成一个持续改进的、非常灵活的机器，能随着市场、技术、产品的需要而快速改变，成为创新利器。

但对于福特这样的巨型企业，职业化的工程师队伍有可能引起官僚多层级问题。为此，通用汽车公司的斯隆进行了改革，他首先对市场用户进行细分，根据不同的用户研发不同的车型。然后根据客户群体的划分建立事业部体制，每个事业部是利润中心，并直接面对其定位的市场用户进行营销，从而开创了汽车行业营销和管理的新时代。

福特发明的流水线系统是人类文明的一大奇迹，是 21 世纪物质文明进步的主要保障。在二战期间，这种大规模批量生产机制为盟军战胜德意日轴心国提供了基础，同样的流水线迅速改造为生产坦克、飞机、火炮、航空母舰和战舰的生产机器。从 1941 年 1 月到 1945 年 1 月，9 万辆坦克、30 万架飞机被制造出来。福特的生产线一个小时即可生产一架轰炸机，美国人生产飞机的平均效率是英国人的三倍。这种效率显示了机器生产的效率特征；以更少的伤亡获得更大的胜利。在美日之间的战斗中，死伤比超过 1∶4，这反映出机器效率的差异。

7.2.3　丰田精益制造：回归工匠

二战以后，欧洲和日本在马歇尔计划的支持下重建，流水线系统成为美国重点输出的技术。福特的红河联合企业一直对外开放，供人们参观学习。欧洲迅速引进了流水线技术。1955 年，欧洲汽车行业成功地反超美国。

1950 年春天，37 岁的丰田英二来到红河联合企业，进行了三个月的详细考察，对每一个细微之处都做了研究，并提出：“这个生产系统还有一些改进空间”。回到名古屋后，丰田英二和制造专家大野耐一一起研究实验，逐步推出了新一代大批量生产模式——精益生产。

丰田公司本来是在地处传统农业地区的名古屋做农具的小企业，19 世纪末，通过对织布机进行改革而获得成功。20 世纪 30 年代后期，政府督促他们生产军用货车，于是他们立刻采用手工方式制作。从 1936 年到 1949 年，公司共生产了 2685 辆汽车。

丰田想进入民用轿车行业。在考察了福特工厂后，他们发现，福特的生产线日产 7000 辆同型号车，而丰田一年的销量都不到 7000 辆，这些车主要销售给财阀和政府，他们的需求千变万化，所以车又分为很多型号。另外，丰田公司既没有多少钱购买设备和技术，也没有愿意干苦力活的外来移民。所以，他们需要的是灵活定制、成本很低，但质量可靠的汽车，而工人则是本厂已经有的工人。这些人具有良好的技术能力，和公司签订了终身雇佣合同。同时，必须采用流水线系统，这已被证明是终极效率之道。

从前面对隐形冠军的介绍和福特建造早期流水线的经验看，上述约束条件给出了几个选择组合。(1) 拥有机床制造的能力，减少建设流水线的代价。(2) 有工匠型的工人，可以将福特的工程师小组的职责下放到生产线上，使得生产环节按照小组方式进行。小组既能直接了解本生产线总体的情况，又能以小组为单位自主决策，甚至在关键时候，担负起总工程师的角色，能够干预整体。(3) 在小组内部，每个人一方面是所承担的生产环节的专家，如同福特生产线上的工人那样；一方面又可以充当多面手的角色，如同工匠应该具备的能力。如果小组内成员相互照顾、分享、讨论和总结，那么，这样的一个系统就是比较完备的。

事实上丰田英二和大野耐一就是这么做的。大野耐一反复前往底特律，现场记录研究红河联合企业，并从美国买回一些廉价的二手机床做实验，进行流水线的改造和建设。同时，他把员工按照小组分配，每个小组负责一组工序及相关的工作区域，小组不仅负责生产，还负责现场清理、设备的简单维修及质量检查。接着，每个小组都要留下固定的时间进行讨论，改进流程。讨论时，工程师都要参加。这就形成了持续改善的流程，在西方称为“质量圈”，在日本称为 Kaizen。

在西方的流水线上，专业人员发现问题后，通常是标识一下，留给最后验收的人处理。这样的优点是专注自己的事情，但其弱点也很明显，就是对质量不重视，认为总会有人管理，自己不出错就行了。大野耐一为此做出了一个重大制度改革，即每个小组都有权力停止整条流水线。遇到停机问题后，采取“五个为什么”的方法，即“打破砂锅问到底”，直到找到真正的原因，使得下次不再犯。这是最难执行的一步，但任何工人或企业只要执行了，就能极大地提高工作质量。

丰田在刚开始执行时，的确经常发生总装线停下来的事情，让大家都很沮丧。但公司没有放弃，最终得以坚持下来。总装线已经没有了返工的余地，因为没有可以返工的活儿了，其汽车质量因此成为全球最好的。丰田汽车在60年代开始小规模挤进美国市场，1973年是全球汽车市场的重大转折点，同年爆发了第四次中东战争，汽油价格急剧上升，导致美国、欧洲、日本等对石油依赖较大国家的经济大幅下滑。美国汽车油耗高，因此受到打击最大，1973年成为底特律汽车的巅峰之年，以后产量便急剧下滑。而日本汽车因为其一贯坚持的精益性而销量大增。

20世纪80年代初，美国三大汽车公司接近破产，美日贸易战大规模爆发。美国企业一方面游说政府进行贸易保护，另一方面也派人前往丰田学艺。经过十余年的努力，福特汽车学得最好。

丰田汽车又开始了垂直一体化的改造。通过与供应链、销售系统实行交叉持股方式，加强相互的深度绑定，并将精益生产模式推进到供应商和销售体系中，由此获得垂直一体化的精益生产，使丰田汽车获得了高质量、低成本和敏捷反应的优势。

但是，精益生产的日本模式会不会因此失去了研究人工智能的毅力呢？“自下而上”的策略永远关注基于基础科学原理的自动化。对比之下，关注人力改进在短期总是好的，但缺乏“自下而上”的长期内生力。

7.3 工业研究实验室：基础研究才是护城河

19世纪诞生的化工产业、电气产业、制药和汽车行业等是当时的新经济，因此，诞生了大量的新巨头。其特点就是利用科学新发现来创造新产品，产生颠覆性的新市场。其中，电力、化工、制药业、金属业和橡胶产业等走在最前沿。

在这些成功企业中，一些是科学家创业而创建的，一些是通过聘请科学家工作而产生的。科学的价值被证明具有神效之后，企业家就希望继续这种势头，并使之制度化。为了建立更加有效和持久的科技优势，一些有远见的企业着手建立工业研究实验室，雇佣优秀科学家到企业工作，通过基础研究、技术攻关和持续投资，推动新产品上市。

7.3.1　工业研究实验室的起源与德国合成化学

企业自建的工业研究实验室，最早于 19 世纪 70 年代到 80 年代由德国的合成染料生产企业建立。

19 世纪中叶，物理学和化学的进步，让有机化学得到迅猛发展，染料行业从由自然物中提取，变为人工有序合成，产生了大量新染料。有机化学家们申请了专利，或者自己创业，或者把专利卖给生产染料的企业。

逐利的企业家们发现，自己建立实验室雇佣专职科学家，通过重资本和设备投资，将更加有利可图，于是，自建工业研究实验室成为风尚。在企业里，专职科学家有更好的设备、更多的时间和更多的辅助人员进行实验，能针对实验的结果和市场的需要，进行针对性研究。尤其是工业级颜料的要求更加苛刻，如性能稳定、不能掉色，成本更低等，同时，市场也需要更丰富的颜色品种，这都迫切需要有机化学家们，从理论机制上更加深入地研究，从而加快了有机化学基础研究的发展。

合成染料化学是在英国实验室诞生的，但英国工业没有建立这种“企业实验室”机制，导致从科学发现到商品化的路径太长，失去了竞争先机。德国企业家则通过雇佣和培养自己的科学家，加速基础研究和产业化，领先合成染料工业，并垄断这个行业至今，其中一个典型的例子是合成靛蓝的发明过程。

在19世纪80年代，靛蓝仍然是最主要的染料，用于染制纺织品。印度和中国都拥有巨大的靛蓝种植地，是这种染料的出口大国。1870年，印度有2800家靛蓝工厂，专门供应给英国，靛蓝的垄断贸易成为英国在亚洲最赚钱的生意。

德国、瑞士等工业化学家们嫉妒不已，他们决定全力攻坚人工合成靛蓝。贝耶尔首获突破，并因此获得1905年诺贝尔化学奖。1890年，瑞士联邦理工学院的卡尔·厄曼终于找到了大规模制造靛蓝的良策，但价格高企。他们坚持改进工艺，使合成靛蓝的生产成本持续下降。到1897年，德国巴斯夫公司合成靛蓝的成本已能够匹敌天然靛蓝，而且随着技术进步这个成本继续下降。在1900年上半年，德国已经制造了1000吨便宜的人造靛蓝，印度的天然靛蓝工厂随之进入绝境。这对英国人是一场噩梦，在1899年的一份电报中，英国人承认：

从科学的角度来看，人造靛蓝的生产无疑是伟大的成就。但如果能够大量生产，使得靛蓝种植无利可图，就只能被视为国家灾难。

面对这样的危机，英国人为了保护自己的民族产业，下令禁止进口德国合成靛蓝，要求国内的所有军服染色时只能采用天然靛蓝。但此举于事无补，到1914年一战开始时，天然靛蓝90%的市场在欧洲消失，印度的靛蓝种植场也随之烟消云散。英国染料行业同样遭受巨大损失，到1926年，英国染料行业的各个公司不得不重组为帝国化工工业公司，以和德国、瑞士的化工巨头们抗衡。

从整个过程来看，英国在现代化工产业的退步一方面源于既得利益集团的保守，他们利用大量的殖民地和政府保护轻轻松松获得利润，放弃了在基础研究上的艰苦投入，最终吞下苦果。从文化上也可以推测，英国文化注重经验主义，他们喜欢实验，观察和搜集事实，然后归纳出科学原理。这是培根建立起来的科学传统，在 19 世纪得到继续发扬光大，在达尔文的进化论中达到巅峰。但实践证明，科学理论是具有预测能力的，演绎科学可以提供更加可靠的基本原理和极高效率的方法来制造人工物，其成本将远远低于自然资源，而产品的质量更是远超自然物。

德国一向缺乏自然资源，且处在欧洲大陆中央，被强敌环绕，所以，他们更加注重自力更生，特别尊重数学家和科学家。从 18 世纪开始，普鲁士就是科学家受尊重的地方，在法国人闹革命的时候，普鲁士为科学家们提供了安静的研究环境，庇护了欧拉、高斯等科学巨头。同时，德国的科学仍然是在自然哲学的范畴下进行的，正如法国著名科学家迪昂在《德国的科学》中强调的，严谨的演绎是德国人的科学风格，而法国人则喜欢直觉的艺术。演绎是枯燥而辛苦的，从一个公式推出另外一个公式，需要不断地、成年累月的实验和试错才有可能获得一个推论，而在演绎逻辑的驱动下得到一个证明，下一个推论又等着科学家论证。但这样的演绎体系有一个最大的优点，就是演绎得到的是严谨、确定的知识，只会被累积，不会被推翻。在新的实验事实不能被旧的理论容纳时，通常只需要修正公设，将理论成立的前提进行微调即可。

德国人通过这样的演绎逻辑，实现了经久不衰的技术创新。有机化学的逻辑是典型的演绎推理逻辑，在物理和化学原理已确定的情况下，任何新的发现就相当于推论或公式证明，这种发现的过程固然是非常艰辛而漫长的，但发现的结果却是具有确定性的、水到渠成的（所以，在今天，合成化学是人工智能的最大应用领域之一）。因此，德国和瑞士在合成化学领域，将科学成果的确定性和发现时间的偶然性结合起来，通过工业研究实验室，雇佣和培养了大批专职的一流科学家、工程学家和产品工程师，将科学研究系统化，从煤焦油中提取各种化合物，找到这些化学物质的分子式、结构和化合键，结合量子力学的光谱特性，推理出颜料和颜色应有的结构，由此重新定义了工业产品，极大地提升了工业产业的品质和发现的速度，实现了工业和经济的飞跃。这种方式也重新定义了科学研究，系统的理论研究与工业级的实验室成为德国科学的特征，使德国科学在 19 世纪崛起，并在 19 世纪末到 20 世纪 30 年代之间，成为全世界科学家的圣地。

7.3.2 美国的工业研究实验室

美国也是最早建立企业工业研究实验室的国家之一。

美国人的特点是实用主义，他们一旦看懂了科技的力量，就会全力以赴。美国在 19 世纪 70 年代才开始陆续筹建研究型大学。例如，康奈尔大学建于 1865 年，约翰斯·霍普金斯大学建于 1876 年，克拉克大学建于 1887 年，斯坦福大学建于 1891 年，芝加哥大学建于 1890 年。哈佛、耶鲁和普林斯顿等私立大学在 19 世纪末也开始从神学转型，以实用科技为优先。到 20 世纪 20 年代，这些私立大学就纷纷进入世界研究型大学的前列，无论学术成就还是工业成就都非常突出。尽管美国有 4000 所大学，但最著名的前 20 所大学中，有 19 所是由私人和企业捐助的私立大学，他们奉献了超过 50%的顶尖科技成果。

在工业研究实验室方面，美国从电气工业起步。爱迪生的私人实验室在 1876 年启动，雇用了大批杰出的物理学家、工程师和材料专家，批量推出各种发明。爱迪生不禁得意地说：**每十天推出一个小发明，每半年推出一个大玩意儿**。爱迪生通过以白炽灯为代表的电气照明系统的研发和应用成功，实实在在地向美国人展示了，将科学家、工程师聚集起来，针对关键工业难题，给予资金、设备和时间的支持，有组织、有目标地推动是更有效率的，也是赢得商业竞争优势的唯一法宝。

爱迪生的私人实验室在 19 世纪末变成了通用电气公司的工业研究实验室，这是美国第一个由企业建立起来的研究实验室。通用电气公司的一位董事这么解释这一举动：

虽说我们总是给工程师配备一切设施用来开发新的独创的设计方案

和提高现有工艺水平，在去年我们还是做出了一个明智之举，建立了一个实验室，一心一意地搞原创性的研究。我们希望这种手段能促使很多有利可图的新领域的发现。

通用电气公司的这一举动，得到美国其他著名企业的跟进和效仿。1902 年，杜邦公司、帕克－戴维斯制药公司建立了研究实验室；1911 年，贝尔系统正式建立了他的研究分支机构，1925 年被改名为贝尔实验室；1913 年，伊斯特曼·柯达建起了光电研究所。

美国雇佣科学家和工程师从事工业研究的公司数量增加得很快。在通用电气公司建立实验室后的 20 年里，526 家美国公司已有专职研究人员。到 1983 年，这个数字已上升到 11000 家。

关于企业建立研究实验室的理由，业界一致公认的原因：新知识几乎肯定可以催生更廉价、更优质的新产品。这种道理已经被现代大量革命性的商业产品的例子所证实，例如，尼龙等合成纤维、清洁剂、反爆剂、汽油、更好的汽车引擎、更新的塑料、现代药物、电视机和收音机，等等，更不用说半导体、激光和现代信息产业了。所以，美国人的信念坚定不移。

杜邦公司是工业研究方面公认的领头羊之一，其高层管理官员对他们的大规模实验室一直给予高度评价。1950 年，杜邦总裁格林沃尔特对外宣称：“**我可以概括地讲，我们公司目前的规模成功得益于我们实验室中开发的新产品和新工艺。**”在杜邦研究实验室的早期著名发明中，包括：氯丁橡胶——世上第一种人造橡胶；快干型汽车喷漆 Duco——让汽车喷漆时间从一周降到十几分钟；尼龙——世界上第一种全合成纤维，尼龙袜的流行改变了世界的时尚；氟利昂——让冰箱成为家庭必备；特氟龙——几乎在所有仪器仪表乃至炊具上用作耐高低温、耐腐蚀材料，绝缘材料，防粘涂层等；特卫强——无纺布防护材料，在医疗防护、军事和民用等方面均用途广泛；凯夫拉——芳族聚酰胺纤维，被广泛用于提升坦克、装甲车的金属装甲的防护性能；诺梅克斯——品牌纤维，被广泛用于高温过滤材料及绝缘材料；等等。

大型企业建立研究实验室并不仅仅是为了在创新方面自给自足。经济学家缪勒研究了杜邦自 1920 年至 1950 年的 30 年间的革新，他发现，在这段时间杜邦公司采用的 25 件重要的新产品和生产工艺中，只有 10 项是建立在杜邦自己的研究人员的发明基础上的，非本公司创造的 15 种革新的使用权是从不同的公司或独立发明者手里购得的。

这种机制可以这么理解，如果企业拥有研究实验室，那么在企业急需解决的问题方面，就能够自己攻关解决。在这个过程中，如果外界发生了巨大的变革，企业的科学家们能拥有足够的判断力进行决策，例如，快速跟进研发出来，或者提出收购，或者采用对方专利，等等。如果企业没有这样的基础研究实验室，企业就断绝了自己和基础研究进展的交流通道，只能在一些重大革新成为新闻的时候，才能得知。而到这个时候，企业再跟进就已晚了几年。同时，如果没有自己的研究实验室和科学家，则公司内部人员缺乏相应的长期研究和实践经验，无法准确判断这些革新的具体进展和实用价值。实际上，大多数新闻性的革新是很不成熟的，企业如果贸然收购或投资，往往接到的是泡沫。这样的例子在高科技时代是经常发生的。例如，流行的 O2O、半导体、大数据、量子计算、人工智能、基因工程、区块链等，大多数都是泡沫和真实交织在一起的，只有工作在最前沿的一流科学家们才能判断其实际价值和应用前景。

贝尔实验室是一家硕果累累的企业研究实验室，不仅为企业带回了惊人的利润，也在学术上成就非凡，累计获得 7 次诺贝尔物理学奖，1 次诺贝尔化学奖，16 人获美国最高科学技术奖，4 人获得了图灵奖。

在科技和商业上，贝尔实验室的主要成果包括以下几方面。

1933 年，发现银河中心处存在持续发射的无线电波，开启了射电天文学。

1940 年，发明了数据型网络。

1947 年，巴丁、布拉顿、肖克利发明晶体管，该发明标志着人类正式步入电子信息社会。肖克利后来创立的肖克利实验室股份有限公司，开创了硅谷时代。

1948 年，香农发表论文《通信的数学原理》，该著作奠定了现代通信理论的基础。

1954 年，发明第一个有实际应用价值的太阳能电池。

1958 年，肖洛和汤斯发现激光。

1960 年，发明金属—氧化物半导体场效应晶体管（MOSFET），该发明被广泛用在模拟电路与数字电路上。

1962 年，成功发射世界上第一颗通信卫星 Telstar1，并实现语音信号的数字传输。

1963 年，发现宇宙微波背景辐射，开启无线电天文学。

1969 年，研发出 UNIX 操作系统、电荷耦合组件，并被用于条码读取、摄影机、复印机等。

1972 年，研发出 C 语言，到了 80 年代，C 语言被发展为C++语言。

1979 年，研发出系统单芯片型数字信号处理器，该发明被用于调制解调器、无线电话等。

贝尔实验室取得的成就令人震惊，但绝非个案。欧美大企业的自建实验室如杜邦、IBM、通用电气、西门子、施乐、谷歌等，都同时在科学研究、产业发展和自身技术优势上做出了巨大贡献，作为一种 STEMC

机制，典型体现了西方企业中科学、技术与商业应用之间的交互促进。

7.3.3 基于物理原则：看懂谷歌与华为

在经济激烈竞争的今天，无论商业还是科学，都没有所谓的基础研究和应用研究、基础科学和应用科学之分。顶级的竞争必然是穷尽一切极限的顶级科技的竞争。在遇到关键问题的时候，就需要全力以赴，用尽最有效的资源去解决，而不管这些资源属于哪个部门、哪个专业。和研究型大学相比，企业研究实验室有一个先天优势，即直接为消费者服务。用户提供了源源不断的需求、数据和竞争，这使得企业研究实验室更新迭代更快，竞争更激烈，因而成就更丰硕。

今天，谷歌的企业研究实验室在人工智能、量子计算、操作系统、移动终端、高级芯片等多方面的影响力甚至超过了当年的贝尔实验室。这个从硬件、软件到服务，从操作系统、编程语言到传感器全面布局和深入研究的实验室，为我们树立了当代企业研究实验室的典范。

对这种做法，谷歌领导人曾清晰地进行了阐明。在《重新定义公司》一书的序言中，谷歌创始人拉里·佩奇讲述了“谷歌的痴心妄想”。在这篇不到1000字的短文里，他不厌其烦地多次提到遵循“物理的基本原则”：他自己是按照物理的基本原则思考的，谷歌是按照物理的基本原则起步的，只招聘按照物理基本原则思考和行动的人才，谷歌的过去及未来的运营都只遵循物理的基本原则。

业界通常从商业逻辑理解贝宝和特斯拉的创始人马斯克，但马斯克一直强调，他自己是从物理原则出发思考的。为此，他在大学去读物理系，在卖了贝宝之后，立即投入到太阳能、太空穿行、电动汽车、真空隧道的创业之中。从商业上看，这些行业的发展空间巨大，从业者保守而顽固；而从物理原则看，这些行业改进的技术原理是显而易见的，需要遵循最小能量原理。

中国的华为有多个偶像，第一个偶像是贝尔实验室。华为在 2011 年便成立了这样的企业实验室，聘请大批一流科学家在这里工作，研究基础科学、基础技术并应用到客户的需求中，从芯片到操作系统，从电信级设备到消费级民用设备，从嵌入端到云端，从软件服务到硬件制造，硕果累累。所以在 5G 时代，华为承担了全球领袖者的角色，成为中国在信息科技时代从崛起到强大的象征。第二个偶像是丰田的精益生产模式。华为学习精益管理和精益制造，并形成与供应商、大客户交叉持股的垂直一体化运营模式。这样，即使是在各种复杂的国际贸易纷争中，华为仍然能够做到从容不迫。第三个偶像是德国的智能制造，即强调嵌入式软件和企业管理软件的结合，提升系统的自动化和系统控制，确保产品质量超越用户的期望。同时，他们也采用了德国隐形冠军的策略，在客户身边建立技术中心，努力满足客户的前沿需求。而其坚持的完全自主可控的垂直一体化体系，与福特、谷歌等信奉的“美国制造体系”是异曲同工的。

阿里巴巴也成立了自己的工业研究实验室——达摩院，招募包括多名诺贝尔奖获得者在内的世界顶级科学家，从芯片、人工智能和量子计算入手，结合已有的大数据基础，形成硬件—软件—服务一体化的布局，力争占据下一次科技革命的制高点。

中国很多行业中的大型企业也配有自己的工业研究实验室，企业高级科研人才的数量上不少于国外公司，经费也并非缺乏。但有的企业存在机制僵化，分工割裂、权威主义与实用脱节等现象，年轻人没有得到足够重视。但无论如何，中国的企业在快速进步中。

在当前的环境中，理解了物理精神，就容易看懂这些伟大企业的战略。例如，为什么一定要做芯片呢？原因就在于：从原理上讲，芯片是物理的，也是数学的，是物理和数学约束了第一次信息科技的极限。信息（无论生理信息还是数字信息）是物理的和可计算的，也是基于感应器的。人工智能首先是物理的，其次是数学的，编程级的人工智能只是现象，只是海面上波浪的形状，而大海的真正力量在于其物理的深度。各种新材料、高级制造装备也都是物理的和数学的。因此，从物理原则出发，采用“自下而上”的思维，基于物理原理和物理信息而制定企业的战略和产品服务布局，创新就是一件持续发生的事情，舍去这些基本原则而追逐商业模式创新，只能迎合资本短期的逐利性，也很容易被资本无情地抛弃。

7.4 硅谷模式：以物理科技颠覆旧经济

硅谷在信息时代里扮演了极其重要的角色，贡献了信息技术的主要工具、创新模式和商业经验，硅谷式创新也成为全球各国技术创新的榜样。

7.4.1 早期硅谷——无线电发烧友

像深圳在改革开放前是一片渔村一样，硅谷在 20 世纪 60 年代之前是美国落后的地区。美国传统的政治、经济、学术中心都位于东部，加州则位于西南部，长期以来，这里带着西部文化的特点，工业落后。1900 年，整个圣何塞地区只有 2 万人，移民在这里唱主角。华人占据了农业人口的 48%，然后是日本人、意大利人和墨西哥人。

19 世纪 90 年代前后，加州大学伯克利分校和斯坦福大学开办。创办人的目标是打造西部的哈佛大学和康奈尔大学。通过高薪从全球招聘一流的科学家，物理学的两个新学科——电工系和电机系都招聘到了最优秀的教授。1909 年，斯坦福的毕业生埃尔韦尔在帕洛阿图创办了联邦电报公司，他的无线电技术横扫东部的竞争者，并成为无线电通信的最大用户——美国海军的供应商。无线电产业因此在湾区兴起，并带动了无线电爱好者的巨大群体。这些十多岁的无线电爱好者们建立起自己的私人电台，其中包括 14 岁的弗雷德·特曼。他们制造真空管，拆卸组装收音机，建立协会相互竞争和交流，在法律监管较少的西部玩得不亦乐乎。

一战期间，无线电被美国军方认定为核心国家战略，这些爱好者的能力得到了国家鼓励。他们成立的小公司得到了政府合同，由此形成了湾区特有的爱玩高科技的发烧友文化。1924 年，斯坦福毕业生查理·利顿制造玻璃和金属真空管，他的客户开始是无线电发烧友们，接着是贝尔实验室和联邦电报公司，1932 年，他成立了利顿工程实验室，后来成为加州利顿工业公司，产品只卖给美国国防部。

1925 年，当年的无线电发烧友弗雷德·特曼从麻省理工学院毕业后入职斯坦福大学的无线电通信实验室。他将无线电通信和真空管结合创造了一门新学科，并鼓励他的学生们创业，他们研发的金属探测器成为军队的急需产品。1939 年，特曼的学生休利特和帕卡德成立惠普公司，生产音频振荡器。同年，斯坦福大学教授威廉·汉森团队发明了微波发生器，实现了雷达的微型化，机载雷达在二战中美国对德国和日本的空战里发挥了重要作用。1940 年，斯坦福大学出售了这项专利技术，并因此获得巨额收入，“政府—产业—大学—个人”合作模式在特曼的打造下第一次被确立。

与此同时，伯克利分校急剧扩大了物理系的规模。1931 年，学校年轻的物理学家欧内斯特·劳伦斯发明了世界上第一个回旋加速器，接着成立了劳伦斯伯克利实验室。先进的粒子加速器立刻吸引了全世界最著名的物理学家前来做科研，包括罗伯特·奥本哈默等。这些科学家在科研领域硕果累累，仅劳伦斯团队就有 4 人获得诺贝尔物理学奖。

在二战中，奥本哈默被征召领导曼哈顿计划。由于校园的面积不够用，项目便迁移到了墨西哥州的洛斯阿拉莫斯实验室，劳伦斯则主导铀同位素的分离工艺。同时，校园里的学生通过粒子加速器发现了新元素钚，这是比铀 235 更加优秀的放射元素。在日本爆炸的两颗原子弹分别使用了铀 235 和钚。

1941年，由于湾区具备全国领先的无线电技术，特曼被召去领导绝密的哈佛无线电研究实验室，负责美国的电子战。1946年，特曼回到了斯坦福，担任工学院院长，他立即开始了著名的改革：（1）培养电子领域首屈一指的师资力量。（2）将斯坦福的课程设置从实用工程训练改造为物理、化学和数学等基础学科研究，培养了大批博士生。（3）实施“卓越计划”，各个学科高薪招聘行业中的领军专家。1949年，斯坦福工业园开建，产—学—研模式得认确立，特曼开创的大学工业园模式后来普及到全球。

而此时的硅谷还只是走在通向梦想的路上，美国高科技的中心仍然在东部。20世纪50年代，计算机产业已经兴起，哈佛大学、麻省理工学院、普林斯顿大学、哥伦比亚大学、伊利诺伊斯大学等是美国计算机的研发中心。随着计算机产业的进步，软件行业开始兴起。1954年，IBM发布了FORTRAN语言，1961年发布COBOL语言。财务软件、MRP软件、MIS系统、人工智能、工厂自动化、数控机床、计算机辅助设计等在IBM、通用电气等工业巨头的研发下被金融业和制造业的大企业纷纷采用。

7.4.2 缔造半导体产业

硅谷的转折点来自肖克利。

晶体管之父肖克利的1955年离开贝尔实验室，来到硅谷，成立了自己的公司——肖克利晶体管实验室，试图把晶体管商业化。肖克利在贝尔实验室工作多年，他知道自己需要的人才是物理学家、化学家、冶金学家，这些科学家应同时具备工程师的技能。由于肖克利在半导体产业的巨大威望，他招募到了一批年轻的天才。

但肖克利不善于管理，1957年10月，诺伊斯、摩尔、霍尔尼、克莱纳等八人离开，陆续创办了仙童半导体公司、英特尔、AMD等，创造了半导体史上的传奇。在晶体管和集成电路的新潮流中，硅谷逐渐走在了美国的前列。肖克利也因此和特曼一起被称为“硅谷之父”。

与此同时，在剑桥大学物理系的卡文迪许实验室里，沃森、克里克等人发现了 DNA 的双螺旋结构，揭示了生命编码和计算机程序是一致的事实。特曼感知到这个发现的重要性，立刻改革化学系，重点研究生物科技。1963 年，阿尔·扎法罗尼将他的生物科技公司 Syntex 搬进斯坦福工业园，次年，避孕药进入商业销售。

尽管在 20 世纪 60 年代，硅谷在美国的信息产业中还无足轻重，但进步一直持续着。用计算机替代人脑的想法从计算机诞生之日就一直在进展着。1962 年，斯坦福研究所的恩格尔巴特发表了《增强人的智能：概念的框架》，系统阐述了未来计算机的发展，以及与人类的共生关系：人类将通过和计算机互动而共同进化。1962 年，人工智能之父约翰·麦卡锡从麻省理工学院来到斯坦福，创办了斯坦福人工智能实验室；费根鲍姆则设计了专家系统，用在有机化学中。1965 年，摩尔发布了著名的摩尔定律；同时，商用的 MOS 集成电路被推出，应用在阿波罗登月计划中。数字信号处理系统也随着军方的订单不断进步。

为了应对冷战，1965 年，美国发布了新的移民法，鼓励具备稀缺技能（如计算机软件或硬件）的人才移民，大批人才被吸引到美国包括硅谷。在 1965 年，来自中国台湾的科学家移民只有 47 名，而两年后，该数量增加到 1321 名。人才移民显著提高了硅谷发展的速度。

英特尔公司的成立与成长是硅谷春天的标志。1968 年，诺伊斯、摩尔、格鲁夫三位科学家离开半导体人才的摇篮——仙童半导体公司，成立英特尔公司，志在开发大规模集成电路。诺伊斯拥有麻省理工学院物理学博士学位，摩尔拥有加州理工学院化学和物理学博士学位，而格鲁夫则在加州伯克利分校获得化学工程博士学位。英特尔起步于生产动态随机存取存储器，虽然当时有很多公司都在生产动态随机存取存储器，但因为市场需求大，英特尔生意不错。

1971 年，英特尔成功上市。同年，他们应日本计算机制造商 Busicom 的要求，开发了 Inter 4004，它无意中成为世界上首款商用微处理器 4004，从此开启了英特尔的微处理器业务。当时的微处理器业务并不被看好，连格鲁夫都说：我看不出他有什么用途。不过，市场既然有需求而且很赚钱，那就做吧。这些微处理器先是用在计算器上，然后用在电子表、收银机等各个领域，这迅速改变了商业业态。1972 年，英特尔推出 Intel 8008，海军研究生院的加里·基尔达尔为这款处理器开发了操作系统 CP/M。不久后，基尔达尔将 CP/M 独立出来销售，发烧友们便自己组装各种计算机，计算机产业已呼之欲出，但还差一些软件控制和周边配件，此时轮到施乐硅谷研发中心大显身手了。

7.4.3 新经济：个人电脑、生物科技与信息科技

1970 年，一个新的巨无霸研发中心来了。施乐硅谷研发中心落户在斯坦福大学附近的波特街，为硅谷注入了源源不断的研究成果、实践环境和专业人才，为计算机的消费化贡献了难以估量的价值，直接催生了苹果、微软、3COM、Adobe 等巨头。

同贝尔实验室一样，施乐硅谷研发中心招聘的人才必须是兼具科学家与工程师技能为一体的人才，既要有研究深度，又善于亲自动手制作。同时，给予人才宽松的工作环境和优厚的待遇。项目组自由组合，但项目必须既具有学术上的前沿性，又具有实用性和商业性，每年考核，三年淘汰。

施乐硅谷研发中心成立不久，就贡献出源源不绝的发明。1971 年，第一台激光打印机研制成功。1973 年，梅特卡夫提出了以太网概念和设计，他提出的梅特卡夫定律至今有效：“网络的价值将随着连接设备的数量增长而呈指数级增长”，1979 年他创建了 3COM 公司。1973 年，小型计算机 Alto 被研制成功，售价仅 1.2 万美元，而 IBM 的 370 主机则需要约 400 万美元。连上以太网的 Alto 能编辑文字、加上联网的激光打印机，

构成了一个完善的网络办公环境。

对 Alto 计算机的改善不断进行：彩色显示器、图形界面和窗口、所见即所得的编辑器、文件存储器、鼠标、邮件系统、图像处理软件、视频处理软件、绘图软件、排版软件，等等，一个到当代仍然通用的计算机系统和应用软件系统就这么被发明创造出来。

1975 年 2 月，施乐的工程师们在内部演示了个人电脑 Alto。参与者中有很多发烧友，从初中生到大学生，他们购买英特尔的 8008 或者 MITS 公司的 Altair8800 和各种零件，因组装出自己风格的个人电脑而相互炫耀。这次演示会之所以有名，是因为史蒂夫·乔布斯和比尔·盖茨也在其中。

演示会后，一些具有商业头脑的发烧友立即创办了自己的公司，微软、苹果分别创立于 1975 年和 1976 年。接着，施乐的工程师们纷纷离开，投奔这些新创立的公司，或者自己创办新公司。Adobe 公司由施乐员工格斯切克创立，后来成为桌面出版的巨无霸。

70 年代的硅谷开始在美国崭露头角，而特曼布局的生物科技也开始有所收获。

1972 年，斯坦福的保罗·伯格团队合成了第一个重组 DNA 分子。1973 年，斯坦福大学的坦利·科恩和加州旧金山分校的赫伯特·博耶发明了一种实用技术，用于生产重组 DNA。这项技术开创了一个新学科：生物技术，合成生物学由此登上了人类探索的舞台。1976 年，博耶在风险投资家罗伯特·斯万森的投资下，成立了基因泰克公司。公司于 1978 年成功合成了胰岛素，并证明了生物技术的巨大力量。

生物科技公司接着在美国大批出现，基本由来自著名学府的科学家们创建。1980 年，美国最高法院裁决生物材料可以申请专利，为生物技术商业化提供了法律保障。1981 年，首家生物技术公司 Cetus 上市，募资 1.09 亿美元。科学家创建企业的风尚，极大地提高了公司的技术深度，将学术发现迅速变现为商用。同时，学术竞争和商业竞争的双螺旋推进，使生物技术的发展日新月异。

在新能源研发方面，硅谷也走在前列。1973 年，石油危机爆发，减少对石油的依赖极其迫切。因此，劳伦斯伯克利实验室成立了能源和环境部，专门研究开发锂电池。政府则授权成立了国家可再生能源实验室，研究替代能源，如太阳能、风能和生物燃料。

1976 年 4 月，乔布斯和发烧友沃兹尼亚克正式创办苹果电脑公司。乔布斯此前曾经游历印度，但印度极度的贫困让他震惊。他后来回忆道：“这是我第一次认识到，托马斯·爱迪生在改良世界方面所做的，也许比那些大哲学家还要多。”第一款苹果电脑随即推出。当时，全国有几十家电脑公司相继成立，在市场呈爆发之势。1977 年，个人电脑全球销量达到 4.8 万台，1978 年则达到 15 万台，其中包括 2 万台苹果Ⅱ型电脑。1980 年年底，苹果电脑上市，25 岁的乔布斯身价 2.18 亿美元。

个人电脑的成功让半导体的战略意义越加明显。美国认为他在半导体的优势是取得冷战成功的关键，日本则认为自己在家电领域的领先来自对半导体技术的掌握。

到 20 世纪 70 年代末，日本优质廉价的电子产品给美国公司带来了巨大冲击，美国半导体行业逐步陷入危机。除了微处理器技术外，DRAM 市场全面丢失，硅谷成千上万的硬件工程师失业，改行投奔软件产业。于是，美国政府增加了干预力度。1984 年，美国政府通过《半导体芯片保护法》，让日本无法复制其技术。1987 年，美国政府成立“半导体先进制造技术联盟”，以遏制日本通产省的半导体计划。在这些保护措施下，美国半导体行业逐渐复苏，硅谷的半导体公司如 VLSI、凌力尔特、LSI logic、美信等后来都成为知名的国际公司。在此期间，美国半导体为了自救，开始将制造外包以降低成本。1985 年，德州仪器副总裁张忠谋推动美国半导体制造外包。1987 年，张忠谋创办了台积电，大幅降低了美国半导体产业的成本。从此，美国半导体产业在与日本的对抗中逐渐站稳了阵脚。

随着个人电脑的普及，软件行业蒸蒸日上。微软、甲骨文、CA、Lotus、SAP 等公司在全球兴起。1988 年，贝尔通信研究中心发明了数字用户电路，家庭用户可以通过电话线拨号上网，从此开启了互联网服务。ISP（互联网服务提供商）业务成为风口，AOL 公司因此成为互联网拨号时代的巨头。拨号上网进一步推动了个人电脑的需求，而用户的增多则让内容服务不断创新，互联网时代由此拉开了序幕。

每一次技术的重大进步都和物理学相关，互联网的诞生也不例外。刚刚进入 20 世纪 90 年代，万维网在欧洲核子研究中心的高能物理实验室诞生。英国工程师蒂姆·伯纳斯·李认为，将超文本模式应用到互联网上，有可能创建一个全球性网络。他定义了这种文本的格式 HTML，编写了阅读器（浏览器）。这样，任何人通过拨号上网，就能阅读内容了。1991 年 12 月，物理学家保罗·昆茨在斯坦福直线加速器中心建立了美国第一个互联网服务器，在加州大学伯克利分校读书的学生魏培元于 1992 年 12 月编写了美国第一个浏览器。美国政府立刻明白了互联网的价值，于 1991 年 11 月通过了《高性能计算和通信法案》。1994 年，伯纳斯·李发明了统一资源定位器（URL），并将其用于定义互联网域名，后缀为 .com 等形式，由此“dot－com”变成疯狂的互联网时代的象征。

硅谷在互联网时代发挥了旗帜性的作用，网景、雅虎、谷歌、贝宝等一批公司在硅谷教授和风险投资家的鼓励下迅速崛起，网景和雅虎都在成立不到两年的时间里就成功上市，创造了神奇的造富神话。全球都因互联网沸腾起来。

进入21世纪，硅谷依然是信息科技和生物科技的科研、创新与创业中心，继续书写着传奇。苹果、亚马逊、谷歌、微软、脸书、奈飞、特斯拉、英特尔、惠普、英伟达、甲骨文、思科、eBay等新牌和老牌企业在全球的影响力越来越大，而数以万计的创新企业则让这块土地继续焕发着炽烈的欲望和梦想。

第三部分

物理精神在当下：自动化组装世界

第8章　纳米科技：自下而上的物质自组装

千百年来，人类一直梦想着掌握大自然的语言，掌控未来，并为此而进行不懈地探索。伽利略、牛顿的科技革命给人类提供了伟大的方法论，人类通过实验与理论相互验证的方式，观测自然、拷问自然，获得了关于自然演化的第一原理，从此，人类逐渐放弃粗放的滥用自然的方式，开始利用从自然演化得到的知识，经济地利用自然资源，为人类谋取幸福和利益。在工业革命中，人类依据经典物理学和化学“自上而下”地合成、制造各种物品，因此形成了我们丰富的物质世界。当量子力学清晰地揭示了自然微观的奥秘时，基于物理学的原理，“自下而上”地构造物品与能量的方式逐渐被重视，其标志是纳米计划的全面实施，而纳米技术也因此被称为“使能技术”或“促成技术”。

从此，技术创新便坚定地扎根在物理原则的基础上，按照确定的逻辑成长与发展。

8.1　自下而上的理念与国家意志

8.1.1　费曼：终极问题是操作原子制造各种物品

物理学家费曼首次提出如何“自下而上”地制造物质社会的设想。

1959年12月29日，在美国物理学年会上，费曼发表了“底下还有大量的空间”的著名演讲，“从物理学的角度，看看哪一些事情是可能的”，正式提出“操控微观世界”的构想。在演讲中他首先提出，可以把

24 卷的大英百科全书刻在大头针的针头上，接着，他论证计算机的微型化，通过微型化计算机的元器件，可以节省材料、能源，而更多的计算单位则可以使计算机达到人工决策的能力。然后，费曼论证了微型电动马达，由于需要的材料少又省电，可以百万台的规模进行制造，基于原子级的制造使微型电动马达的制造精度更好，能实现更加可靠的自动化。这些微型电动马达可以制造其他电子元件，或者可以进入人体进行精准手术，甚至常驻在人体内。

操控原子世界的技术，在现阶段被称为纳米技术。因此，费曼被尊称为“纳米科技之父”。

费曼提出了一个终级问题：

现在，我不害怕去思考这个终极的问题：最终，在辉煌的将来，我们是否可以按照我们的需要来排列原子？……设想一下，一个一个地排列原子，那世界将会是怎样？至少依我看来，物理学的规律不排除一个原子一个原子地制造物品的可能性。

当我们达到这一非常微小的世界，例如，七个原子组成的电路时，我们会发现许多新的现象，这些现象代表着全新的设计机遇。微观世界的原子与宏观世界的其他物质的行为完全不同，因为它们遵循的是量子力学的规则。这样一来，当操控微观世界中的原子时，我们是在遵循着不同的定律，因而我们可以期待实现以前实现不了的目标。我们可以用不同的制造方法。我们不仅仅可以使用原子层级的电路，也可以使用包含量子化能量级的某个系统，或者量子化自旋的交互作用。

而对于物质合成而言：

当今化学反应的理论是建立在理论物理的基础上的。从这个意义上讲，物理为化学提供了理论基础。但是，化学这门学科还包括化学分析。如果面对一个奇怪的物质，想知道他到底是什么，那就要经过漫长复杂的化学分析才能得到结论。……但是如果物理学家想做成分分析，他们的研究可能比化学家更进一步。对他们来说，分析任何一种复杂的物质，可以是一件非常简单的事：只需要看看他的原子在哪儿，问题是现在的电子显微镜太差劲了。（等会儿我要问一个问题：物理学家能否针对化学的第三个问题，即物质合成，做点事情？有没有物理方法来合成任何一种化学物质？）……（我想）只要化学家写下一个分子式，物理学家就能够合成这种化学物质（理论上来说），这确实很有意思。化学家给出分子的排列方式，物理学家就能合成这种物质。这事儿听上去如何？按照化学家给出的分子式排列原子，你就能合成这种物质。如果我们能最终看清楚原子，并提高在原子层面行事的能力，这对于解决化学和生物学上的很多问题会很有帮助。我认为这样一种发展趋势是人们不可避免的。

现在，你可能会问：“谁会来做这件事，而且他们为什么要做这件事呢？”好，我已经指出了这项技术有经济价值的几种应用形式，但是我知道，你们可能就是出于好玩才去做这件事的。那就玩个痛快吧！

费曼提出的问题是一个终极问题。物理学其实已经告诉了我们，这个世界是如何由三种基本粒子在四种力的作用下，一步一步地构造出来的，只要按照这个路线构造操控工具即可。任何一种物质、物品、设备，都可以用这种方式构造出来，而且更节省资源和能源，更符合人类的种种需要。我们无须去另外寻找各种各样的创新。像分析化学家那样用破旧的工具埋头苦干，效率太低了，应该把精力放在研发各种微观世界的操控工具上，用这些工具去看、去思考、去构造、去生产。

进入 21 世纪，人类才终于摆脱了几千年来的经验习惯，学会了物理思维。正如诺贝尔奖得主卡尼曼在《思考，快与慢》中所揭示的那样，人类虽然拥有理性判断，但却习惯于用直觉冲动决策，被经验所困。

作为全面贯彻物理思维的第一步，美国的国家纳米计划开始实施，自 2000 年实施以来，已经取得了巨大的成功。接着是人工智能的崛起，旨在实现物理精神的程序化。人类终于可以让物理思维自动运行，通过自组装、自发现，为人类创造超乎想象的丰富物质与知识，提供几乎无限可能的产品和服务。这种发展可能会让人类的个人经验变得更加微不足道，但却能让人类享受前所未有的时间、空间、自由与尊严。

8.1.2　纳米科技的兴起与全球行动

自从费曼提出“操控微观世界”的观点后，一些科学家开始认真探索这个领域。

1974 年，谷口纪男在国际制造工程学术会议上最早使用“纳米技术”一词描述精密机械加工。进入 20 世纪 80 年代，德雷克斯勒进一步推进纳米科技。他从化学的角度提出，可以使用化学的力量构造分子机器。在其名著《造物引擎》中，他大声高呼，物质自组装的时代即将到来：

> 通过天然大分子及其现有机械组件功能间的对比，蛋白质分子结构设计能力的提高将使分子机器的构筑成为可能。这些分子机器可以催生第二代机器来操控极其普通的三维分子结构的合成，从而允许以种类繁多的原子来构筑器件和制备材料。无论在普通领域还是专业领域里，这种能力对计算、表征、操纵，以及生物材料修复的技术都有着巨大的意义。

随着扫描隧道显微镜、原子力显微镜等显微镜技术的发展，人类已逐步实现了对原子和分子的操控，纳米科技有了实施的基础。1989 年，美国国家科学基金会（NSF）设立纳米颗粒研究计划。1991 年，碳纳米管被人类发明，其质量是相同体积钢的六分之一，强度却是钢的 10 倍。诺贝尔化学奖得主斯莫利教授认为，碳纳米管将是未来最佳纤维的首选材料，也将被广泛用于超微导线、超微开关及纳米级电子线路等。

1990 年，IBM 在镍表面用 35 个氙原子排出“IBM”三个字。1993 年，中国科学院操纵硅原子写出“中国”二字。同年 7 月，第一届国际纳米科学技术会议在美国巴尔的摩举办，这标志着纳米科学正式诞生。会议上将纳米科学划分为 6 大分支：纳米物理学、纳米生物学、纳米化学、纳米电子学、纳米加工技术和纳米计量学。

1997 年，美国首次成功地用单电子移动单电子，为量子计算机的研制提供了现实基础，量子计算机的研发开始加速。1999 年，德国研制出能称量单个原子质量的秤。

2000 年，美国正式推出“国家纳米计划”（NNI），给出了纳米技术的定义、规划、目标、实施路径和组织，描述了推出四代纳米产品的二十年愿景。该计划将“纳米技术”定义为：**纳米技术是指在 1～100 nm 范围内操控原子和分子尺度的物质，并利用这一尺度下单个原子或分子或其集团行为的特性和现象的能力，旨在通过设计其小尺度结构来创建具有全新特性和功能的材料、器件和系统。这是经济、有效地改变材料特性的终极前沿，也是制造业和分子医学的最有效尺度。相同的原理和工具用于不同的相关领域将有助于为纳米尺度科学、工程和技术建立统一的平台。从单个原子或分子行为向原子和分子组装集体行为的过渡是一个自然的过程，而纳米技术充分利用了这一天然的界限。**

美国国家纳米计划 NNI 提出后，立刻得到全球各国政府、学术界和工业界的积极响应。从 2001 年到 2004 年，先后有 60 多个国家和地区启动了国家级的纳米技术研究计划，包括中国、欧盟各国、日本、韩国等，使得纳米科技的投资额不断增加。就美国而言，从 2000 年到 2010 年，对 NNI 的投资逐年提高，直接资助资金从 2000 年的 2.7 亿美元，提高到 2009 年的 18 亿美元，累计投资超过 120 亿美元。在美国历史上，该投资规模仅次于阿波罗登月计划。欧盟的投资规模还略高于该数字，2009 年投资 19 亿美元。

纳米计划吸引了工业界的深度参与，新产品不断被推向市场，这体现了当代科学、技术和工业之间不可割裂的联系，体现了计划要求的

“科学、技术、工程” 统一平台的设计。到 2009 年，美国纳米产品的市值约 910 亿美元，全球市值约 2450 亿美元，全球纳米技术产品及从业人员每三年翻一倍。

在纳米尺寸上，2005 年，英特尔奔腾 D 处理器诞生，其含有 2.3 亿个晶体管，采用 90nm 工艺制造。2006 年，第二代纳米技术产品上市后，俄罗斯、巴西、印度和中东地区各国相继跟进。在 2006 年 12 月出版的《国际纯粹与应用化学联合会会刊》中评论道：“现代的发达国家，如果不发展纳米技术，今后必将沦为第三世界发展中国家”。

2010 年，英伟达公司发布了 GF110 处理器，其含有 30 亿个晶体管，采用 40nm 工艺制造。同年，美国国家科学基金会在总结实施了十年的“国家纳米计划” 时认为，纳米技术已经被确认为革命性的科学和技术领域，与电力、生物技术、信息技术同等重要。

2016 年，美国劳伦斯伯克利国家实验室制造出 1nm 芯片。2018 年，台积电 7nm 芯片工艺实现量产。

8.1.3　新模式：科学、技术、制造一体化

美国国家纳米计划的突出特点：以国家意志为主导，以学术界和工业界为主体，以量子物理原理为核心，填补基础知识上的重大空白，寻求全新的经济型纳米应用技术。其中包括寻找微观和介观之间的多尺寸过渡，发展操控工具，通过底层设计来创建新材料、新器件和新系统，直接服务于材料、制造业和医学的最前沿发展。同时，由于物理原理与操控工具的一致性，便构成了为相关领域提供科学、技术和工程支撑的统一平台。

按照美国国家纳米计划，其基础设施平台的设计分为四部分：理论研究、测量工具、制造工艺、安全政策。

在应用层面，则涉及前沿科技和经济民生的每一个方面。

(1) 可持续发展：环境、水、粮食、矿产、气候、能源，典型代表是光伏发电等新能源技术。

(2) 生物系统、医学和健康：典型代表是基因技术、靶向治疗和生物传感器。

(3) 纳米电子学和纳米磁学：典型代表是半导体制造、石墨烯、微机电系统和纳米传感器。

(4) 纳米光子学和表面等离激元学：典型代表是纳米光刻、生物合成。

(5) 纳米材料：典型代表是催化剂、量子点和碳纳米管等各种纳米复合材料。

同时，美国国家纳米计划也强调了集中社会资源，持续保障国家纳米计划的成功实施。

美国国家纳米计划长达 20 年，按照五年一期，制定了四期目标，在物理、化学、生物、制造、材料、医学、能源等各个重要领域，就理论、技术和产品三方面均提出了清晰的目标。同时，为了保障计划的有效实施，美国国会通过“21 世纪纳米技术研究开发方案”，并纳入了多种确保问责的手段。

美国国家纳米计划高屋建瓴，扎根于物理基本原理的突破之上，并将成果变成通用技术纳入美国国家科技基础设施中，这体现了美国牢固掌控科技领先地位的决心和战略实施的长期性与系统性。

在美国国家纳米计划基础平台中，除“安全政策”外，有三个技术部分。

1. 学术研究模式：理论、建模与模拟

与传统科学研究只强调“实验”不同，纳米科技的基础研究方法强化了当代学术研究的新特征，即随着计算机计算力的进步，建模和模拟起着越来越重要的作用。理论为建模和模拟提供基础，计算则使其成为

现实。这种方法被称为理论、建模和模拟（简称为 TM&S）模式。

“理论”是指用于解释科学现象的一组科学原理，即对一类问题的简洁描述，这种描述或陈述通常以数学形式表达出来，以表达对象间的逻辑关系和可测量的相互作用，如量子力学中的薛定谔方程。

“建模”是指理论的分析或数值应用以解决具体问题，通过理论分析建立数学模型、在数值解析时，常以变量之间的递归关系呈现，反映了对象间相互作用的动态过程和极限结果，并在不同的初始条件下采取不同的但可以分析的路径。例如，薛定谔方程的解法有很多种，边界条件和近似度也有很多种，每一种处理方式都会得到不同的结果。这些结果如果和实验事实匹配的精度高，则被采纳的可能性就大。

“模拟”则旨在尽可能详尽且忠实地呈现物理问题，有组织地呈现关键特点，尽量以真实情况再现物理观察的对象，而不是如模型那样进行抽象和简化。“模拟”与“实验”相通，但又更加贴近真实场景。例如，建立风洞，测试飞机、汽车的动力学特性。通过粒子加速器，模拟宇宙早期高能粒子的相互作用。而计算机模拟则在复杂系统设计如飞机设计与制造、汽车设计与制造、建筑设计、电气设计等方面起着基础性工具的作用。通过数学约束的模拟，能够立刻计算出物体在各种环境下的状态，提供实时的改进反馈。

除了总体计划的 TM&S 模式外，在纳米技术的各分支学科——纳米物理学、纳米化学、纳米生物学、纳米电子学、纳米加工学和纳米计量学中，也都有相应的 TM&S 模式的团体，在纳米科技定义的尺度下，分别完成各自领域的基础研究。这使得各分支学科有着共同的基础，又有着各自的发现，形成了一种计划性（还原性）与自主性（涌现性）相互促进的系统性发展的局面，在成果上相互影响和相互促进，在机制上相互借鉴和相互竞争，形成了纳米科技共同体的生态动力。

美国国家纳米计划基础平台将各种科学新发现和技术发展汇总起来，

作为基础设施共享。

2. 创新型研究用检测工具：方法、仪器与计量

纳米计划的实施，特别强调操控工具的研究，包括三个有机部分：方法、仪器和计量。

这里的方法是指，在理论研究中，如果一种对象不能被测量，也就不能被理解。在加工领域，如果不能对相关的技术参数进行表征，则不可能实现可靠的制造。因此，测量仪器及其计量单位非常重要。

纳米技术的本质是挑战人类操控的新尺度，并将这种操控能力普及到大学、企业乃至每一个受过良好教育的人们那里。为此，只能“发展新的实验技术方法，用来扩展测量和控制纳米尺度物质的能力，发展新的测量技术标准”。

关于研究工具在纳米尺度对物质进行操作和表征的决定性作用，诺贝尔奖获得者 Horst Stormer 于 1999 年指出：

纳米技术给我们提供了工具，来操纵自然界最小的玩具盒，即原子与分子。这一尺度为我们提供了不可思议的独特机会，将化学与生物学以一种人工设计的、人造结构形式紧密地结合在一起，由此看来，为创造各种新的东西提供了无穷的可能性。

在这一指导思想下，集中研究表征仪器和计量技术是基础设施建设的技术保障内容。这些仪器包括扫描隧道显微镜、原子力显微镜、透射电子显微镜、扫描透射电子显微镜、超导量子干涉仪、同步辐射装置等。

有了这些工具，人类可探测单个电子的电荷和自旋，对催化过程实时成像，以飞秒（10^{-15}s）的时间分辨率跟踪某些动力学过程。能够分别对分子的介电函数的实部与虚部成像，以测量其对分子介电性质的影响，以及控制单个基本物质分子的化学－力学相互作用。电子显微镜的高空间分辨率可以演示三维成像，发展原位成像，甚至用于液相体系。加速器束线上的 X 射线的亮度在提高了五个数量级后，能够对动态过程和三维结构进行细致观测。

因此，能够表征纳米和原子尺度的结构与性能的仪器是理解纳米结构物理和化学性质的基本前提。定量表征纳米尺度物质性质的能力是理解新物理现象的限制条件，而对于加工制造领域则是先决条件。

测量不行，制造不灵，计量的进步是推动科研、制造品质的首要手段。

3. 结构、器件与系统的合成、加工和制造

与传统的科研计划不同，纳米计划强调科研、技术和制造的三位一体，打通学术、产业和商业化之间的通道。先进制造是纳米科技计划最重要的目标。因此，制造加工在计划中的地位和学术研究是相同的，从而被放在基础设施的研究中。

加工制造作为基础设施平台的职能，平台需要研发合成、加工和制造的工艺技术，提炼成熟的合成、加工和制造方法，然后通过配套的技术工具，让各行各业掌握制造纳米结构、纳米器件和纳米系统的方法，推进各行各业在研究、技术和生产上采用这些最先进的工艺和制造技术。这是纳米产品能够迅速普及到各行各业的根本原因。

传统的制备小尺度器件如计算机芯片的微电子学方法属于“自上而下”法。该方法从大系统开始，分割系统，利用各种可控的方法减小器件尺寸。常用的方法是蚀刻技术，利用激光辐射改变样品被选中的部分(同时用“掩模”保护其余的部分)，并用化学腐蚀方法去掉不需要的部分。在芯片制造业，这种制备方法已经实现了惊人的 7nm 工艺。但这种“能量破坏结构传送”的方法，对样品会产生某种去除性的破坏，且工艺能力越来越接近其极限。

“自下而上”法则是纳米计划的重点，其基于量子理论，根据化学反应原理，结合催化剂的控制，将微观单元有机地连接在一起。传统的化

学方法是在烧杯中进行的，而纳米技术则寻求在单个分子水平上进行人工合成，由此发展了分子束外延法、原子分辨法、纳米压印光刻等技术。这些“自下而上”的方法，通过“分子结构传送”方式，能实现高产量、低成本，并能形成任何蚀刻图案。在此基础上发展的可识别、可操纵结构的新工具，使研究者能系统性地研究有机电子器件的性能、生物学界面和化学结构。纳米制造的目标则是研发出从结构到器件，再到系统的合成、加工和制造方法，实现“自下而上”的自组装。

在实践中，可以把“自上而下”技术和“自下而上”技术相结合，发挥各自的优势，构建出既具备有序组装，又符合材料特性的加工技术平台。

8.2　自下而上地组装物质世界

在能量的作用下，宇宙一直发生着进化，从 138 亿年前的能量奇点暴涨，按照物理定律生成基本粒子，合成氢、氦等元素，接着是无机分子、有机分子，然后是不同尺度的聚合物和聚集体组成的各种物质，这些物质在能量场中按照化学的、物理的和生物学的构筑法则自组装出物质秩序，演化出丰富的生命和非生命的系统。

当人类看到宇宙这种自组装景象时，由于自我意识的存在，很容易误解为这些秩序是由神的意识设定的，而没有意识到自己是这个自组装进化中的一部分。意识也是一种物质，一种能量，一种频繁相互交换的作用，因此，当人类通过物理精神发现了宇宙自组装的奥秘时，亲自参与组装的欲望便勃然而生。人类文明的历史，正是思考、探索物质组装秩序的过程。在 21 世纪的今天，人类已经有了足够的知识、工具来实现大自然 100 多亿年的造化过程，这是从纳米技术开始的。

纳米技术的意图就是要实现“自下而上”地用原子重建万物的终极目标。当进入纳米世界时，粒子就会处在一个高频振荡的环境。每个原子每秒钟振荡 10 兆次，同时又在不同的介质中高速运动与相互作用着，每秒移动几纳米、几厘米、几十米到几千米。各种基本粒子以光速不断地运动、碰撞、组合、湮灭，从而组装出质子、中子和电子这三种亚原子。质子、中子和电子则在强相互作用力和电磁力的作用下组装成氢原子、氦原子、碳原子，等等。原子之间依靠共价键、离子键、氢键、配位键等相互结合，自组装成分子、聚合物、固体，等等。电磁力、引力等发挥作用，将物质自组装成星云、星球乃至地球上的所有生命。

纳米科技的一个主要目标就是要重现这一过程，利用三种基本粒子和四种作用力来组装世界。由于人类对这三种粒子的认识越来越深入，操控四种作用力的能力也越来越强大，就有可能创造出超越地球的极限环境，促使物质之间的自组装速度加快，并使之产生出满足人类自身需要的物质、物品和设备。

为了实现这个目标，人类一方面要充分认识粒子间相互作用的细节，发现其中很多不曾被发现的奥秘；另一方面则要不断创造各种操控工具和极限环境，能够精确地观察粒子及其运动，以及粒子间的相互作用，控制四种作用力的生成、作用及其力度，如同“烹小鲜”一样，精确地调配物质、能量和信息。

“自下而上”地组装物质是人类的终极任务和终极挑战，既代表了人类对物质之间相互作用的最高认识，又代表了人类创造和操控物质和能量的最高水平，也代表了人类制造经济人工物质的最高水平。基础研究的价值由此得到清晰地展现，而创新的途径和方法也不言而喻地呈现在人类面前。

就纳米自组装而言，正是在物理知识与分析工具的基础上，人类利用物质在不同层级上的显著作用力，通过化学合成和分子生物学的革命性进步而推进的。在纳米尺寸上，人类主要利用原子与分子之间的化学力，将原子级尺度的结构单元组装成分子、聚合物和固体。随着物质尺寸的增加，电、磁、胶体作用和毛细管作用力等的影响逐渐显著，因此，利用这些力，人类可以进行超微米级的物质结构单元的组装。进而，与已经成熟的“自上而下”的自动化制造方法结合，可以实现全尺寸的材料、元器件与设备和机器的自组装。

8.2.1 自下而上：材料科学的第三次革命

纳米科学始于对材料革命的关注，人类对材料的加工和制造的历史伴随着人类历史而存在。自工业革命以来，由于生产效率的极大提升，以及人类对物质生活质量的不断追求逐步提高，导致人类对材料的需求日益增大。人类以科学为指导，创造了丰富的材料品种与数量。材料的进步促进了科技进步和工业繁荣，科技进步又引发了新材料的发明，材料的设计、加工的方式随着科技范式的进步而不断进步。

材料科学的第一次革命发生在 19 世纪中叶，这标志着现代化学的诞生。由于化学元素陆续被发现，电解电离的使用被普及，热力学平衡研究取得进步，化学反应的机制被逐步揭示，化学家们开始寻找用分子合成的方式制造新材料，例如，合成橡胶、合成氨、靛蓝、维生素、尼龙、塑料等，由此诞生了第二次工业革命。这种方式一直持续至今，成为推动工业化的主要力量。今天，由于人类对物质原子结构和分子结构的深入了解，化学家们几乎可以合成任何一种材料，这种制造材料的方式被称为合成化学模式。

材料科学的第二次革命来自固体物理学的进步。由于固体能带理论给出了原子、分子之间关于共价键、离子键、分子配位等知识，人们能够通过固态物理方式加工材料。这些常用的方法可以罗列如下：

①直接合成反应；②单一来源前驱体反应；③快速固态复分解反应；④蒸气相转移反应；⑤化学蒸气沉积反应；⑥离子交换反应；⑦嵌入反应；⑧主客体化学反应；⑨溶胶－凝胶化学反应；⑩软化学方法，⑪电化学合成；⑫水热合成化学；⑬高压和高温反应。

这些合成方法的目标是制备出特定结构、性质、形态和功能的固体材料，如半导体材料硅、砷化镓，等等。这些方式被称为“自上而下”的固态物理合成加工方式，其核心是固态前驱体的直接化学反应，反应活性取决于前驱体的组成、物理尺度、结构和缺陷。合成的产物往往是多晶或者是玻璃态的微米级粉末，还需要进行后处理来制备球状、盘状、管状、杆状或线状的材料。如果需要制备具有特定维度和取向的单晶材料，则需要设计相应的生长过程，这些晶体会被抛光、切割等。如果需要制成单晶或多晶薄膜则还需要特殊的沉积工艺。半导体元器件中的芯片制造工艺就是这种典型工艺。随着加工精度进入到原子级，“自上而下”的工艺如光刻、薄膜沉积、刻蚀和金属化等，具有光学极限且价格越来越昂贵，此外，这种工艺难以获得多层结构。

“自上而下”的方式迄今仍然主导着材料产业。“工艺决定结构，结构决定性能，性能决定应用”，这个范式构成了当代材料科学与工程的核心，其模式是调控材料的结构和组成，通过修补、改进现有的材料，以获得特定的性质、功能和实际的应用。材料的形状和尺寸是次要因素。

20 世纪末，在纳米科技的宗旨下，一种新的材料加工方式出现了，这就是利用自组装方式即“自下而上”的方式设计和加工材料。“自下而上”方式的核心是从量子力学出发，首先在分子化学层次上，对材料进行严格的尺度、形状和表面性质控制，使之成为基本结构单元，这些基本结构单元如量子点、纳米线、纳米片、纳米管（石墨烯）、纳米球（巴基球）、纳米簇、纳米多孔硅（沸石）等已经被公众所熟知（其中有一些是通过“自上而下”的方法制造的）。通过相互间作用力的驱动，或者通过与结构导向模板、图案化衬底等之间的相互作用，把这些结构单元再以特定的排列方式组装起来，依照不同的需求，实现特定功能的结构。这些结构可以成为次级结构，进而再组装成更加复杂的系统，实现从纳米尺寸到宏观尺寸的多层级结构和全尺寸组装。

“自下而上”的制造工艺主要采用化学合成和自组装，其价格便宜，能够突破光学极限，并获得多层结构，可广泛应用在信息科技领域和能源领域中。在生命科学领域里，人类越来越深入到生物材料和无机材料的结合中，以寻找探索食品安全、人类健康、精准医疗、器官再造等问题的解决办法，而自然界中的生物一直是用这种方式繁育、生长、思考和行动的。结合“自上而下”的方法，人类能够制造从纳米到毫米，以及宏观尺寸的材料与产品，在电子和分子级别上控制制造和反应的精度，提高对固态物质与物品的操控极限，并有可能实现对生物的细胞、器官、机能乃至意识的重建。

在这种“自下而上”的制造方式中，材料的尺寸、形状和表面性质，结构单元的排列和组装方式等都对材料的物理性质、化学性质和生物性质产生极其重要的影响，以至于“物质都有形状，形状就是关键”，从而为具有新功能和新应用的全新材料的发明提供了全新的方式。

通过结构单元的自发组织可以构筑某种目标结构，而在这些结构单元的尺度超过了多数分子和大分子的情况下，就必须考虑以下五方面的问题。

① 结构单元的尺度、形状和表面性质；

② 结构单元之间的吸引或者排斥作用及平衡分离；

③ 自组装过程中结构单元可逆的聚集、散开和移动调整，以及最低的能量结构；

④ 结构单元与溶剂、界面及模板之间的相互作用；

⑤ 结构单元的动力学、质量传输及外界扰动。

目前，这种把物质构筑在特定形状的结构单元上，以进行材料组装的方式的应用越来越广，包括化学电池、燃料电池、光伏电池、数字成像和印记、微电子组装、可控化学释放、化学传感器、分子分离、催化和光催化、微流体、芯片实验室、纳米电子学、纳米光子学、磁学，等等，几乎找不到一个不受其影响的领域。

8.2.2　物质自组装：从纳观、微观到宏观

自组装的本意是从一个体系的混乱无序的组分中创造出有序组织的结构。

从哲学起源上，希腊的德谟克里特约在公元前 400 年提出原子论：所有物质都是由原子和空洞以不同的方式组装而成的。他的宇宙起源理论认为，世界是由原子构成的，世界万物都是从原子自组装起来的，从水、植物、土地到星系。

到 17 世纪，法国的笛卡儿在《方法论》中设想，宇宙的形成源于混沌，最小的物质按照自然的法则聚集在一起，形成越来越大的积聚体，并在不同的尺度上展现出秩序。这种思想也和理性时代人们认为万物服从统一的物理定律的思维一致，自然规律控制了宇宙万物的形成，为目前流行的物理（复杂体系）、生物（生长和形态）和数学（细胞自动机）中的自组装体系的控制理论奠定了基础。在这些领域中，自组装控制中的自组装与化学中的自组装一词有着相同的意思，即体系内部的组织程度可以自发地增加，而不受外界影响。

到 20 世纪，生物数学家汤普森在 1917 年出版的《生长和形态》一书中，沿用 18 世纪自然主义运动的思潮，试图借助物理、数学和机械的原理来解释生物形态问题。从单细胞到生命有机体，从简单的无机化合物到生物矿物，汤普森指出了存在于物理和生物领域中大量相互关联的体系和现象，这些相关性和现象支持了他关于形态发生的理论假设——物理中的力学作用力驱使着各个尺度上的所有生物物质形成了今天我们所观察到的各种物质形态。

1935 年，朗穆尔与一起工作在通用电气公司的布洛杰特发现了双亲分子的聚集。这些双亲分子具有亲水的头部和疏水的尾部，可以用于在固体表面上制备分子组装体。制备在空气/水界面上紧密堆积的分子单层

膜，其体系从混乱演化为组织有序的状态。而且这些分子单层膜可以转移到衬底上，如果反复进行这种转移操作，则可以得到多层膜，实现了多层自组装。

1946 年，泽斯曼等发表论文《硫油单层 1：新极性液体中溶液吸附膜的研究》。这篇文章被业界认为是合成自组装的开创性文章，该文认为非极性溶剂稀溶液中的长链烷基胺能够吸附和自组装到铂金表面，形成密堆积的单分子层。1981 年，努佐等人拓展了这些发现，通过将烷基硫醇分子从非极性溶剂中化学吸附到金表面，可以制备自组装单层膜结构，并在 1983 年首次描述了这种自组装合成机理。

从 19 世纪现代化学诞生之日开始，合成化学就蒸蒸日上，“分子就是国王”，利用原子和分子的知识可以合成各种新的分子，提供各种分子材料。而到 20 世纪末，Lehn 则开创了超分子化学，开启了分子自组装。分子自组装的驱动力是化学键——离子键、共价键、氢键、非共价键，以及金属—配位等化学作用力驱动分子自组装成为更加有序的结构，并显示出不同于单独组分的性质，故又称化学自组装。这些自组装驱动力促使分子聚集体形成在单个组分中观察不到的结构和性质，其组装体是分子，构筑工具包括互补的有机分子和无机分子，通过锁－钥式的分子间作用相互识别，从而自发形成分子聚集体。从这个意义上看，通过有机化学自组装方法可以合成几乎任意形状和功能的分子。

自组装其实是一个普遍的原理，其基础是可逆相互作用，以及引力和斥力之间的平衡，因此诞生了材料（物质）自组装。

材料（物质）自组装的目标是全尺寸组装，意思是组装的结构单元及其组装体不受尺度的限制，从分子合成组装到毫米级的乃至宏观体相的自组装都可以实现，从而实现重建自然的人类梦想。在组装的驱动力上，不仅仅限于化学键作用，还包括结构单元之间的、在不同尺度上对应的各种结合力。例如，当超越了分子尺度后，驱动材料（物质）自组装的作用力包括毛细作用力、范德华力、弹性力、静电作用力、光作用力、磁作用力和剪切力。在一个由纳米晶体、纳米棒或纳米片材料作为构筑单元的自组装系统中，根据各个结构单元的尺度和形状及各种相互作用力，可以自发地形成特定的组装构型。这个自组装系统会朝着更低自由能和更高结构稳定性的状态演变。

自组装的一个特征是能够形成多层级结构。从初级结构单元形成较为复杂的二级结构，然后再继续聚集形成更高级的自组装结构。这个组织过程可以持续下去，直到形成最高级的结构，形成了多重尺度的自组装材料。

自组装包括自发自组装和引导自组装两种形式。自发自组装是纳米颗粒或亚微米的胶体球在热力学最小值和能量最低化的驱动力下自组装成相对稳定的结构，如面心立方晶格。随着分子生物学的进展，人类发现可以进行另外一种方式的自组装，即引导自组装。在结构单元的引导自组装中，使用一些特定分子和有机物作为结构导向组分，按照模板进行自组装，模板可以用来填充空间、平衡电荷，引导特定结构的形成。

引导自组装的核心启发来自生物。早在 1873 年，皮特·哈丁观察到在生物矿物的形成过程中，总有有机物参与到无机物的自组装过程中。同一时期，恩斯特·海克尔在海上旅行期间，发现了上千种不同种类的放射虫都具有精巧的二氧化硅骨壳外架，被他的个人雕刻师进行了细致的雕刻后，此类骨壳外架得到广泛传播。他猜测有机液晶的组织结构和放射虫外壳的形貌之间存在着一定的联系，今天，在表面活性剂液晶模板的引导下，用硅酸盐和磷酸盐可以组装形成二氧化硅和磷铝酸盐介观结构材料，从而证实了他的猜想。

有机物和无机物之间的界面的重要性也不断引发科学猜想。1917 年，汤普森在《生长和形态》一书中，首次使用“物理—几何学”原理解释生物矿物的形态发生过程。他在论述放射虫和硅藻的多孔外壳时，认为那些紧密排列的空泡结构作为模板引导了二氧化硅的沉积。这种方式成为模板引导自组装的一个范例。

1894 年，费歇尔提出锁—钥原理，该原理认为，分子通过位点选择来相互识别，有机分子之间互补的氢键、静电作用和疏水作用导致了生物学中的识别、自组装、复制和催化过程。典型例子是 DNA 双螺旋结构中以氢键连接的碱基对，或者在蛋白质合成中的转录 RNA 的互补性质，以及在酶催化反应中底物的精准选择性。巴勒发现沸石能够选择性地吸附某些分子，也可以根据有机分子的大小和构型来催化不同的有机反应。巴勒以有机分子为模板合成了沸石，发明了多孔固体材料的自组装方法，为无机材料模板合成的发展奠定了基础，也推动了材料自组装化学的诞生。后续的同类研究都表明了一种模式，即以有机物为模板，引导着无机材料的自组装合成。

随后，软化学方法被发明，经设计过的分子和团簇作为结构单元可以在温和条件下发生自组装，由此方法可以形成多种多样的开放式骨架结构，这些骨架结构超越了微孔氧化物如沸石的结构种类。氧化物或者非氧化物多孔骨架结构促进了主客体化学的研究，它们可用于制备复合材料。客体可以是原子、离子、分子、团簇或高聚物。这些多孔固体中周期性排列的孔道和孔洞可以用来自组装新材料，例如，金属或半导体的团簇、线和超晶格结构、巴基球（即富勒烯）的阵列、取向排列的发色团、矢量电子传递链，以及光合作用的模拟结构等，为量子电子学、光子学和数据储存材料在先进器件上的应用指明了方向。

生物矿物也是人类产生灵感的来源之一。1970 年，罗文斯坦根据对海胆刮食岩石上的藻类的观察，首先提出了有机基质引导的生物矿化理论，因此他被称为“生物矿化之父”。海胆的刮食行为说明它的牙比岩石硬，由磁铁矿组成，且其矿化过程是在细胞中生成的，这一观点构成了所有生物体系内的矿化过程的基础。生物矿物的成核、生长和组织过程也都遵循着无机化学和生物无机化学的原理。进一步的研究表明，有机质和生物矿化过程中的无机组分之间互补的相互作用（包括电荷、立体化学和几何构型方面的匹配），决定了矿物的成核位点、生长及形貌。其中，有机质起着蓝图的作用，通过有机质携带的程序化信息，控制了无机矿物的成核、生长和形貌。通过有机物和生物矿化过程的多级累进方式，可以创造出具有独特物理和化学性质的多级结构复合材料。

同时，引导自组装还可以组装成弯曲的形状。传统的固态物理学所控制的晶体生长，往往形成平滑的晶面、锐利的边缘和尖端，具有原始晶胞和平面对称结构。这种晶体仅具有有限种类的多面体形貌（晶体习性），而且从原子水平生长到宏观体相的构筑规则都是一样的，是一层的。利用引导自组装，能够制造出多层结构，其每个层级都具有明显的构筑规则，并体现出弯曲形状、表面形貌和多级结构的特性。从物理学上讲，原子排列成为完美晶体是由达到最低能量原理驱动的，而当由额外的相互作用（有机质）参与时，晶体的形态在自由能驱动下会产生弯曲。由此，弯曲晶体学诞生了，其在数学上则被表述为最小表面原理，该原理被建筑师们立刻用在了建筑学中，如设计出巴塞罗那圣家族大教堂。

大自然提供的无穷无尽的矿物和生物自组装也给数学家们提供了灵感。1952 年，图灵受自然物质的奇怪形态启发，发展了关于在远离平衡态的化学反应扩散系统中的图案自发形成理论，引发了从数学模型上对图案的研究。进而有一种观点认为，对材料形貌的控制才是材料科学的核心，由此可以调控材料的机械、热学、声学、磁性、电性、光学、催化等各方面的性能。当前，利用超分子（表面活性剂）、大分子（嵌段共聚物）、无机液晶等作为模板合成形貌驱动的新材料已经成为一个重要的研究领域。

上面讲的自组装技术多用于制造三维材料，基于二维材料的自组装技术常用于制备单层或多层膜材料，被广泛地应用于制备铁磁性、铁电性、半导体、介电、非线性光学、电活性、光敏性的多层膜，等等。例如，通过在氧化物薄层间组装单分散的金纳米簇，可以形成单电子管。

制备的高介电常数氧化物薄膜则用于制作栅极或更快、更小的场效应管，通过交替组装胶体二氧化锆单层和聚烯丙胺盐酸盐，则可以制备超硬复合纳米薄层，这极大地提高了材料的耐磨性。从自组装单层膜发展出来的软印刷技术，可以制备出大尺寸的二维或三维图案和结构，作为非光学蚀刻微加工方法，软印刷技术比光蚀刻方法便宜，已被用于构筑微型机械和电路等，在从微电子学到光学、微量分析到传感器、微电子力学到细胞生物学等多个领域都有广泛的应用。在一维上，自组装半导体和金属纳米线则用于制备二极管、晶体管、发光二极管、逻辑电路、激光器和传感器等。

当在各个维度和各个空间尺度上的自组装技术实现后，就可以进行集成。通过与传统的无机化学和固态物理等“自上而下”的方法相结合，制备出全新结构、组成和形态的材料。单纯的材料合成方法演化为由不同结构单元在不同尺度上汇集，构筑出更复杂的多级结构体系。“自下而上”的自组装方法和“自上而下”的微加工方法组合，可以方便地组织和连接有机、无机、高分子等化学组成，从而汇集了电子、光学、机械、分析和化学体系的功能和性质。

小的单元可以组装成更大的单元，再在更大的尺度和维度上继续组装构筑，如此持续下去，直到达到最高等级的、具有特定功能的复杂结构。例如，在计算机的硬件结构中，各种原子聚集成绝缘体、半导体、金属和掺杂剂，继而形成栅极、有源层、源极、漏极、结点、金属引线和触点，这些又汇集形成集成电路中的晶体管、二极管和电容器。分立元器件在电路板上汇集成各种微电子器件，如芯片、传感器、控制器、计算机，等等。

材料与物品的自组装是一个终极理想，虽然目前已经取得了很大进步，但这个领域是极其复杂和困难的。一方面需要从业者全面掌握各种化学合成技术，通晓有机化学、高分子化学、无机化学和有机金属化学，善于利用现代分析工具和技术，如衍射、电子显微镜、原子力显微镜、光谱等仪器和技术，还要精通光学、热学、电学、磁学、机械的理论、表征和测量技术。

另一方面，一些极其昂贵的设备研发和普及仍然是挑战。要合成和制造高精度、高纯度的纳米材料和结构，需要原位和在线表征设备。一些高昂的制造、表征和测量设备如电子束光刻、无尘铸造、同步加速器、中子源等需要普及到研究机构、企业中，这样才能扩大从业人员的范围。同时，在科学基础研究、纳米制造、产业工程和人才教育之间的协同仍然是巨大的挑战。

第9章　人工智能：始于思维测量的知识自组装

在今天，人工智能异常火爆。当来自谷歌的AlphaGo完胜围棋高手李世石，击碎了顽固派们最后一点幻想后，人工智能变成了显学，并逐渐成为国家战略。和纳米科技类似，人工智能也具有研究和应用并重，以及跨学科、跨工程、跨行业的特征。今天，人工智能已经深入到我们的生活之中，从语音识别到自动驾驶，从扫地机器人到无人机，从精确手术到精准医疗，等等。

从唯物主义的角度看，人工智能的发展是物理精神深入的必然。因为这个世界是物理的，物质是物理的一部分，精神也是物理的一部分。在人类文明的早期，自然哲学家既研究物质世界，也研究精神世界。随着近代科学的诞生，人类对物质世界的研究逐步取得了辉煌的成就，丰富的科学知识诞生了，人类利用这些知识创造了丰富的物质文明。从此，科学成为创造物质文明的唯一途径。在这个过程中，人类作为世界的一部分，受物理定律的支配，因此，关于人的一切都是能用物理定律描述的。首先，生物学和医学描述了作为生命的人；然后，心理学描述了人类的认知和心理活动；最后各种机器和机器人则描述了人类的机械性动作。那么，对作为人类最抽象、最高级行为的意识的描述便成了顶级挑战。为了做到这一点，人类经历了漫长的探索道路，通过物理学、哲学、数学、逻辑学、心理学、经济学等各个途径来探索，最终科学家们找到了一条关键路径，即如何对思维进行测量。

典型的人工智能系统是这样的：

传感器→程序计算→执行器

其中，传感器感知环境的信息，将信息发送给程序，程序通过计算分析后，将指令发给执行器，执行器对环境做出行为反应。这个过程类似于人类对外来事件的处理，例如，行人通过眼睛看到迎面而来的自行车，将信息传给大脑，大脑分析后，命令自己的腿移动以闪避。

由此看到人工智能与物理研究之间的直接关系。物理学研究提供给我们关于这个世界的概念、理论和观测工具，人类制造了传感器和执行器。半导体技术和纳米科技，使得信息科技日渐成熟。当计算能力以摩尔定律的速度增长时，计算机系统就获得了处理分析海量信息的能力。通过各种传感器采集到环境中更丰富的信息和数据，并能够持续地实时处理，再反应到环境中，从而实现智能化的行动和决策。其中，计算机程序对采集数据的持续计算并指挥执行器进行反应的过程，与个人的感官采集环境信息并做出反应的过程是等效的，而在物理意义上，这个程序计算就是测量。

9.1　人类智能物理化的理念与追求

人工智能的核心是将人类的智能人工化，即智能的物理化——通过人工制造物自动地理解人类的意图并执行人类的要求。这是物理精神发展的高级阶段。为此，人工智能一方面要采用现代物理科技主要是信息科技技术，综合传感器、控制器、计算机系统和环境信息而发挥作用；另一方面，通过数学的算法和形式化推理实现人类的思维物理化和自动化。

9.1.1　役使万物：从驯化、制造到机器自动化

智能的核心是做事，即由动作序列组成可测量的行为（机械智能），符合人类的任务与目标（人工智能）。从可观测的角度看，人类智能可以

拆分为人类动作和人类思维两方面。人类动作的典型是机器人，其外形可以不像人，但其动作的特征如机械臂很像人类。机器人能理解并执行人类要求的动作，完成人类要求的任务。人类思维的典型是 AlphaGo 这类棋类计算系统。AlphaGo 能够和人类对弈，表现得像是棋类高手，理解并采取和人类类似的策略，并拥有输赢的判断。除 AlphaGo 之外，可能还会有智能医生、智能律师、智能警察、智能教师、智能战士、智能科学家，等等。

从物理精神的发展过程看，人类首先驯化了植物和动物，例如，水稻、玉米、猪、鸡、狗、马、牛等。这些可以看成是人工智能的第一代。人类接着研发了水车和钟表等机械。它们机械而精确地执行着固定的动作，替代了挑水工和打更夫，表现得比人类更优秀。所以钟表和水车等机械可以认为是人工智能的第二代。就像培根在《新工具》中所说：

就以制造钟表来说，这无疑是一件精微而细密的工作：其齿轮似在模仿天体的轨道，其往复有序的运动似在模仿动物的脉息。

进而，人类规模化地制造各类机器，例如，纺织机、蒸汽机、播种机、收割机、发电机、发动机、机床、火车、汽车、飞机、冰箱、洗衣机，等等。这些自动运转的机器大量替代了农民、工人和战士等，可以被认为是人工智能的第三代，对应着第一次和第二次工业革命。

随着第一次信息革命的诞生和发展，人类把自己的意志和思维直接体现在计算机程序搭载的芯片上，芯片进入到各种传感器、机器和设备中，成为智能设备的感知器官、指挥行动的小脑和指挥调度与规划的大脑。这就是人工智能的第四代，以 1956 年的达特茅斯会议为起点，但实际上则起自 20 世纪 30 年代的丘奇论题。

当前，随着人类物理操控能力的进步和信息技术的日新月异，人工智能的发展呈现其指数级提升的加速特征，一如曾经的机器自动化一样，人工智能的自组装已成为现象性的发展趋势。

人工智能的本质是人类智能的物理化。

在人类的感知中，手工工具和机械的发明是容易被理解的，但机器的发明仅在少数文明中出现，智能机器如机械钟表的发明在各种文明中则更加罕见。人类往往习惯于控制自己的想法和躯体，而很少去用工具代替自己做事。这说明人类智能的物理化其实是非常抽象的认知。如果我们采用“自上而下”的分析方法，则很容易认为人工智能只是一项信息技术。但我们如果采用“自下而上”的视角，人工智能则是物理精神发展到当代的现实体现，是人类纯粹思维能力、心理认知能力、物理操控能力、信息操控能力发展到现阶段的整合，并被经济需求和军事需求所聚焦和推动。因此，为了理解人工智能，我们必须从这几方面去梳理和分析，以认清其本质。理解了人工智能的本质，也将彻底解决几千年来关于“身心二元性”的各种辩论，为唯物主义找到了物理工具。

概括地讲，几千年来，人类都在思辨着“心与物”的关系，这体现为唯心－唯物、主观－客观、精神－肉体、心灵－物质、人类－自然、现象－本体、经验－理性、自由意志－宇宙精神、意义－实在、精神的－自然的，等等，这些二元性本质上构成了故事－物理、想象－操控、浪漫－理性、经验－唯理等两大立场模式，由此演绎出人类丰富的历史文化，塑造了各种各样的文明形态。如果要彻底采取任一种立场和思维，都是很困难的。原因在于三点：第一，个人很难做到高水平的抽象，能真正一以贯之地用“唯心”或者“唯物”的立场去思考或行动；第二，一旦实现了单一立场的抽象性，往往会显得很荒谬，使得信仰者很难达到这种抽象的高度，从而不断地发生变形和折中，演化成为二元性的混合体；第三，语词的意义本质上是因人而异的，每个人的理解都不一样，并跟随着语境而变化。同一个词在历史的不同时期具有完全不同的意思，在不同的地理位置中也存在差异。这给予说话者和理解者以自由意志，但在唯物的角度无法保证同一性，导致本体在实质上是不存在的。

要解决这些问题，核心是发明客观的工具保障思维的确定性，即采用物理精神将思维或心灵物理化。物理精神的核心是测量，任何物理概念都必须建立在可以被测量的基础上才能成立，与权威、权力、时间和语境无关。对于思维而言，保障其同一性也只能来自测量。

9.1.2 测量思维：哲学、数学、逻辑、认知与计算

如何对思维进行测量是一个漫长的发展过程，始于概念定义与思辨，接着是逻辑推理和符号化，进而是自动计算和验证。在这个过程中，哲学、数学、逻辑学、心理学、物理学和计算机都在参与。直到20世纪，人类才找到了思维测量的概念框架即丘奇论题。当该框架被确认后，人类智能的人工化就得以迅速发展。一如伽利略采用望远镜，并将数学引进物理从而诞生了现代科学一样，传感器如同伽利略的望远镜，而逻辑的符号化则提供了经验的抽象和思维的客观表达的方法，人类智能在推理与计算这两个工具的帮助下得以全面实现人工化和自组装。

1. *哲学与形式逻辑*

哲学与形式逻辑关心的几个问题是导致人工智能诞生的核心原因：

(1) 知识是什么？
(2) 形式规则可用于推出有效的结论吗？
(3) 思想如何从物理的大脑中产生？
(4) 知识来自何方？
(5) 知识和行动的关系如何？

知识是什么？远古的自然哲学家们就注意到术语、名词、概念的内容是因人而异的。例如，老子说“道可道，非常道；名可名，非常名”，就旗帜鲜明地提出“道”、“名”的歧义性。在西方，关注这个问题的先贤中最有名的是苏格拉底。他发现很多自称有知识的人其实很无知，其原因就在于他们滔滔不绝吐出的各种时髦概念和词汇都是望文生义，没有经过验证的。很多人天天使用“正义”、“善”、“真理”、“民主”这样

的词汇，但在苏格拉底的追问下，这些人发现自己根本不明白什么叫“正义”、“善”、“真理”、“民主”。这些人因此恼羞成怒，最终通过民主的审判将苏格拉底判了死刑。

苏格拉底的悲剧让哲学家们认识到意见和感觉世界的无常，并导致柏拉图随之建立理想国，由哲学贤人治国。另外，柏拉图也更加清晰地看到，语言和概念的模糊性和易变性难以描述永恒不变的实体，那么，如何描述这种永恒的“真”呢？在此之前，哲学家们也在寻求宇宙万物的统一性，认为存在一种自然规律，他是永恒的、普适的、客观的、无所不在的，这种自然规律被称为道或太一。道既是无所不能的、永恒不变的，却又是随时变化的，因此难以被捕捉，以至于是任意的。所以，如果想诠释老子的“道”，只等于创建了一种新解释，由此在无数个解释中又增加了一种。为此，柏拉图发明了“理念”或者“形式”，正式提出了“同一性”问题，这是人类理性史上的一个巨大进步，标志着哲学的诞生。

柏拉图首先认为哲学家是洞见知识的人。那么，什么是“知识”呢？知识是关于存在着某种事物的认识，其具有真理性，即意义的唯一性和逻辑上的确定性，所以不会犯错误。普通人的知识其实只是“意见”，意见来自对特殊事物的认知，而特殊事物或事件总是同时具有相反的属性，一个人说它好，另外一个人说它坏，无法获得一致性。人类可感觉的一切现象和对象都具有这种矛盾的属性，因而它们都是不可靠的，不属于知识。而洞见知识的人则洞见到了绝对永恒与不变，这些知识属于超越感觉的、永恒世界的。

例如，各种各样的猫，我们能够识别它们，并用词汇“猫”来描述。这些描述是意见，是关于现象的描述；而词汇“猫”则是一种知识，是一种绝对的理念、实在或真实，是各种各样的猫的普遍的“形式”或“共相”。个体猫只具有形式猫的一些猫性和现象，并且在被描述的时候，会被掺杂不属于形式猫的性质。同时，个体猫有生有死，而形式“猫”

这个词汇是不会死亡的，不依赖时间和空间而存在。

柏拉图将世界分为理智世界和感觉世界。感觉世界又存在感官的感知和意识的觉知，这些都是多变的，因而是不精确、不可持久和不可靠的。理智世界又存在理性和悟性。其中，理性研究纯粹的理念，其对象是实在的而非现象的，只有采用辩证法才能抵达。而悟性则是数学的，采用几何学中的假设方法可以获得。但由于假设是人为的，因而其可靠性是低于纯粹理性的。

柏拉图提出的这些问题一直主宰着其后 2000 多年的哲学潮流，诞生了众多学说。但意见的意见仍然是意见，所以，各家学说都只能依附在柏拉图提出的原始问题上繁衍。导致这种意见纷纭现象的原因在于缺乏解决问题的工具，那些依旧留守的哲学家们继续坚持心灵对理性的追求，而没有思考过建造测量理性和思维的工具。

建造测量理性和思维的工具的努力始于亚里士多德。公元前 4 世纪，亚里士多德系统地阐述了支配大脑理性的一组精确规则，为严密推理制定了一种非形式的三段论系统。通过给定的初始前提，三段论系统可以机械地推导出结论，这就是推理的过程——如果我们知道老鼠是啮齿目，所有的啮齿动物都是哺乳动物，所有的哺乳动物都是脊椎动物，所有的脊椎动物都是动物，那么就可以进行一系列的推导：所有的老鼠都是哺乳动物，因此，所有的老鼠都是脊椎动物，因此，所有的老鼠都是动物。这些推理都是由一系列的命题构成的，每个命题都是用此前的命题通过逻辑推理得出的，即按照“演绎推理规则”构造的。如果知道所有的 y 都是 x，所有的 z 都是 y，那么就可以推导出，所有的 z 都是 x。

亚里士多德提出的“三段论”规则，为测量思维，使思维符合理性的一致性要求提供了工具，这是一项划时代的贡献。三段论的另一种形式是“有一些……是……”：如果知道所有的 y 都是 x，有一些 z 是 y，则可以演绎出有一些 z 是 x。稍后的斯多葛学派则提出了另一套规则，例如，如果有命题“如果 A，那么 B”和命题 A，则有一条规则可以演绎出命题 B。这样，通过形式规则可推理出有效的结论。

公元 14 世纪，勒尔认为，有用的推理可以用机械人造物实现。17 世纪的霍布斯提出，推理就像数字运算，并提出了“人工动物”的设想。同时，计算的自动化也已经在进行中了。帕斯卡在 1642 年发明了机械计算机，莱布尼茨发明了更加复杂的计算机，并试图对概念进行计算操作。

笛卡儿第一个提出大脑本身就是物理系统，并提倡推理是理解世界的力量，开创了“理性主义”。但他关于灵魂或精神独立于自然之外的见解又使之成为“二元论”的支持者。二元论又被唯物主义替代。唯物主义认为，大脑是物理定律的产物，自由意志或灵魂只是物理感知的一种形式。因此，思想是从物理大脑中推理出来的。

有了能够处理知识的物理大脑后，知识来自何方？培根、洛克、休谟等经验主义认为，知识来自经验。休谟提出了归纳原理：一般规则通过揭示规则中元素的重复关联来获得。进入 20 世纪，在罗素和维特根斯坦工作的基础上，卡尔纳普领导的逻辑实证主义认为，所有知识都可用逻辑理论来刻画，而这种逻辑则最终对应于感知输入的观察语句。逻辑实证主义是理性主义和经验主义的综合。卡尔纳普和亨普尔因此发展出证实理论，定义了从基本经验中获得知识的计算过程，从而把大脑看成是一个计算过程。

那么知识和行动之间的关系如何呢？这是人工智能的核心，因为人工智能的本质特征是既要思考又能行动。亚里士多德主张，通过目标与行动结果之间的逻辑关系来证明行动是正当的，并在《尼各马可伦理学》中给出了具体算法。该算法在 1950 年由纽厄尔和西蒙实现，称为回归规划系统。与笛卡儿同时代的阿尔诺给出了目标和行动之间决策的定量公式，斯图亚特・穆勒在 19 世纪初的《功利主义》中，将理性决策推广到人类活动的所有领域。

2. 数学与命题逻辑

人工智能的另一个基础是数学，数学家长期关注以下问题：

(1) 什么是能导出有效结论的形式化规则？
(2) 什么可以被计算？
(3) 我们如何用不确定的信息来推理？
(4) 大自然为什么是数学的？

哲学家们的论战大多是定性的、非操作的，只有通过数学家的工作，人工智能才能成为科学。数学家们在逻辑、计算、概率论和博弈论上的研究工作，为人工智能提供了形式化工具。

由亚里士多德和斯多葛派提出的形式逻辑都太粗糙，无法表述有价值的逻辑推理。例如，斯多葛派的逻辑只有原子命题和连词这两种语法类别，而亚里士多德的逻辑稍好一些，承认有“谓词”的概念，但仍然难以表达某些数学表述。例如，没有谓词“……比……小”作用于两个对象，并让两者形成一个关系；也无法构造命题如“直线 l 穿过了点 A”。这就是为什么经院哲学和近代哲学无法取得知识性进步而停留在重言性思辨阶段的原因。

到了 19 世纪，布尔提出了布尔逻辑，即命题逻辑。接着，弗雷格扩展了布尔逻辑，使其包含了对象与关系，创建了一级谓词逻辑。在斯多葛学派发展起来的关系逻辑中，“4 小于 5”是一个不可拆分的原子命题。中世纪的哲学家们对之进行了改进，将之拆分为谓语“小于 5”和主语“4”。弗雷格则进行了这样的拆分：提出关系谓词“小于”，把“4”和“5”联系起来。接着，他引入变量的概念，这样，关系谓词就作用于变量 x 和 y，得到了命题“x 小于 y”。再用量词“任取 x”说明该变量是全称性的，用量词“存在 x”说明该变量是存在性的。这样，亚里士多德逻辑中的命题“所有人都是必死的”就被弗雷格的逻辑分解为“任取 x，若 x 是一个人，则 x 是必死的”。命题“所有人都爱某个人”至少有两种意思，可以理解为“某个人被所有人爱”，也可以理解为“所有人都会爱上自己的爱人”，所以这是有歧义的。用弗雷格的逻辑，则可以分别陈述为“任取 x，均存在 y，使得 x 爱 y”，或者“存在 y，使得任取 x，均有 x 爱 y”，从而消除了歧义。在汉语中，这种歧义是常见的，也常常被人们当作笑话。如果用弗雷格逻辑严谨描述，则能消除歧义。

通过引入关系谓词符号、变量，以及量词如“任取”和“存在”等，就能够表述演绎规则了。例如，对于“2＋2＝4”，可以先定义自然数的概念，再定义数“2”和“4”，接着再定义加法，这样就能证明“2＋2＝4”。于是，该命题之所以成立，是因为它是从自然数和加法的定义中推理出来的，因而这个命题不是康德所说的综合判断，而是分析判断。

弗雷格的新逻辑成功地综合并改进了亚里士多德逻辑和斯多葛逻辑，使之从集合论概念建立起能够表达自然数的推理逻辑。利用该逻辑定义任意概念，并能证明出几乎所有已知的定理。接着，又得出两个关键定义：

（1）什么叫“符合逻辑的”——如果某个推理可以用弗雷格逻辑表述出来，就可以说该推理是“符合逻辑”的。

（2）什么是“数学的”——如果某个推理可以用弗雷格的逻辑表述出来，就可以说该推理是“数学的”的。

从弗雷格逻辑来看，形容词“符合逻辑的”和形容词“数学的”是同义词。

因此数学无须再用数字、几何图形等传统的研究符号来描述了，如同希尔伯特所说的那样，可以用凳子、啤酒瓶等毫无关联的符号来研究数学。通过这些抽象符号，可以用逻辑证明来定义数学，由此数学变成了一种普适逻辑，能够研究任何关系，就像今天人工智能所展示的那样。

弗雷格对逻辑的改进是巨大的进步，让数学家、哲学家们将焦点转移到数学基础上。当人类将焦点聚焦在弗雷格逻辑时发现了若干漏洞，这些漏洞被称为数学的第三次危机，其实是一场人类思维的逻辑革命，诞生了新哲学、新数学，以及信息组织的新社会。

第一个漏洞是1897年由意大利数学家福尔蒂发现的，罗素1902年将之简化为“说谎者悖论”：一个集合 R 既不是自身的元素，又是自身的元素。罗素和怀特海用类型论提出了修正案，修补了这个悖论。

弗雷格逻辑中还有一个漏洞问题，该问题也同样存在于罗素和怀特海的逻辑中，即没有把逻辑的概念与集合论的概念分解开。在逻辑上，人们遵循一条规则，叫作逻辑的本体论中立性，意思是，演绎规则应该与推理对象无关。为此，希尔伯特在20世纪20年代去掉了罗素逻辑中所有专门针对集合概念的部分，构建了“谓词逻辑”，该逻辑一直沿用至今，是自古至今关于推理本质的最伟大成果之一。策梅洛在1908年专门针对集合论提出了他的公理，形成了“集合论”自身的公理体系。

那么，谓词逻辑和集合论的关系是什么呢？1930年，哥德尔证明，任何理论都可以转化为集合论，这样，数学就保持了他的普适性，集合论本身也具有了本体论中立性。

科学家们在分离逻辑与集合论的过程中，数学家又发现了新的问题，即在谓词逻辑中，没有公理。为此，皮亚诺提出了算术公理。而公理的引入又提出一个新问题：公理成立的依据是什么？为什么要不加证明地接受呢？

换一个说法：组成公理的词汇的含义是如何被接受的。传统的观点认为，一个词汇本身是具有含义的，但人们分析后发现，词汇本身的含义源于“定义”。这个不难理解，“鱼”和“fish”都指鱼，仅仅因为他们是约定。孤立地定义某个词的含义是不可能的，一个词汇的含义就是与该词汇相关的所有真命题的集合，而语言中所有的真命题同时定义了所有词汇的含义。确定什么是真命题的那些标准才真正定义了词汇的含义，在数学中，这些标准就是公理和演绎规则。例如，为什么我们要接受公理“过两点只有一条直线”？庞加莱提出，这是因为这一公理本身就是“点”、“直线”、“过”这些词汇定义的一部分。进入 20 世纪，塔斯基引入关联理论，从而将逻辑对象与现实世界中的对象联系起来，解决了对公理的质疑。所有的数学判断必然是分析的产物。

谓词逻辑的提出是数学史上的一个转折点，也是逻辑学、哲学及人类思维史上的一个转折点。谓词逻辑的核心是摆脱了词汇的意义，为此，采用了避免人们联想到内容与含义的符号系统（包括谓词关系符号、连词、变量和量词），尽可能地对经验免疫，以做到客观性、普适性和一致性。从此，人类的理性能够用谓词逻辑给予充分的表述，就如同自然理性（自然规律）首次被牛顿物理学给予表述一样。人类思维的人工化、机械化和自动化从此找到了可以测量和操作的工具。

在谓词逻辑中，问题以命题形式表述，解决问题就变成了构造一个证明来证明命题是成立的还是不成立的。例如，对于欧几里得“求两个数之间的最大公约数”的描述变为这样的一个形式命题：“数 x 和数 y 的最大公约数是 z”。这种转变意味着一种新方法论的诞生，即将计算最大公约数的问题变成了命题的判定——判定命题“数 x 和数 y 的最大公约数是 z”是成立的还是不成立的，从而将计算的问题变成了算法的问题。

数学家们开始注意算法研究，一系列的算法接着被设计出来。在欧几里得算法之外，加法算法、线性代数算法、普雷斯伯格算法、塔斯基算法等相继出现。其中，通过“量词消去法”，1930 年推出的塔斯基算法证明，所有的欧式几何问题都可以归结为用加法和乘法表达的实数问题，这样，所有的几何问题都可以用算法来解决。

是不是数学的所有问题都可以用算法解决呢？一个问题如果可以用算法解决，则称为是“可判定”的或“可计算”的。希尔伯特提出了这样的判定性问题：有没有一种算法，能够判定在谓词逻辑下的命题是否可以证明成立呢？这个问题就把谓词逻辑本身变成了研究的对象。

1936年，丘奇、图灵分别独立地解决了判定性问题，并得出否定性的结论：谓词逻辑不存在一种判定性算法。为此，他们分别定义了“算法”、“可计算函数”等概念，其中包括法国数学家埃尔布朗和哥德尔提出的“埃尔布朗－哥德尔方程组”、丘奇提出的“λ演算”、图灵提出的“图灵机”、克莱尼提出的“递归函数”，等等。

事后证明，这些算法都是等价的，都是把计算过程描述为一系列的变换步骤。例如，欧几里得算法（求a和b的最大公约数）包括两条计算规则：①如果a除以b除不尽，r是余数的话，则把表达式gcd（a，b）变换成pgcd（b，r）；②如果能够除尽，则把表达式pgcd（a，b）变换成b。可见，计算就是在一套规则的指引下，从一个表达式到另一个表达式的逐步变换的过程。同理，演绎规则本身也可以被当作计算规则，从一个表达式变换为另外一个表达式进行推理。这种“变换”或“重写”正是上述各算法定义的共同之处，这构成了今天计算理论的核心。

但是，计算规则和演绎规则之间还是有区别的。一个计算如果要成为算法，必须能够知道何时停止计算，这就是停机问题的判定。换句话说，算法是一组保证能够停机的计算规则。在这种解释下，希尔伯特的判定性问题就变成：我们能否用一个算法替代推理？其中，算法是一个随时能停机的过程，并且在不能证明命题成立时能够给出否定的结果。

1936年，丘奇、图灵、克莱尼分别独立证明，这样的算法是不存在的。由此推理出停机问题是无法用算法来解决的。对于希尔伯特的判定性问题而言，不存在判定一个谓词逻辑命题是否可证明的算法。这一定理被称为丘奇定理，说明计算和推理完全是两码事：某些数学问题无法用计算解决，只能通过推理解决。

丘奇定理还解决了一个有趣的争论。早在古希腊时代，柏拉图就创建了回忆说，一切知识都蕴藏在理性中，后天的学习是把知识回忆出来。

从逻辑上看，分析是重言式。例如，人是会死的，苏格拉底是人，所以苏格拉底会死。这个推理看起来是显然的、不言自明的，没有带来新的信息。但丘奇定理揭示，并不存在一个算法，自动地从一组公理中推导出所有的结论。公理固然隐含了其中所有的定理，但揭示这些定理的过程本身是知识的、能带来新信息的。

在丘奇、图灵等人重新定义“计算”时，就提出了一个问题：他们定义的“计算”概念是不是真正的“计算”呢？这个问题被称为“丘奇论题”，即丘奇、图灵定义的“λ演算”和“图灵机”就是通用计算。进一步说，未来提出的任何用于表达算法的语言，绝不可能比今天所知的语言更强大。

为了验证“丘奇论题”，一些数学家们从纯粹理性的角度出发，提出其“心理形式”，即：人类为解决某一特定问题所能完成的所有算法，都可以用一组计算规则来表达。而另外一些数学家则从自动机器的角度出发，提出其“物理形式”，即：物理系统（机器）为解决某一个特定问题所能执行的所有算法，都可以用一组计算规则来表达。如果从唯物主义的角度看，心理应该是自然的一部分，丘奇论题的心理形式也就是物理形式的一个推论。这样，人类理性就被灌入了机器，因此机器是能够充分表达人类理性的。这真是一个天翻地覆的伟大时刻！

丘奇论题的物理形式是包含心理形式的。因为大自然的计算能力远远超过人类的计算能力，所以，机器理性是超越人类理性的。但是，反过来，如果机器理性的所有算法都是用计算规则来表达的，那么，在计算规则的一致性上，机器理性等价于人类理性，称之为“人类的计算完备性”，是唯物主义的逆命题。

如果丘奇论题的心理形式和人类的计算完备性都成立，那么丘奇论题的物理形式也成立。如果是这样的话，所有大自然能够计算的内容都可以由人类完成，而任何人类能够计算的内容都可以用一组计算规则来表达!

1978年，英国数学家、逻辑学家甘迪提供了丘奇论题的物理形式的证明。这个证明特别重要的地方在于其两个假设：①假设信息的密度是有限的；②假设信息的传输速度是有限的。这样，在经典的三维几何空间中，丘奇论题的物理形式是成立的。

甘迪的这两个假设很神奇，因为他隐含着这样的命题：大自然为什么是数学的？伽利略说，大自然这本书是用数学写成的。爱因斯坦说，大自然最不可理解的地方在于他是可以被理解的。甘迪的论证说明，大自然之所以能够被数学化，仅仅是因为信息的密度和传播速度是有限的。联想到相对论关于光速有限的假设及最小作用量原理，这样的结论在令人惊奇之余又不违反物理原则。

因此，我们可以用算法来进行各种科学和知识的探索。在过去，用命题的方式来研究物理学、化学、生物学、心理学及语言学，但由于命题形式很容易被经验含义所误导，导致纯粹理性的摇摆。正是在客观工具和数学的帮助下，我们保持着观测的客观性，每一步行动都需要观测来校对，以规避经验的主观性偏差。现在，用算法取代命题，就脱离了经验对个人的束缚，从而研究各个科学与人类的行为领域。这就是计算理论能在各个领域中广泛应用，并以人工智能的方式出现在今天的科研、制造、生产、商业、服务和消费行为中的原因。

人类通过人工智能可以获得真正的知识，并因此实现知识自组装，这是人类史上最伟大的发现之一。丘奇论题的价值可以和柏拉图问题、牛顿力学、爱因斯坦相对论并列。

在现实中，易处理性也十分重要——如果解决一个问题的实例所需的时间随着实例的规模呈指数级增长，那该问题就是不易处理的。为此，需要将不易处理的问题分解为易处理的子问题。如何确认不易处理的问题呢？20世纪70年代，库克和卡普创造了NP－完全理论，可以通过归约为NP

一完全问题而识别。由此，资源约束成为智能系统的一个特征，如同热量是人类生命体的约束一样。

概率论是数学除逻辑、计算之外对人工智能的另一个重要贡献。16 世纪意大利的卡尔达诺首先定义了概率的思想，1654 年，帕斯卡正式提出如何预测一场未完成的赌博游戏的走向，以及赌徒们的平均收益。接着，伯努利、拉普拉斯将统计引入概率论，贝叶斯则提出了根据新论证更新概率的规则。在今天，概率是所有定量科学的无价之宝，用于在不确定的测量和不完备的理论限制下的推理计算，而贝叶斯的规则是人工智能系统中用于不确定推理的现代方法的主要基础。

决策论和博弈论是数学为解决理性人假设下收益最优化经济问题提供的解决方案。1776 年，亚当·斯密基于理性人假设，提出《国富论》，效用最大化是理性人的追求，这构成了自由经济的基础。效用最大化的数学处理在 20 世纪初由瓦尔拉斯完成，拉姆齐进行了改进，冯·诺依曼将其发展为博弈论，形成了决策理论。与概率论相比，决策理论进一步处理经验世界的问题，将概率论和经济效用理论结合了起来。在宏观环境中，个人作为 Agent（智能实体）① 是随机的，而在微观环境中，个人 Agent 则是博弈的。对于连续变换的环境中的决策，数学家引入了运筹学。1957 年，贝尔曼形式化了马尔可夫决策过程，为更好地匹配现实中人类的决策行为提供了一种描述。

3. **认知科学**

认知科学对人工智能的贡献是如何在物理（生理）层面上理解以下问题：

（1）大脑如何处理信息；

（2）人类和动物如何思考和行动。

---

① agent 一词源于拉丁语 agere，意思是“去做”；agent 又有代理人、经纪人的意思，可以理解为是人类行为的代言人。

心理的生物学基础即神经系统的研究，让人们逐步理解了大脑的工作机制。1861 年，法国医生布洛卡发现了大脑的“布洛卡区”，确认了语言在大脑中的局部定位。接着发明的染色技术则让人们观察到了神经元的活动。1940 年，拉舍夫斯基开始为神经系统建模。进入 20 世纪 80 年代，fMRI（功能性磁共振成像）的应用提供了神经网络的细致图像，人们能够测量认知过程中对应的神经细胞的活动，从而对大脑产生思想、意识和行动的机制与过程有了具体的了解。

洪堡建立了第一个实验心理学实验室，让心理学进人科学实验阶段。但真正的转变来自华生倡导的行为主义，行为主义深入研究了动物的强化行为，以及人类的强化学习模式，进而诞生了认知心理学。在大脑神经网络的基础上，认知心理学把大脑看作信息处理设备。而计算机建模的发展促进了认知科学的诞生。在 1956 年的 MIT 会议上，米勒、乔姆斯基、纽厄尔和西蒙分别发表的论文指出，计算机模型是如何处理记忆、语言和逻辑思维的。

在认知科学中，记忆的机制、语言的表征已经有了较大的进步，但还有很多问题需要解决。

4. 计算机工程

计算机体系本身可以看成人工智能的一个缩影。广义地讲，人工智能是物理精神的物理化；狭义地讲，计算机就是人工智能。

计算机工程是从制造物，即人工物品的角度来看思维与动作的人工化与自动化。计算机的计算速度越快，智能的人工化能力就越强，以至于像库茨维尔这样乐观的预言家认为，奇点将在 2045 年到来，即人类物理操控人工智能的水平将全面超越人类感性经验的生物智能。

从制造的角度看，计算机工程致力于制造更快的计算机。“快”意味着计算的算力强，也意味着解决问题的效率高。这两者也都是人工智能的核心功能。

同时，生物智能的属性主要是自适应，换算成控制论语言就是：人工物品在其自身的控制下如何良性运行。机器是典型的自控系统，早期瓦特的蒸汽机就具有调压器和恒温器；19 世纪发展了关于稳定反馈系统的数学理论。20 世纪 40 年代末，维纳创建了控制论，并掀起了人工智能的公众热潮。同期，英国的阿什比发表了专著《大脑的设计》，阐述了人工智能如何通过反馈回路以实现稳定的适应行为。

现代控制论，尤其是随机优化控制这个分支，着重设计能随时最大化目标函数的系统，这个目标和人工智能的理念是一致的。

9.2　用物理智能实体实现知识自组装

9.2.1　物理化智能：人工智能的三次浪潮

从人类把人工智能当作一个独立领域进行研究的角度看，人工智能的历史很短，且经过了大量的试错性探索，而且由于拟人化和理性化的两条路线的分歧，其进步是大起大落的。

1. 理性的直觉：从孕育到诞生（1943—1956 年）

1943 年，麦卡洛克等发表论文《神经活动中内在思想的逻辑演算》，并完成了人工智能的最早工作。其中，他们利用了三种资源：基础生理学知识和大脑的神经元功能，始于弗雷格的逻辑主义对命题逻辑的形式分析和图灵的计算理论。1948 年，维纳出版了《控制论——关于在动物和机器中控制和通信的科学》一书，他基于神经网络系统的机制，把控制论看成一门研究机器、生命社会中控制和通信的一般规律的科学。1949 年，心理学家赫布提出赫布理论，即持续重复的刺激将增强神经元之间的连接能力。1951 年，明斯基和 Edmonds 建造了 SNARC，这是第一台神经网络计算机。同年图灵发表“计算机器与智能”一文，提出了图灵测试、机器学习、遗传算法和强化学习等系统性的观点。

1956 年 8 月的达特茅斯会议则被公认为人工智能作为独立研究领域的起点。年轻的麦卡锡召集了当时 10 位对自动机理论、神经网络和人工智能研究感兴趣的科学家，在达特茅斯开展为期两个月的研讨会。会议提案申明：

我们提议 1956 年夏天在新罕布什尔州汉诺威市的达特茅斯大学开展一次由 10 个人组成、为期两个月的人工智能研究。学习的每个方面或智能的任何其他特征，原则上可被这样精确地描述，以至于能够建造一台机器来模拟。该研究将基于这个推断来进行，并尝试着发现如何使机器用语言形成抽象与概念，求解多种现在注定由人来求解的问题，进而改进机器。我们认为：如果仔细选择一组科学家研究这些问题，并一起工作一个夏天，那么对其中的一个或多个问题就能够取得意义重大的进展。

达特茅斯会议并没有任何新突破，但这 10 个年轻的参会者却引领并支配了未来 20 年人工智能领域的发展。更重要的是，这次会议明确地将人工智能独立出来，并聚焦在一个关键问题上：人工智能的目的是建造计算机来模拟人的语言运用、概念形成、问题解决和抽象创造等人类智能。

2. 第一次浪潮：早期的热忱与挫折（1952—1973 年）

这是一个人工智能的拓荒时代，先驱者们只有自下而上的理念和激情，但具体如何做却需要各种冒险性的尝试。麦卡锡把这个时期称为“瞧，妈啊，连手都没有！”

纽厄尔和西蒙研究通用问题求解器（GPS），用于模仿人类问题的求解。GPS 在求知问题上取得的成功，导致两人在 1976 年提出了“物理符号系统”假设：物理符号系统是普遍的智能行为的充分必要条件。1952 年起，萨缪尔开始编写西洋跳棋程序，最终达到了业余高手水平。1959 年起，IBM 的罗切斯特建造了几何定理证明器，能够证明极为棘手的几何定理。

麦卡锡坚持形式逻辑的表示与推理，在 1958 年做出了三项重要贡献。①定义了高级语言 Lisp，该语言成为后来 30 年里占统治地位的人工智能编程语言。②发明了分时技术。③发表了“有常识的程序”一文，该文的方案是用知识来搜索问题的解，但程序中增加了“意见接受者”，使之能够接受新公理，因而表现了现实中的知识获得性。

明斯基则采用了另外的路线，他带领学生们研究需要人工智能求解的有限问题，这些有限域被称为微观世界。其中的例子是积木世界，典型任务是机器手一次拿起一块积木。哈夫曼的视觉项目、温斯顿的学习理论、维诺歌德的自然语言理解程序，以及发哈曼的规划器均发源于此。

基于神经网络和赫布理论的路线也在进行中。其中，Widrow 发明了适应机，罗森布拉特提出了感知机，布拉克提出了“感知机收敛定理”。

第一代人工智能的拓荒者们自信地认为，人工智能很快就能产生奇迹。例如，1957 年西蒙预言，计算机将在 10 年里成为象棋世界冠军，机器将很快能证明人类尚不能证明的数学定理等。但现实的困难是：

（1）早期的程序对其主题一无所知，仅仅依靠简单的句法处理获得成功。

（2）要解决的问题比想象的困难。这些人工智能程序多是通过尝试步骤的不同组合，通过遍历，直到找到解。但遇到复杂性问题时，这种通用搜索的组合产生的计算量是超越现实的。

（3）科学家们对产生智能行为的基本结构尚缺乏足够的理解。

预言并没有兑现，资助被大幅削减，人工智能的第一个浪潮逐渐衰退。

3. 第二次浪潮：知识系统与方法论的确立（1969—1994 年）

第一代人工智能走的路线是通用搜索机制，通过串联基本的推理步骤来寻找完全解，这种方法被称为弱方法。其弱点是随着问题难度的增加，搜索量呈指数级增加而使计算变得不现实。相比之下，人类在解决问题的时候，是通过一些知识模式筛选搜索路径的，这样，问题解析的分支将大大减少。基于这种设想，专家系统诞生了。

费根鲍姆与莱德伯格于 1968 年率先推出 DENDRAL 系统，该系统用于根据质谱仪提供的信息推断分子结构。他通过与化学家们沟通后发现，化学家们会聚焦分析质谱仪信息的一些特征值，从而极大地提高了效率。所有解决这些问题的相关理论知识都被从布克南在“质谱预测成分”基本原理中的一般形式映射到了效率高的特殊形式——食谱配方。

DENDRAL 由此引进了针对专业知识的专用规则，进而吸收了麦卡锡的“意见接受者”宗旨，将“知识”规则和“推理”部件分开，由此，“专家系统”开始普及。大量不同的表述和推理语言被开发出来，其中一些是基于逻辑的，如 Prolog、PLANNER 家族。其他人则追随明斯基的框架，采用了更加结构化的分类方法。

“专家系统”的优点是很容易说服人，因为该类系统是经验的和权威的，符合人类直觉的，所以引发了人工智能的二次复兴，并演变成一场全球大企业间乃至国家级的竞赛。

在 20 世纪 80 年代，专家系统变成了一个巨大的产业。商业公司大力研发，咨询公司积极推销，各种企业积极部署，管理学家大力兜售所谓的知识经济时代。几乎每个重要的美国公司都有自己的 AI 研究部门。到 1988 年，杜邦公司有 100 个专家系统在使用，还有 500 个在研发中。DEC 公司是专家系统最佳实践的提供者，自己也部署了 40 个专家系统。

人工智能显示出来的美好前景感染了政治家们。日本认为这是自己弯道超车的机会，并于 1981 年宣布了“第五代计算机”计划，该计划为期 10 年，其目的是研制运行 Prolog 语言的智能计算机。美国唯恐被反超，立刻组建了微电子和计算机技术公司 MCC。英国政府也恢复了前期停止的资助，以确保自己在人工智能时代的前列位置。但是，进入 20 世纪 90 年代，这几个国家及其资助的项目都没有实现野心勃勃的目标，人工智能的第二次浪潮衰退，人工智能的冬天再次降临。

在这次复兴过程中，神经网络也曾经回归。在 20 世纪 80 年代中期，至少四个研究组分别独立重新发明了由布里逊等人于 1969 年建立的反向传播学习算法；同时，基于神经网络模型的并行分布式处理也大行其道。在这个过程中，人类逐渐识别出神经网络研究的两个独立方向：数学的和连接的。前者研究神经网络的结构、算法及数学属性；后者则更加贴近生理学，研究实际神经元的实验特性、神经元之间的集成建模。

人工智能的第二次浪潮规模巨大，政府、学术、产业深度介入，虽然失败了，但人类终于认识到人工智能研究的科学方法，即回归到物理革命得以发生和进行的研究方法论上。人们不再热衷于提出各种新理论，而是将主张建立在严格的定理或者确凿的实验证明的基础上，不再研究玩具样例而是聚焦在对现实应用的相关性上。任何理论之所以能够被接受，其假设必须经过严格的实验验证，结果的可行性必须经过统计分析，并通过共享测试数据库和代码，能够被他人重复实验和检验。

同时，在理论上：机器学习不应该和信息论分离，不确定推理不应该和随机模型分离，搜索不应该和经典的优化和控制分离，自动推理不应该和形式化方法及静态分析分离。

4. 第三次浪潮：智能 Agent、大数据与深度学习（1995 年至今）

随着互联网的兴起，智能 Agent 焕发了新生。搜索引擎、推荐系统及建站系统等都需要更加智能的 Agent，因此 dot bot（. bot，机器人）成为日常用语。人们进而意识到，孤立的 AI 系统往往是不完备的，孤立的传感器系统（如视觉、声纳、语音识别、位置等）无法完全可靠地传递环境信息，因此，对于这些不确定性信息，需要推理和规划系统的介入。而这种结合又使得人工智能系统进入到更多的应用领域，如无人驾驶、证券分析、精密机器人等。

自2001年开始，互联网用户及应用的爆发导致大数据的爆发，研究证明，数据量的增加能够极大地改进人工智能的能力。1995年Yarowsky的论文表明：大的数据量可以有效地消除语义歧义。例如，文本中出现的plant一词是植物还是工厂呢？在专家知识系统中，这需要专家知识进行标注。而通过给定大量无注解的文本，以及这两种含义的字典定义，则可以在这些文本中标注样例，进而开启了样例“自展（bootstrap）学习”的模式。2001年，Banko和Brill证明，当文本从100万个单词增加到10亿个单词时，这种技术使得数据增加带来的性能改善超过了算法带来的效率提升。

这样，人工智能中的“知识瓶颈”——如何表达系统所需的所有知识的问题——就在原则上被解决了。数据学习取代了通过人工编码的知识系统，让思维的人工化和自动化迈进新时代。

通过数据学习，即计算机从通过机器产生的人类经验中学习，其核心首先是人类经验的人工化、物理化。这样也就验证了，对人类心灵和行为的理解是能够通过物理方式解决的。这种解决方法如同物理学的进步一样，是通过逐步、逐级概念还原的模式进行的，通过逐步的数据反馈和逐级的概念分析这样一个递归过程，实现知识和经验的互动，达到对环境和自我的认识和行动。

让计算机从经验中获取知识，就避免了人类的主观性。人类这种主观性常表现在“骑马找马”的自我论证上，即由人类来给计算机形式化地指定所需的所有知识。而层次化的概念是计算机通过构建较简单的概念来学习复杂概念。如果绘制出表示这些概念如何建立在彼此基础之上的图，这将是一张具有很多层次“深度”（也可以理解为序列或高度）的图。

基于这个原因，“深度学习”就登场了，如图9-1所示。

深度学习是“一种特定类型的机器学习，具有强大的能力和灵活性，将大千世界表示为嵌套的层次概念体系，由较简单概念间的联系定义复杂概念，从一般抽象概括到高级抽象表示。”

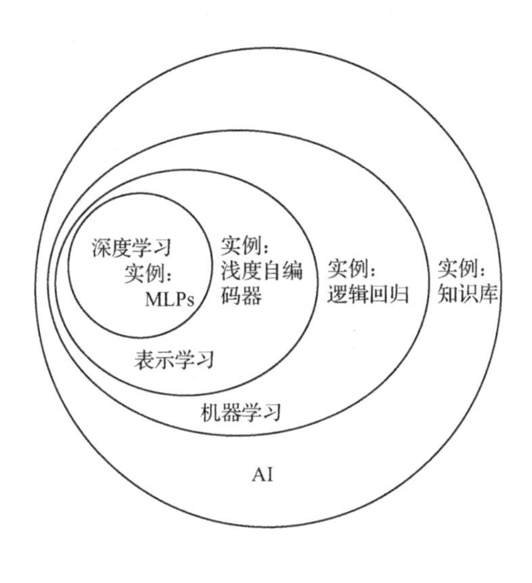

图 9-1　深度学习

深度学习既是一种表示学习，又是一种机器学习，可以用于许多但非全部的 AI 方法。

从起源上看，深度学习属于神经网络学习的一支，始于 1943 年麦卡洛克的线性神经元模型，在人工智能的第一次浪潮中，对应其中的控制论、神经网络和赫布理论，进而发展为感知机。但麦卡洛克的线性神经元模型无法处理“异或”逻辑，导致第一次神经网络的衰退。在第二次浪潮中则是对应神经网络的联结主义，通过反向传播训练具有一、两个隐藏层的神经网络。其中发展出来的分布式表示、反向传播和序列建模等概念，为深度学习的兴起提供了支持。

2006 年，杰弗里·辛顿表明，名为“深度信念网络”的神经网络可以使用一种称为“贪婪逐层预训练”的策略来进行有效训练。接下来的研究证明，同样的策略可用来训练许多其他类型的深度网络，并能够系统地提高在测试样例上的泛化能力。这些研究普及了“深度学习”这一术语，研究者现在有能力训练以前不可能训练到比较深的神经网络，并将注意力转到深度的理论重要性上。

现代意义的深度学习超越了目前机器学习模型的神经科学观点，而将学习诉诸于“多层次组合”这个更加普遍的原理，现代意义的深度学习被证明优于基于其他机器学习的技术，以及人工设计功能的 AI 系统。随着可获得的数据量的剧增，模型规模的剧增，通过深度卷积网络的引入，深度学习表现出日益剧增的精度、复杂度并冲击着现实世界。例如，通过循环神经网络，引起机器翻译的颠覆性发展；神经图灵机的引入导致自我编程技术的发展，理论上可以适用于任何任务。在强化学习方面，深度学习已经挑战了所有人类，一如 AlphaGo 在围棋竞赛上表现的那样，用于对象识别的现代卷积网络被广泛用于视觉处理。在科研方面，深度学习已经成功地预测分子如何相互作用，从而在医学方面帮助制药公司设计新的药物、自动解析构建人脑三维图的显微镜图像；在物理学方面用于搜索亚原子粒子、重建宇宙演化模型，等等。

9.2.2 定义人工智能：理性地行动

人工智能的核心是智能重建。这意味着：①人工智能需要理解人类的智能，再现人的认知能力，从而像人一样能够发现问题、解决问题和发现新知识。②把人的认知能力通过物理实体提供给人类使用，以实现人类的目的，这种实体称为“智能实体”。

“智能实体”就是一种能够独立发现问题、解决问题、发现新知识以实现人类需要的机器。一旦智能实体能够独立发现新知识，那就意味着能够自动组装新知识，从而使知识的发现和创新进入类似摩尔定律一样的指数级增长中。所以，人工智能是物理精神的综合体现。

为此，科学家们首先定义了什么是人工智能，以便在独立语境下研究和交流。人工智能的定义在《人工智能》书中被总结为四个类型，如图 9-2 所示。

图中第一行是思维维度，即思维过程与推理；第二行是行动维度，即动作过程与控制。第一列是拟人化的角度，即以人为中心的、经验的，涉及关于人类行为的观察、体验和假设。第二列是理性和客观的角度，即基于逻辑的、经济的和自动化的，涉及数学与工程的结合。

一、像人一样思考	三、理性地思考
1. 使计算机思考的令人激动的新成就，……按完整的字面意思就是：有头脑的机器（Haugeland，1985） 2. 与人类思维相关的活动，诸如决策、问题求解、学习等活动（的自动化）（Bellman，1978）	5. 通过使用计算模型来研究智力（Charniak 和 MCDermott， 1985） 6. 使感知、推理和行动成为可能的计算的研究（Winston，1992）
二、像人一样行动	**四、理性地行动**
3. 创造能执行一些功能的机器，当由人来执行这些功能时需要智能（Kurzweil，1990） 4. 研究如何使计算机能做那些目前人比计算机更擅长的事情（Rich 和 Knight，1991）	7. 计算和研究智能 Agent 的设计（Poole 等人，1998） 8. AI……关心人工制品中的智能行为（Nilsson，1998）

图 9-2　人工智能定义的四种类型

这四种类型体现了人类思考和做事的核心方法论的差异，因此，在关于人工智能这个综合了人类身心问题全部方案的领域，这四种类型得以集中体现。而各个出发点所导致的成果差异，值得我们重视。

1. 像人一样思考：认知建模的途径

实现“像人一样思考”的方法有三种：第一，采用内省的方法，自我捕捉自己的思维过程；第二，采用心理实验的方法，即观察工作或环境中的某个人；第三，通过脑成像的方法，观察思考或工作中的某个人的大脑运动。

这三种方法正好对应了心理学发展史的三阶段，而脑成像方法则诞生了认知科学。在认知科学方向下发展的人工智能分支将计算机建模和认知科学的成就结合起来，在一些专业领域如计算机视觉方面取得了显著的成绩。

2. 像人一样行动：图灵测试的途径

1950 年，图灵提出了著名的“图灵测试”，旨在提供一个关于智能的可操作的定义：如果一位人类询问者在提出一些书面问题以后，不能区分书面回答者是人还是计算机，则这台计算机就通过了测试。为了实施图灵测试，需要在几方面做工作：自然语言处理、知识表示、自动推理和机器学习。“完全图灵测试”则还需要测试被测者的感知能力和物理移动能力，即计算机视觉和机器人学。

“图灵测试”因为其拟人化而让公众兴趣极大，但这个问题本身是容易误导的。实际上，拟人化终归是一条错误的路径。人类为了飞在天空中，尝试了各种粘翅膀的方法，但利用空气动力学原理制造的飞机，却比鸟飞得更快更高。所以，人工智能专家们并没有在这个图灵测试上花太多功夫，而是致力于研究人工智能的基本原理。

3. 理性地思考：“思维法则”的途径

亚里士多德首先建立了三段论推理，但这种形式逻辑比较贫乏，无法表达人类的思维语言。自 19 世纪以来，布尔、弗雷格、希尔伯特等数学家通过“谓词逻辑”为关于世上各种对象及对象之间的陈述制定了精确的表示法则。到 1965 年，已有程序原则上可以求解由逻辑表示法描述的任何可解问题，形成了人工智能的逻辑主义流派。

这个派别的难度在于：①对于非形式化的知识和不确定性知识，如何用逻辑给予表述；②理论可解性与实际解决的代价之间可能存在着巨大距离。

4. 理性地行动：理性 Agent 的途径

智能 Agent 的意思是能够智能地行动，能够自主地操作、感知环境、长期持续、适应变化，并能够创建和追求目标。而所谓理性 Agent 则表示其行动的理性约束：一个系统若能基于已知条件“正确地行动”，则该系统是理性的，体现为在确定性条件下追求最佳的结果，或者在不确定性条件下实现最佳的期望结果。

“理性地思考”是依靠正确的推理去获得知识，但缺乏与环境的互动，因而无法进行适应性的改变。而基于“理性地行动”、通过逻辑推理与环境刺激的互动而结合起来的 Agent 则具有适应性能力。因此，理性 Agent 有几个优点：①拓展了“思维法则”的方式，使之适合更加一般的情形，而正确地推理仅仅是实现理性的一种途径。②与拟人法的两个方式相比，理性 Agent 是物理的，所以能够经得住科学发展的检验。同时，理性的标准在经济学和数学上是定义明确的，且完全通用的。人类行为可以定义为人类所做事情的总和，因此，行为的总和完整地定义了人类的行为，从而恰当地描述了人类的智能。

正因为如此，理性 Agent 成为当前人工智能方法的中心，并取得了突出的成就。

9.2.3　实现人工智能：构造理性 Agent

怎么通过理性 Agent 实现人工智能，从而实现知识自组装呢？机器能够实现人的智能，尤其是学习和探索知识的能力，这是一件令人好奇而难以置信的事情，但实现起来却比我们想象的简单。

按照物理精神的要求，要测量讨论的对象。在信息科学中，需要对这些对象进行定义。通过定义，所定义的对象成为计算的对象，因此变成可测量的对象。

如图 9-3 所示为 Agent 的功能示意图。

在图 9-3 中，一个 Agent 由三部分组成：传感器、计算程序（映射）、执行器。其中传感器感知环境信息，并将信息传给计算程序。计算程序计算后，下达行动指令给执行器，执行器执行相应的行动。

这个结构对应于人类的类比：传感器是人的眼睛、耳朵、皮肤等，感应到环境中的视觉、听觉、触觉等信息，并发送给大脑。大脑进行分析决策后，下达指令给执行器——身体四肢，并分别做出相应的动作反应。也可以对应于一个机械的水银温度计，该温度计上的金属部分可以感应体温，导致水银体积热胀冷缩，输出在一个数字表中，变成我们能够理解的数字。

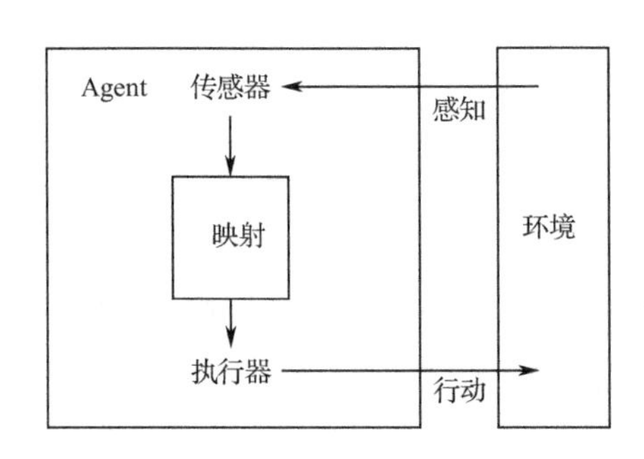

图 9-3　Agent 通过传感器和执行器与环境进行交互

如同行为主义心理学的反射模型、香农的通信信息模型、DNA 双螺旋遗传模型一样，Agent 模型是人工智能物理化的原型和公理模式。通过逐步添加定义和建立规则而不断进行分析性的分解，能够组合出任意复杂的人工智能结构，模拟人脑的任意理性行为。

为此，人工智能专家将映射机制分为四类：简单反射机制、基于模型的反射机制、基于模型和目标的机制、基于效用的机制。

1. 简单反射机制

在人工智能中，简单反射的 Agent 根据当下的感知，直接做出行动，不需要参照历史数据。对应心理学，这样的联结模式是“条件－行动规则”；对应逻辑学，则是“如果－那么规则”。

在一个通用的“条件－行动规则”解释器中，传感器获得外部信息作为条件，根据“条件—行动规则”，执行器采取相应的针对外部环境的行动。

2. 基于模型的反射机制

“基于模型的反射”是指 Agent 在决策时需要结合历史数据。因此，系统将记录下过去感知的信息与做出的行动，Agent 结合当前的新感知信息，综合后做出新的行动。

在这个模式中，这个新感知信息和新的行动结果也会被记录下来作为历史数据，影响后续的决策。每个感知—行动之间的联结关系，以及历史的感知—行动的联结关系，实际上就构成了关于外部世界的知识。这个模型被称为“世界模型”，采用这种模型的 Agent 则被称为“基于模型的 Agent”。

3. 基于模型和目标的机制

基于模型的 Agent 模式是基于历史数据决策，相比于简单反射模型，增加了传感端的信息，即客观世界的信息。值得注意的是，基于模型的 Agent 模式把认识论的争论物理化了，即 Agent 的行动也成为历史的一部分，共同对当下的感知和行动起作用。

如果进一步扩展“条件—行动”规则，把“行动”扩展为基于“目的”的，便得到“基于模型和目标”的 Agent，且这种模式更符合人类的需求。例如，我们希望无人驾驶汽车将货物从北京送往上海，其中，“条件—行动”规则是必不可少的，对应于无人驾驶汽车遇到红灯、行人时如何处理。其次，还需要历史数据的支持，例如，无人驾驶汽车需要知道自己当前行驶到哪儿了，对过去发生的事件的处理经验，等等。但无人驾驶汽车的真正目标则是最重要的，即把货物送到上海，该目标定义了任务的成功标志。

将目标引进来以后，便扩展了 Agent 的规则，使得智能实体能够基于对未来的预期和预测而采取行动，Agent 需要能够推理自己即将做出的行为对最终结果的影响是什么，并把这个循环一直持续下去。这样，Agent 就建立了感知信息与行动之间的逻辑联结，并不断地自行修正，根据相应的感知而不断更新其行动，具有了进化适应能力。同时，这样一个过程也将始发地与目标地之间的经验进行了知识化和显性化，因此完成了知识挖掘和积累。

4. 基于效用的机制

人类在企业经营中学会了目标导向，但仅仅有目标是不够的，还需要根据实现目标的程度给予奖励或惩罚。“效用”是一个经济学术语，代表对效果和理性的考量。在人工智能中增加“效用”的目的就是为了度量达到目标的程度，如图 9-4 所示。

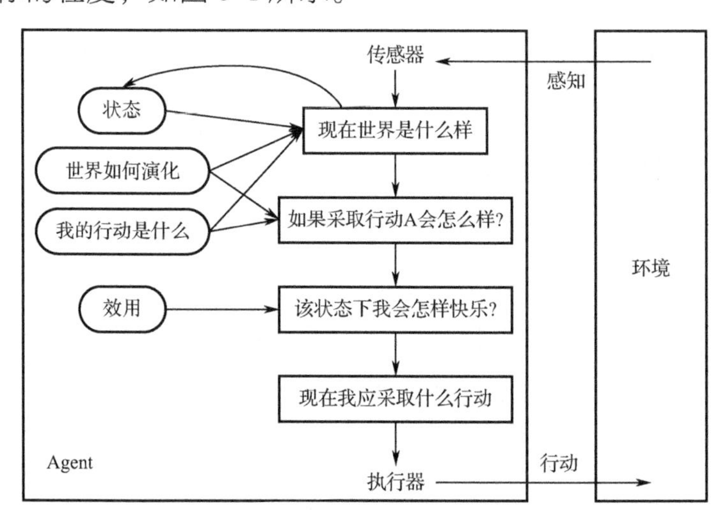

图 9-4　基于模型和效用的 Agent 示意图

“效用”和“性能度量”可以理解为主观和客观两方面，“性能度量”是对任务环境的客观度量值，“效用”是主体对“绩效”的主观认同度。例如，如果公司的员工不认可绩效奖励的内容——只表扬而不发奖金，则激励就不起作用。所以，在人工智能领域，人们为 Agent 这个行动者“主体”提供了“效用”，使之和“性能度量”相互呼应。Agent 的“效用函数”是“性能度量”的内在化，体现了关于世界状态愿望的效用信息，而“性能度量”则提供了动作愿望的动作－价值信息。如果内在的效用函数和外在的性能度量是和谐的，则选择最大效用行动的 Agent 根据外在的性能度量也是理性的。

通过新的定义和规则的不断增加，智能实体 Agent 被赋予了各种各样的能力，越来越像经济学家定义的“理性人”的行动了。

9.2.4　知识自组装：智能机器的自学习

人类智能的核心是学习能力，因此对于人工智能而言，其核心目标是要实现智能实体的自我学习。通过自我学习，Agent 能够处理复杂的环境变化，从具有很少知识的环境中启动，逐步丰富自己的知识和能力，解决各种复杂环境中的问题，实现人类期望的目标或行为。一旦获得了这种自我学习的能力，Agent 就能发挥出其机器的固有特征：强大的感知力、计算力、记忆力，以及永不疲倦的行动力，替代人类做任何事情，例如，科学研究、经济生产、艺术创造和各种各样的服务。

在通用模型上，学习 Agent 可以被分为四部分：性能、学习、评判和问题产生器，如图 9-5 所示。

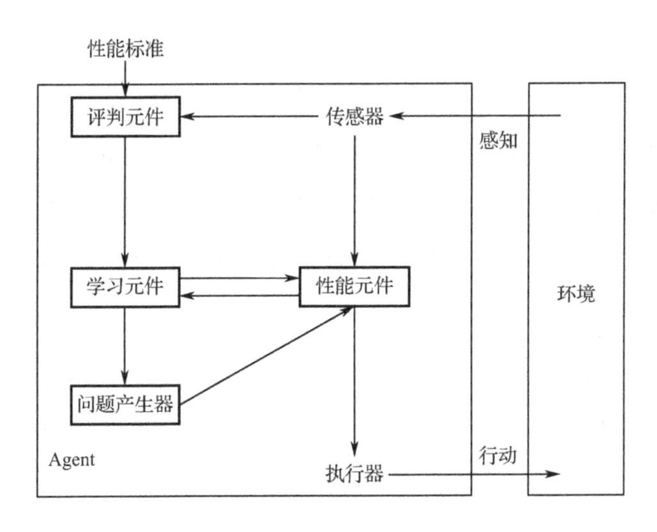

图 9-5　学习 Agent 的通用模型

“性能元件”就是整个 Agent，他接收感知信息并做出决策和行动。“评判元件”也接收感知信息，然后根据性能标准来评估学习元件的运转情况。“学习元件”负责改进提高，从性能元件获得知识，了解到“世界是什么样的”；从“评判元件”获得外部世界的知识和评判反馈，了解到“我的行为做了什么”，从而将改进的信息提供给“性能元件”。同时，“学习元件”还提供学习目标给“问题产生器”。“问题产生器”相当于探索者，依据学习目标，不断提出一些探索性的要求给“性能元件”进行实验，从而避免学习的死循环。

学习 Agent 的各个元件是被持续改进的，从而不断提高 Agent 的总体性能，实现自我学习。

设计学习 Agent 有很多策略，其中主要有无监督学习、监督学习和强化学习这三种学习类型。在无监督学习中，就像没有老师监督如批改作业和判卷子一样，没有提供显性的反馈。对于监督学习，就像有老师判题一样，在建立“输入一输出”的知识联结过程中，老师给予确认。强化学习则类似行为心理学的强化动作，即通过“奖赏”和“惩罚”这样的组合，让 Agent 意识到各类行为的正确与否，意识到需要对行为的后果负责，致力于寻求最优解。

强化学习的数学基础是马尔可夫决策过程和动态规划。作为机器学习的分支，强化学习自诞生以来曾长期处在不受重视的地位，原因在于算力不足、数据量小。强化学习需要尽可能地遍历所有的状态，所以效果需要在很多步骤完成之后才会显现出来，效率看起来是很低的。监督学习和强化学习的这种差异很像人类教育中的应试教育和自主学习之间的差异，应试教育让学生很容易出成绩，但没有后劲，由于探索量太少，学生知其然不知其所以然。而自主学习则需要探索穷尽环境信息，学习者很容易迷失。如果给予长期目标驱动和价值激励，则会将其约束在一个专注的领域中，使之通过遍历任务环境，解决所有问题，从而拥有自行发现和解决问题的能力、构筑起自己的知识体系。这就是为什么强化学习一直在棋类领域中研究发展的原因。《人工智能》一书的作者认为，强化学习囊括了人工智能的全部，这个观点也得到了《人工智能简史》作者尼克的认可。

强化学习的过程是建立在长期目标和价值上的最优化策略，定义了驱动学习的第一性原理，然后根据上述四种风格的 Agent 规则应对复杂的任务环境，进行知识联结推理。为了提高遍历的效率，强化学习引入了蒙特卡洛模拟及深度学习方法，以提高搜索状态空间的质量。随着计算机算力的不断提高，以及数据量的巨大提升，强化学习逐渐显示出力量。例如，吴恩达用强化学习训练无人机，李飞飞用强化学习训练图像识别，均在国际人工智能大赛中夺冠。随着 AlphaGo 战胜李世石，强化学习的价值得到了人工智能界的普遍认可，成为人工智能的焦点。

以强化学习为代表的人工智能在今天的巨大进步，得益于信息科技、纳米科技和互联网应用的强大支持。信息科技提供了巨大的算力，纳米科技提供了强大的芯片、微机电技术如传感器和执行器的制造能力，互联网应用则提供了海量的数据和状态空间。在另一方面，认知科学、数学和逻辑学为数据的表示提供了更加抽象且更有效的工具，使得状态搜索的效率更快、可以用较少而分层的概念表征众多混乱的环境数据，并表示为知识。因此，形式化推理便能发挥出越来越重要的作用。

在任何一个具有明确目标、概念充分和具有可信规则的领域，人工智能都将发挥巨大价值。例如，在当前的物理学、化学和生物学基础研究、医学和药物学前沿研究等领域，人工智能已经得到深度应用，极大地加快了发现新知识、新技能和新应用的速度。未来可以预见，利用人工智能，科学和技术取得的进步将一日千里，我们的世界将和之前完全不一样。通过人工智能可以自动制造物质、工具和产品，甚至自动制造知识、艺术和思想等，将人类带进了一个抽象理性自进化的时代。

更重要的是，智能实体直接探索物理经验并从中学习的方式概括了人类获得知识的途径。向经验学习曾经是计算机最难做到的，而现在他的确做得比人类更好。在抽象概念和推理方面，计算机天生比人类有优势。当最优化的理念变成他的价值观和目标时，知识的世界就和物理学的最小作用量原理统一起来。心灵、意识和思维作为物质的一种表现形式被统一起来，在物理精神支配下进行着自组装，从而实现了唯物主义的纲领，按照丘奇论题，物理、心灵、计算这三者得到了完全的兼容。

因此，人工智能的发展既需要在传统的自然科学领域深入研究，以提升传感器和执行器的性能和感知能力；也需要发展大数据能力，为机器学习提供丰富的信息刺激，以及关于现实世界与研究领域的经验。同时，还需要数学和逻辑学的进步，以拓展人工智能建模、计算和推理能力，而这些能力仍然是隐藏在大自然之中的。正如当代拓扑学的进步对物理学新发现提供了伟大的描述工具一样，在数学和逻辑上的发现仍然将持续地驱动着人工智能在建模、算法和推理等方面的进步，使之成为人类智能物理化和自动化的生动演绎。

无论如何，人工智能的发展已经掀开了人类创新史的新篇章，物理精神不仅通过物质、信息自组装的形式，也通过人工智能自组装的形式发扬光大。

结语：物理——无尽的前沿

1. 内容回顾：创新的原力

世界是物理的。世界在物理规律作用下演化出浩瀚的宇宙星辰、地球海洋和生命人类，这种持续不断的演化是自然在物理规律驱动下的自组装，这种物理规律在人类探索中的反映则是物理精神。物理精神是人类在已知科学知识的基础上，通过观察、实验、测量和计算等方式，与物理事实相互作用，在理论上增加知识的精微性和层展性，在应用上增加人工物的纯粹性和自动性。因此，人类的科技创新无须另找途径，只须遵循物理精神即可。

本书从物理的孕育开始，踏勘了物理学的起源、发展和进化到当今的状态。今天，物理学通过相对论、量子力学和粒子标准模型等，直接为我们提供了宇宙、自然和人类自身是如何组成、如何构造、如何演化的知识及操控工具。同时，物理学通过为其他一切科学提供知识和技术，为我们提供了关于自然、生命和自我认知的一切知识和技术，成就了全新的化学、生物学、医学、心理学和地球科学等。物理精神通过深入地参与人类的各种活动如战争、工业、商业等，为我们提供了决胜的竞争力，制造的生产力，构造了丰富的人工的物质世界。

在今天，无论国家意志，还是理性经济，都将物理精神作为唯一的构造与创新力量，让人类以最小的代价，从原子开始，自动组装我们的物质世界。随着操控物质世界能力的进步，人类也进入到思维物理化、知识自组装的阶段。人工智能从概念分析开始，通过智能实体物理地感知环境，自动地学习和适应环境，为人类创造科学、技术、物品，并提供服务。

物理精神的发展过程，是人类向自然学习，又超越自然的过程，这种超越就是创新。物理精神将自然中隐含的物质与能量的规律，不断地显性化、信息化，通过观察、实验、测量和计算，使之更加精微地拟合自然之道。这种将自然构造与演化过程，不断地显性化、信息化，进行人工制造和计算的过程，就是理性和经验的互证，并实现着人类理性与经验的进化。正如丘奇定理证明的那样，虽然自然界中一切规律和构造的力量是时时刻刻发生着的，但揭示它们，并把它们显示为人类可以把握的工具和技能却并不是没有意义的。人类利用这些工具和技能创造出理想的物质和能量环境，使得人工组装超越了自然进化的速度，实现了弯道超车，构成科技创新。例如，自然对生命基因的进化需要数百万年乃至几千万年，而人类利用自然规律的演绎推理，通过精微的物理操控，只需要几个月乃至几分钟就能完成这个进化过程。

物理精神，就是人类的创新精神，并被丘奇论题证明为最高效的创新方式，是人类对自然进化弯道超车的唯一途径。这样，掌握了物理精神的文明和团体，就超越了那些被自然进化左右的文明和团体，获得了生存竞争的优势。

对于个人而言，创新的核心就是保持学习最新的科学知识，坚守测量理念，优先采用和改进先进的观测工具，对工作中的事物进行物理测量和计算，并用可被感知的产品表达出来。遇到任何大的瓶颈问题，如同在战争中寻找更好的武器和信息检测工具一样，都要到科技知识和观测工具中寻找答案，而不是用老方法投入更多人力。1620 年，培根在其《新工具论》中对工具和实验的呼吁，在今天依然是有效的：

我所建议的关于科学发现的途程，殊少有赖于智慧的锐度和强度，却倒是把一切智慧和理解力都置于几乎同一水平上的。例如，要画一条直线或一个正圆形，若只用自己的手去做，则有赖于手的稳固和熟练，而借助于尺和规去做，则手的重要性就很小，甚至没有了；关于我的计划，情形也正是这样。

说到人类要对万物建立自己的帝国，那就全靠技术和科学了。

2. 未来展望：无尽的前沿

在第二次世界大战期间，美国启动了规模空前的曼哈顿工程，由原麻省理工学院副院长、著名物理学家范内瓦·布什领导。1944 年 11 月 17 日，随着二战胜利在望，鉴于科技在二战中发挥的突出作用（如无线电、雷达、引信导弹、青霉素、计算机和原子弹），美国总统罗斯福写信给时任科学研究发展局局长的布什，要求他回答四个问题：

（1）如何将战时数以千计的科学家开发出来的资料、技术和研究经验尽快公布于世，以刺激新企业，为退伍军人和其他劳动者提供就业机会，从而大幅度地改善国民福利。

（2）关于“如何用科学同疾病做斗争”，做一个方案。

（3）政府如何做，才能帮助公立组织和私立组织的研究活动？

（4）为了发现和培养美国青年的科学才能，以确保美国科技水平达到战争期间达到过的水平，应该怎么做？

布什组织了各个大学、研究机构的一流科学家反复研讨，在 1945 年 7 月 5 日提交了报告《科学——无尽的前沿》。该报告的重点是强调基础研究的重要性，布什说：

基础研究将催生出新的知识，并提供科学上的资本。他创造了这样一种储备，而知识的实际应用必须从中提取。今天，基础研究已成为技术进步的带路人，这比以往任何时候都更加明确了。

一个在新的基础科学知识方面依靠别国的国家，其工业发展将是缓慢的，在世界贸易竞争中所处的地位将是虚弱的，而不管其机械技术如何。

第二次世界大战后的美国政府，在布什的倡议下，启动了“物理革命”，将物理科技置于空前重要的位置，开启了影响深远的国家主导的科技战略时代，改变了人类科学研究的轨迹，使政府规划和资助成为促进科学进步的重要形式。

在今天，基础研究的重要性不仅没有削弱，而且更加迫切了。一方面，物理学越来越成为所有科学和应用的基础，没有物理前沿知识和观测工具，所有其他科学的研究都将成为无源之水、无根之木。物理学发现在量子层级上的应用仍然任重道远。在量子层级上，对原子、电子和光量子态的操控，自旋电子学和纳米结构的研究，对纳米科技、量子信息科技的发展将起到根本性的作用。在复杂系统方面，关于量子多体系统、非平衡系统、湍流、新物态、高密度系统、生物物理、地球物理等领域的研究和应用尚在路上。在量子信息、量子计算、可控核聚变、常温超导、太阳能、精准医疗、环境保护等急需进步的领域，人类依然面对临诸多挑战，这些挑战的解决将极大地推进经济发展，为人类提供无穷无尽的新材料、新能量和计算力，保障人类的健康和社会的可持续发展。

另一方面，物理学本身仍面临着巨大挑战。物理学的基础研究已经停滞了数十年，物理学的基础依然是脆弱的。根据量子场论，世界是由基本粒子和力场组成的，但这本身是一个悖论。因为在粒子物理学的层次上，基本粒子并不是实体，而是一种随着测量而坍塌的波函数。因此，关于电子、量子、夸克等基本粒子的所有概念，本质上只是一种比喻，而不是实在。通过测量粒子的信息可以反演推理出来，但这些粒子究竟是什么，我们对此一无所知。例如，一个原子的电子是一种概率云，可能恰恰处在被测量的原子中，也可能在宇宙的某处，几千、几万光年之外的任意处，我们说它是一个小球在本质上是错误的，而且它具有超光速的本质，因此这又是不可能的。又如，在量子真空中，一方面其中是0粒子的，这样才满足真空的定义；但另一方面，里面必须充满无数粒子，如同盎鲁效应所阐述的那样：一个处于静止状态的飞行员可能认为自己身处真空，但另一个身处加速飞船中的飞行员，则会觉得自己身处无数粒子的海洋之中。

麻省理工学院文小刚教授认为，也许物体根本就没有什么内部结构，我们是通过这个物体和其他所有物体的关系和作用，来了解这个物体的。与其他物体的关系和作用，代表了这个物体所有可能的性质。

同样，能量究竟是什么？场究竟是什么？信息是什么？这些概念依然是不清晰的。也许，能量和物质都只是一种表象，而信息才是更加底层的基元。正如本书中所强调的，信息反映的是测量手段，以及被测量对象之间的作用和关系，而不涉及被测量对象的本体性质。当前，一种被称为“结构现实主义”的观念认为：我们也许永远无法了解事物的真正本质，而只能了解它们彼此间的联系和作用。以质量为例，我们从未见过质量本体。我们见到的只是质量对另一个实体的意义，具体地说，是一个具有质量的物体如何通过周围的引力场与另一个具有质量的物体相互作用。通过事物之间的作用与联系所表现出来的世界的构造，有可能才是物理理论中最持久的部分。

因此，无论从经济应用的角度，还是从基础研究的角度，物理都具有无尽的前沿，激励着人类最高级的拼搏、竞争、勇气和尊严！物理精神的本质是人类永不停歇的自我超越的创新精神，永远驱动着人类高贵而好奇的心灵，滤除凡俗的噪声，去发现自然的新奥秘，使人类迈向更加伟大的未来！

参考文献

[1] 雷·斯潘根贝格. 科学的旅程. 郭奕玲，陈蓉霞，沈慧君，译. 北京：北京大学出版社，2014.

[2] Laurie M Brown，等. 20 世纪物理学（第 1～3 卷）. 刘寄星，等译. 北京：科学出版社，2014.

[3] 郭奕玲，沈慧君. 物理学史. 北京：清华大学出版社，2005.

[4] 费恩曼，等. 费恩曼物理学讲义（第 1～3 卷）. 郑永令，等译. 上海：上海科学技术出版社，2013.

[5] Gordon Fraser. 21 世纪新物理学. 秦克诚，主译. 北京：科学出版社，2017.

[6] 夸克，瑟达. 半导体制造技术. 韩郑生，等译. 北京：电子工业出版社，2015.

[7] 格雷克. 信息简史. 高博，译. 北京：人民邮电出版社，2013.

[8] W. 卡丽斯特. 材料科学与工程基础. 郭福，等译. 北京：化学工业出版社，2016.

[9] 章效锋. 显微传——清晰的纳米世界. 北京：清华大学出版社，2015.

[10] J. R. 柏廷顿. 化学简史. 胡作玄，译. 北京：中国人民大学出版社，2010.

[11] A. 卡斯蒂廖尼. 医学史（上、中、下）. 程之范，甄橙，译. 南京：译林出版社，2014.

[12] R. F. Weaver. 分子生物学. 郑用琏，等译. 北京：科学出版社，2016.

[13] 詹姆斯. F. 布伦南. 心理学的历史与体系. 郭本禹，魏宏波，吕英军，译. 上海：上海教育出版社，2011.

[14] 葛詹尼加，等. 认知神经科学——关于心智的生物学，周晓林，高定国，译. 北京：中国轻工业出版社，2011.

[15] Frederick. K. Lutgens，等. 地球科学导论. 徐学纯，等译. 北京：电子工业出版社，2017.

[16] J. 沃利. 古典世界的战争. 孟驰，译. 北京：民主与建设出版社，2018.

[17] 李湖光. 明帝国的新技术战争. 北京：台海出版社，2017.

[18] 迈克尔. 奥汉隆. 高科技与新军事革命. 王振西，等译. 北京：新华出版社，2004.

[19] 乔治·巴萨拉. 技术发展简史. 周光发，译. 上海：复旦大学出版社，2000.

[20] 罗杰·奥斯本. 钢铁、蒸汽与资本. 曹磊，译. 北京：电子工业出版社，2016.

[21] 刘易斯. 芒福德. 技术与文明. 陈允明，等译. 北京：中国建筑工业出版社，2009.

[22] 斯坦利. 布德尔. 变化中的资本主义. 郭军，译. 北京：中信出版社，2013.

[23] 阿尔弗雷德. D. 钱德勒，等. 信息改变了美国——驱动国家转型的力量. 万岩，等译，上海：上海远东出版社，2011.

[24] 荷马. A. 尼尔，等. 超越斯普尼克——21 世纪美国的科学政策. 北京：北京大学出版社，2017.

[25] 赫尔曼. 西蒙. 隐形冠军：未来全球化的先锋. 张帆，等译. 北京：机械工业出版社，2015.

[26] 詹姆斯. P. 沃麦克，等. 改变世界的机器——精益生产之道. 余锋，等译. 北京：机械工业出版社，2015.

[27] 阿伦. 拉奥，皮埃罗. 斯加鲁菲. 硅谷百年史——创新时代. 闫景立，侯爱华，译. 北京：人民邮电出版社，2014.

[28] 理查德. 费曼. 发现的乐趣——费曼演讲・访谈集. 朱宁雁，译. 北京：北京联合出版公司，2016.

[29] M・罗科，等. 纳米科学与技术：面向 2020 年社会需求的纳米科技研究. 白春礼，等译. 北京：科学出版社，2014.

[30] 杰弗里・厄津，等. 纳米化学——纳米材料的化学途径. 陈铁红，译. 北京：科学出版社，2014.

[31] M. A. 尼尔森，J. I 张. 量子计算和量子信息. 赵千川，郑大钟，译. 北京：清华大学出版社，2004.

[32] Stuart J. Russell，等. 人工智能——一种现代的方法，殷建平，等译. 清华大学出版社，2016.

[33] 吉尔・多维克. 计算进化史——改变数学的命运. 劳佳，译. 北京：人民邮电出版社，2017.